DE LA TV A HOLLYWOOD

UN REPASO A LAS PELÍCULAS BASADAS EN SERIES

Concepción Cascajosa Virino

Arkadin Ediciones S.L.
C/ Leñeros, Nº 54, 4ºJ
28039. Madrid
arkadin@arrakis.es
www.arkadin.arrakis.es

1ª Edición

ISBN 10: 84-934423-4-8
ISBN 13: 978-84-934423-4-7
Depósito Legal: M-32551-2006
Impresión: Tecnología Gráfica, S.L.
Impreso en España - Printed in Spain

LA AUTORA

Concepción Cascajosa Virino es doctora en Comunicación Audiovisual por la Universidad de Sevilla y autora de *Prime Time: Las mejores series de TV americanas - De "C.S.I." a "Los Soprano"* (2005) y *El espejo deformado: Versiones, secuelas y adaptaciones en Hollywood* (2006). Colabora habitualmente en Mundoplus.tv y FormulaTV.com, además de escribir sobre series de televisión en su bitácora personal Todo Sobre la Tele (http://blogs.ya.com/todosobrelatele/).

ÍNDICE

CAPÍTULO 1

CINE Y TELEVISIÓN
UNA RELACIÓN AMOR/ODIO

En uno de los momentos más hilarantes del cine norteamericano contemporáneo, los personajes que interpretan Paul Michael Glaser y Ben Stiller en la película **Starsky y Hutch** (*Starsky & Hutch*) casi llegan a las manos por responder a una llamada recibida en un coche de policía. Stiller y Glaser visten de la misma forma y es obvio que dan vida al mismo personaje, el detective David Starsky, sólo que el primero es el protagonista de la película mientras que el segundo es un eco de la serie de televisión en la que se basa. El resultado no pretende ser lógico a los ojos del espectador, pero es una perfecta metáfora de la relación que mantienen cine y televisión, cuajada de admiración mutua y desconfianza. Lo cierto es que las películas basadas en series de televisión se convirtieron en una moda en el cine norteamericano de los años noventa, produciendo un puñado de títulos de éxito y una buena ración de fracasos. Pero su origen data de los cincuenta, la década en la que la televisión pasó

El Starsky original (Paul Michael Glaser) y su eco cinematográfico (Ben Stiller)

de la experimentación a la consolidación de fórmulas de ficción como la comedia, el policíaco y la antología dramática. La primera película basada en una serie de televisión, *Redada*, data de 1954. Pero lo que hasta entonces fue un goteo de adaptaciones se convirtió en un chorro a toda presión a finales de los años ochenta y en el nuevo milenio es ya una práctica consolidada que suele deparar al menos un par de títulos cada año, la mayor parte tomando como referentes series de imagen real, pero también ajustándose a otras dos modalidades, las películas de imagen real basadas en series de animación y las películas de animación basadas en series de animación.

Las razones de por qué se producen estas adaptaciones y el motivo de que su uso se amplificara en un momento concreto son muy diversas. Al contrario de lo que ocurre en España, en Estados Unidos la memoria televisiva es muy fuerte en los espectadores. Muchos programas se han pasado décadas siendo emitidos una y otra vez por las emisoras en horarios laterales como las mañanas, las tardes y las madrugadas dentro de la llamada sindicación. Las repeticiones no sólo han hecho ganar mucho dinero a los productores de las series, sino que han mantenido a éstas populares entre el público y les han permitido llegar a toda una nueva generación de espectadores. La fuerte implantación del cable no ha hecho sino acentuar esta tendencia y hasta existen canales como TVLand que dedican toda o gran parte de su programación a la televisión clásica. En Estados Unidos la televisión es reconocida como una parte fundamental del patrimonio cultural y muchas de estas adaptaciones son tanto una forma de aprovechar la nostalgia como un intento de mantener viva la memoria histórica. A partir de los años ochenta comenzaron a ganar cotas de poder en la industria cinematográfica muchos profesionales que se habían formado viendo televisión y que deseaban rendir homenaje a series relevantes a la vez que cumplir el deseo insatisfecho de haber trabajado en ellas. Por ejemplo, Steven Spielberg produjo la primera adaptación de una serie clásica norteamericana, **En los límites de la realidad** (*Twilight Zone: The Movie*), y abrió el camino para las versiones en imagen real de series de animación con **Los Picapiedra** (*The Flintstones*). Los actores Mel Gibson y Tom Cruise también produjeron y protagonizaron adaptaciones de sus series favoritas, **Maverick** y **Misión: Imposible** (*Mission: Impossible*) respectivamente.

Pero a la hora de comprender las razones que impulsaron el fuerte flujo de adaptaciones, el criterio empresarial tiene una importancia capital. Los magnates de la Edad Dorada de los estudios se dieron cuenta enseguida de las amplias posibilidades del nuevo medio cuando la tecnología de la televisión entró en la fase de comercialización, pero se encontraron con que no podían entrar en el floreciente mercado debido a sus limitaciones económicas, la presión de los exhibidores cinematográficos, la oposición de las autoridades gubernamentales y la fuerte competencia de grandes empresas como RCA, la propietaria de la NBC. Pero en apenas unos pocos años las dos industrias crearon fuertes vínculos y los estudios de cine se convirtieron en los principales suministradores de programación de ficción para la televisión, tanto series como películas. La relación era tan próspera y la interdependencia tan evidente que poco a poco se empezaron a producir movimientos de integración, como cuando MCA, que entonces poseía una de las productoras de televisión más pujantes, compró Universal. Con el paso de los años la línea que separaba ambos negocios se fue haciendo más fina. En los años ochenta las cadenas de televisión ABC y CBS mantuvieron efímeras

Los éxitos del cine han originado grandes éxitos para la televisión como es el caso de *MASH* (Robert Altman, 1970) (izq. Donald Sutherland y Elliott Gould) y *M*A*S*H* (1972-1983) (der. reparto principal de la serie).

divisiones para producir películas y, aunque fue una aventura en común relativamente breve, en 1983 Columbia, el canal de cable HBO y la CBS crearon Tri-Star, una ambiciosa compañía de producción y distribución. Eso sólo fue el prólogo a una cadena de fusiones que dieron lugar a una serie de grandes conglomerados audiovisuales con tentáculos en todas las áreas de la industria cultural, desde cadenas de televisión y productoras cinematográficas a editoriales, empresas tecnológicas, publicaciones de prensa, discográficas, parques recreativos y hasta equipos deportivos. Fox es un estudio pero también una cadena, la NBC y Universal forman parte de General Electric, la ABC es propiedad de Disney y Time Warner posee tanto Warner Bros. como Hanna-Barbera. Buscando explotar la sinergia empresarial para maximizar el aprovechamiento de recursos, los conglomerados favorecen los intercambios de materiales narrativos entre sus diferentes unidades. Paramount ha sacado buen partido del catálogo de series de la productora de televisión Desilu (adquirida en 1967 por su entonces propietaria Gulf & Western) con **Star Trek: La película** y **Los Intocables de Eliot Ness**, pero también aprovechó el éxito de canales de cable como Nickelodeon, MTV y Comedy Central (todas filiales) co-produciendo versiones de series como *Rugrats, aventuras en pañales*, *Beavis y Butt-Head* y *South Park*.

Y es que aunque parece ser una moda en la prensa, criticar al cine norteamericano actual por su falta de originalidad no es sino echar mano a un mito tan escasamente fundado en la realidad como un libro de historia protagonizado por Adán y Eva. En los tiempos del cine mudo muchos productores aprovecharon la falta de legislación para copiar sin rubor películas de éxito, a veces hasta plano a plano. Desde el primer momento novelas, relatos cortos, obras de teatro, poemas y canciones se convirtieron en fuentes de inspiración, hasta el punto de que no era raro que una misma obra pudiera servir de base a una decena de películas en apenas unos años. Las versiones y las secuelas también se convirtieron en una eficaz forma de sacar partido a éxitos anteriores. Todos los que se escandalizaron ante el estreno de **El soltero** (*The Bachelor*, Gary Sinyor, 1999) quizás deberían saber que **Siete ocasiones** (*Seven Chances*, Buster Keaton, 1925) no sólo utilizaba una obra de teatro de David Belasco, sino que además tomaba la segunda parte de su argumento de una ya olvidada película llamada **Personal** (1904). En la actualidad, el cine norteamericano ofrece su ración de secuelas y versiones (tanto de películas propias como extranjeras), pero también se nutre frecuentemente de videojuegos, cómics, juegos de mesa y hasta atracciones de parques temáticos. Los intercambios se producen en todos los sentidos y raro es el producto de éxito que no tiene su versión en cada medio que forma parte de la industria cultural.

Por ello, tampoco podemos olvidar que en Estados Unidos la televisión ha sido inspiración para el cine, pero el cine también para la televisión. En 1949 se produjo la primera serie de televisión basada en una película, *Mama* (CBS: 1949-1956), buscando aprovechar el éxito de **Nunca la olvidaré** (*I Remember Mama*, George Stevens, 1948). Algunos programas antológicos como *The Lux Video Theatre* (CBS: 1950-1954, NBC: 1954-1957) y *The 20th Century Fox Hour* (CBS: 1955-1957) se especializaron en realizar versiones de películas de los grandes estudios en forma de capítulos de una hora, a veces con alguno de los actores originales. En apenas unos años las series basadas en películas se convirtieron en una fórmula de producción establecida para las cadenas de televisión e incluso una, la ABC, pareció especializarse en ella gracias a sus fuertes vínculos con los estudios cinematográficos emitiendo entre 1956 y 1969 veintidós programas diferentes. Y aunque muchas series fracasaron, también ha habido grandes éxitos como *Mi amigo Flipper* (*Flipper*, NBC: 1964-1968), *Peyton Place* (ABC: 1964-1969), *Viaje al fondo del mar* (*Voyage to the Bottom of the Sea*, ABC: 1964-1968), *McCloud* (NBC: 1970-1977), *Alicia* (*Alice*, CBS: 1976-1985), *M*A*S*H* (CBS: 1972-1983), *Buffy, cazavampiros* (*Buffy the Vampire Slayer*, WB: 1997-2001, UPN: 2001-2003) y *Stargate SG-1* (Showtime: 1997-2002, Sci-Fi Channel: 2002-).

También hay que tener en cuenta que en los últimos años los intercambios de profesionales se han hecho más comunes. Es cierto que los actores, productores, guionistas y directores que se alternaron entre ambos medios fueron numerosos desde el principio. Alfred Hitchcock se hizo millonario gracias a la serie *Alfred Hitchcock presenta* (*Alfred Hitchcock Presents*, CBS: 1955-1960, NBC: 1960-1965) y los galanes Charles Boyer, David Niven y Dick Powell se unieron para formar la exitosa productora de televisión Four Star Productions. Muchos actores de la edad dorada de Hollywood daron en su madurez el salto a la televisión, como James Stewart con *Hawkins* (CBS: 1973-1974) y Henry Fonda con *The Smith Family* (ABC: 1971-1972). Y multitud de intérpretes que después se convirtieron en grandes estrellas cinematográficas como Steve McQueen, Clint Eastwood, Tom Hanks, Robin Williams, Bill Murray o, más recientemente, George Clooney saltaron a la fama primero en programas de televisión. Sin embargo, la televisión se seguía viendo como una industria secundaria y de menor categoría en la que las estrellas en decadencia podían acabar sus carreras o formarse las estrellas del futuro. Pero en el momento actual los intercambios son mucho más flexibles y la excelencia y libertad de la que goza la televisión frente a las restric-

Network, un mundo implacable es el ejemplo perfecto de cómo el cine ha acostumbrado a retratar a la televisión como un mundo sin escrúpulos a la hora de aumentar la audiencia.

ciones comerciales del cine la han convertido en un lugar cada vez más interesante, como demostró Alan Ball, que tras ganar un Oscar por su guión de **American Beauty** (Sam Mendes, 2000) utilizó su envidiable posición para crear la serie *A dos metros bajo tierra* (*Six Feet Under*, HBO: 2001-2005). Pero es cierto que es común que ambas industrias se reprochen sus excesos. Desde **Un rostro en la multitud** (*A Face in the Crowd*, Elia Kazan, 1957) a **El show de Truman** (*The Truman Show*, Peter Weir, 1998) pasando por **Network, un mundo implacable** (*Network*, Sidney Lumet, 1976), la industria televisiva ha sido representada como capaz de cualquier cosa por lograr un puñado de audiencia. Mientras, la superficialidad del mundo del cine es un tópico común en televisión que se ha dejado ver en programas tan variados como *Murder One* (ABC: 1995-1997), *Los Soprano* (*The Sopranos*, HBO: 1999-2007) y *El séquito* (*Entourage*, HBO: 2004-).

Aunque en este trabajo nos vamos a centrar en el cine de Hollywood, no podemos olvidar que los intercambios entre cine y televisión también se han producido en Europa. Gran Bretaña siempre ha contado con la ficción televisiva más sólida del Viejo Continente y como resultado de ello han sido llevadas al cine casi dos decenas de series como *The Larkins* (ITV: 1958-1964) con **Inn for Trouble** (C.M. Pennington-Richards, 1960), *Dr. Who* (BBC: 1963-1989) con **Dr. Who and the Daleks** (Gordon Flemyng, 1965), *Dad's Army* (BBC: 1968-1977) con **Dad's Army** (Norman Cohen, 1971), *Bless This House* (ITV: 1971-1976) con **Bless This House** (Gerald Thomas, 1972) y **Un hombre en casa** (*Man About the House*, ITV:

1973-1976) con **Man About the House** (John Robins, 1974). Más recientemente, para aprovechar el éxito internacional de *Mr. Bean* (BBC: 1990-1995), la productora británica Working Title decidió situar su adaptación cinematográfica, **Bean** (Mel Smith, 1997), en Los Ángeles. En otros países también ha habido adaptaciones más esporádicas, como en Holanda con **Floris** (Jean van de Velde, 2004), basada en *Floris* (NTS: 1969), en Bélgica con **De Kabouterschat** (Bart van Leemputten, 1999), basada en *Kabouter Plop* (Studio 100: 1998-), en Noruega con **Fredrikssons fabrikk: The movie** (Bo Hermansson, 1994), basada en *Fredrikssons fabrikk* (NRK: 1990-1993), en Suecia con **Eva & Adam - fyra födelsedagar och ett fiasco** (Catti Edfeldt, 2001), basada en *Eva & Adam* (SVT: 1999-2001), y en Francia con **La máscara del faraón** (*Belphégor - Le fantôme du Louvre*, Jean-Paul Salomé, 2001), basada en *El fantasma del Louvre* (*Belphégor*, Antenne 2: 1965). En España *La casa de los Martínez* (TVE: 1967-1970) y *Compañeros* (Antena 3: 1998-2002) contaron con sendas versiones cinematográficas, **La casa de los Martínez** (Agustín Navarro, 1971) y **No te fallaré** (Manuel Ríos San Martín, 2001). Incluso ha habido interesantes cruces transnacionales, como la parodia de la norteamericana *Dallas* (CBS: 1978-1991) realizada en España con el título de **Le llamaban J.R.** (Francisco Lara Polop, 1982) o la versión francesa de la telecomedia británica *Absolutely Fabulous* (BBC: 1992-2004) estrenada como **Absolument fabuleux** (Gabriel Aghion, 2001).

En las páginas siguientes vamos a dar un repaso concienzudo a todas las películas norteamericanas basadas en series de televisión desde 1954 hasta 2005, cincuenta años en los que se han producido, teniendo en cuenta secuelas, más de un centenar de adaptaciones. Comenzaremos con un capítulo dedicado a una moda fértil pero efímera del cine norteamericano en el periodo 1954-1965, las adaptaciones de programas antológicos. A continuación, iremos dando un repaso cronológico a las adaptaciones, comenzando con un texto introductorio sobre las características del periodo y siguiendo con una ficha de cada adaptación. Aunque sobrepasen el límite temporal del capítulo, todas las secuelas aparecerán junto a la película original. Pero sí se separarán las adaptaciones del mismo referente si éstas se pueden agrupar en ciclos de producción diferenciados, el caso por ejemplo de *Saturday Night Live*. El recuento de todas las adaptaciones nos permitirá acercarnos a un tipo particular de películas construidas como amplificaciones, homenajes y/o parodias de sus referentes televisivos.

CAPÍTULO 2

LAS ADAPTACIONES DE PROGRAMAS ANTOLÓGICOS

Entre 1954 y 1965 se estrenaron una treintena de películas basadas en series de televisión, entre ellas títulos tan sobresalientes como **Marty**, que ganó el Oscar a la mejor película, **Doce hombres sin piedad**, **El milagro de Anna Sullivan** y **Días de vino y rosas**. Sin embargo, en general este corto pero muy fértil período ha caído en el olvido, ocultando que en una época tan temprana la televisión ya se convirtió en unos de los principales suministradores de argumentos para el cine. Hay muchas razones que explican este hecho. Una de las más relevantes es que, salvo casos contados, estas adaptaciones tuvieron escasa repercusión en taquilla. Los productores de estas películas también buscaron que el público no fuera consciente de su origen y en muy raras ocasiones se menciona el programa original en los títulos de créditos. Por último, la actitud de desprecio por la televisión que sienten muchos críticos e investigadores cinematográficos ha llevado a un esfuerzo (deliberado o no) por ocultar la existencia de un período en el que, tal y como ocurre en la actualidad, la producción televisiva fue superior a la estrenada en las salas.

EL ASCENSO DE LAS PRODUCCIONES ANTOLÓGICAS Y *MARTY*

La antología dramática fue el primer gran género de ficción de la televisión en Estados Unidos. Realizadas en directo desde Nueva York, las antologías tuvieron un fuerte impacto sobre la entonces minoritaria pero influyente audiencia televisiva. En este período fundacional la televisión tomó un modelo de trabajo no muy diferente del teatral. En este caso un productor reclutaba a una serie de directores, guionistas y actores, muchos procedentes precisamente del teatro, con el objetivo de representar en directo una obra nueva cada semana de media hora o una hora de duración. Estas obras no tenían personajes comunes y sus argumentos eran completamente independientes, aunque a veces si existían vínculos genéricos, como el suspense y el misterio en la antología *Climax!* (CBS: 1954-1958). En un primer momento los productores de las antologías se apoyaron sobre todo en la adaptación, tanto de clásicos literarios en dominio público como de novelas, relatos cortos y obras teatrales contemporáneas. La cinta de vídeo aún no había sido inventada y los sistemas de transmisión de la señal de televisión eran muy limitados, así que la única forma de hacer llegar los programas a las emisoras era a través de kinescopios, filmaciones de una pantalla de televisión. Como técnicamente eso suponía filmar el relato, los estudios cinematográficos lograron que las cadenas no pudieran utilizar material sobre el que ellos poseían los derechos de filmación, por mucho que los derechos para televisión estuvieran libres. Este tecnicismo legal provocó que muchos programas tuvieran que apoyarse fundamentalmente en material original.

Teniendo en cuenta las limitaciones con las que contaban las antologías en directo, el medio favorecía a los buenos escritores que pudieran lucirse con elaborados diálogos y caracterizaciones. Por eso desde el primer momento la televisión fue el medio del escritor, frente al desprecio al que era sometido en la industria cinematográfica. *Goodyear Television Playhouse / Philco Television Playhouse / The Alcoa Hour* (NBC: 1948-1957), bajo la producción de Fred Coe, consiguió el mejor plantel de escritores, entre ellos Paddy Chayefsky, Tad Mosel, J. P. Miller, Horton Foote, Gore Vidal y Robert Alan Aurthur. Por su parte, en *Studio One* (CBS: 1948-1958), un programa con un presupuesto superior, se buscaba explorar los limites técnicos del directo con producciones que, como "Shakedown Cruise", se desarrollaban en ambientes tan complicados como un barco a punto de hundirse. Por sus filas pasaron Franklin J. Schaffner, Sidney Lumet, Robert Mulligan, John Frankenheimer, Lamont Johnson, Ralph Nelson, David Greene y Jack Smight.

Pero en poco tiempo las series con personajes continuos, particularmente westerns, fueron sustituyendo a la antología. Al cansancio del público se unió una motivación puramente industrial, ya que era mucho más barato poder reutilizar semana tras semana los mismos decorados y actores. Las agencias de publicidad también dieron la espalda al género huyendo de su crítica social. Pero justo en ese momento Hollywood comenzó a ver la televisión como una fuente de contenidos. La primera adaptación cinematográfica de una antología televisiva fue **Marty** (Delbert Mann, 1955), producida por Burt Lancaster y su agente Harold Hecht con apoyo financiero y distribución de United Artists, la mejor aliada de los productores independientes en la industria. "Marty", la obra de Paddy Chayefsky que había cautivado a millones de espectadores en mayo de 1953 en *Goodyear Television Playhouse*, narraba la historia de un tímido carnicero cercano a la mediana edad, Marty (Rod Steiger), que decide cambiar de vida haciendo algo tan sencillo como iniciar una relación con una dulce maestra, Clara (Nancy Marchand). United Artists aprobó el proyecto permitiendo que Chayefsky lograra un acuerdo inédito hasta entonces: libertad en el guión y contratar al realizador original de la obra, Delbert Mann, como director de la película. Pero Hecht decidió que era necesario cambiar levemente el tono de la historia, a ratos demasiado auto-compasiva. Así decidió contratar a un actor mucho más accesible que Steiger, Ernest Borgnine, que había trabajado años atrás con Delbert Mann en un capítulo de *Goodyear Television Playhouse* y, gracias a su participación en **De aquí a la eternidad** (*From Here to Eternity*, Fred Zinnemann, 1953) y **Veracruz** (*Vera Cruz*, Robert Aldrich, 1954), tenía una estrecha relación con Burt Lancaster. Nancy Marchand (que en sus años finales se haría popular como la madre del protagonista de *Los Soprano*) fue sustituida por Betsy Blair. Sí fueron llamados otros tres actores secundarios de la obra televisiva: Joe Mantell como Angie, el amigo de Marty, Esther Minciotti como su madre Theresa y Augusta Ciolli como su tía Catherine.

El éxito de *Marty* demostró que el cine tenía en la televisión una interesante fuente de contenidos.

Marty se completó con un presupuesto modesto y comenzó su andadura presentándose al Festival de Cannes, donde se hizo de forma sorprendente con la Palma de Oro gracias a la más que evidente influencia en la película del neorrealismo, que entonces era la moda cinematográfica del momento en Europa pero que apenas había tenido repercusión en Estados Unidos. Delbert Mann reconoció que **El ladrón de bicicletas** (*Ladri di biciclette*, Vittorio De Sica, 1948) estuvo en su mente y en la de Chayefsky durante el rodaje, en el que buscaron una forma de hacer realismo social con optimismo. **Marty** ganó el Globo de Oro para Ernest Borgnine, el premio del Sindicato de Guionistas para Chayefsky y el premio del Sindicato de Directores para Delbert Mann. En la noche de la entrega de los Oscars correspondientes a 1955, **Marty**, para sorpresa de la industria, se hizo con cuatro premios: mejor película, mejor actor (Ernest Borgnine), mejor director y mejor guión. A ello se sumaron casi cuatro millones de dólares recaudados en taquilla, una cifra notable para una película que había costado poco más de trescientos mil.

1955-1959: LA FIEBRE DE LAS ADAPTACIONES Y EL ESPEJISMO DEL ÉXITO

Sólo en el año en el que **Marty** logró su relevante victoria se estrenaron ocho producciones basadas en guiones para series antológicas y en marzo de 1956 Variety anunció que los derechos sobre treinta y ocho programas habían sido adquiridos por diferentes productores de Hollywood. La recuperación del director de la obra en televisión, que tan buen resultado había dado en **Marty**, fue seguida en otras tres adaptaciones que sirvieron para que sus realizadores debutaran en el cine: Fielder Cook con **Patterns** (1956, basada en la obra homónima de *Kraft Television Playhouse*), Alex Segal con **Rapto** (*Ransom!*, 1956, basada en "Fearful Decision" de *U.S. Steel Hour*) y John Frankenheimer con **The Young Stranger** (1957, basada en "Deal a Blow" de *Climax!*). Sidney Lumet dirigió su primera película con la adaptación de "Twelve Angry Men" de *Studio One*, *Doce hombres sin piedad* (1957). Lumet había dirigido numerosas obras en programas como *Studio One*, *U.S. Steel Hour* (ABC: 1953-1955, CBS: 1955-1963), *Elgin TV Hour* (ABC: 1954-1955) y *The Alcoa Hour*, entre ellas tres que serían llevadas al cine por otros directores: **Crime in the Streets** (1956, basada en la obra homónima de *The Elgin Hour*) por Don Siegel, **Man on Fire** (1957, basada en la obra homó-

Un filme tan estimable como *Doce hombres sin piedad* tuvo su origen en una celebrada antología para la TV.

nima de *The Alcoa Hour*) por Ranald MacDougall, e **Incident in an Alley** (1962, basada en la obra homónima de *U.S. Steel Hour*) por Edward L. Cahn. Arthur Penn, director en *Goodyear / Philco Television Playhouse*, también realizó su primera película, **El zurdo** (*The Left Handed Gun*, 1958), con la adaptación de la obra de televisión dirigida por Robert Mulligan.

El ejemplo de Paddy Chayefsky también se extendió a otros escritores de televisión que comenzaron a trabajar en el cine en condiciones privilegiadas. Como adaptadores de sus obras para televisión debutaron Frank Gilroy con **Llega un pistolero** (*The Fastest Gun Alive*, 1956, basada en "The Last Notch" de *U.S. Steel Hour*), Reginald Rose con **Crime in the Streets** (además de escribir posteriormente **Doce hombres sin piedad** y **Dino**, ésta última producida en 1957 y basada en la obra homónima de *Studio One*), Rod Serling con **Patterns**, Robert Alan Aurthur con **Donde la ciudad termina** (*Edge of the City*), Robert Dozier con **The Young Stranger**; y J.P. Miller con **The Rabbit Trap** (1959, basada en su obra homónima de *Goodyear Television Playhouse*). El escritor fue un elemento esencial de estas adaptaciones y como resultado de ello una serie de autores que habían logrado un especial reconocimiento fueron los más solicitados: Paddy Chayefsky (cuatro adaptaciones), Rod Serling (cuatro adaptaciones), Reginald Rose (tres adaptaciones), J.P. Miller (dos adaptaciones), Gore Vidal (dos adaptaciones), Abby Mann (dos adaptaciones) y Robert Alan Aurthur (dos adaptaciones).

Un repaso de los temas de las películas estrenadas entre 1956 y 1959 servirá para resaltar la relevancia del contenido de las obras adaptadas. **Patterns** y **The Rabbit Trap** eran críticas al mundo empresarial, mientras que **Doce hombres sin piedad** era una aguda reflexión sobre la esencia del sistema judicial norteamericano. Otro asunto candente en ese momento era el de la violencia juvenil y el desarraigo social y familiar. Este fue uno de los temas predilectos de Reginald Rose, que en **Crime in the Streets** le dio protagonismo a un grupo de delincuentes juveniles y el asistente social que intenta ayudarlos y en **Dino** iba a contar con Sal Mineo como un joven conflictivo que decide abandonar ese mundo para servir de buen ejemplo a su hermano menor. **Slander** (Roy Rowland, 1956), basada en "A Public Figure" de *Studio One*, fue una crítica al poder de la prensa sensacionalista y **Traidor a su patria** (Arnold Laven, 1956), basada en "The Rack" de *U.S. Steel Hour*, trató el tema del conflicto en Corea a través del consejo de guerra al que es sometido un soldado por haber colaborado con sus captores en el campo de prisioneros. Incluso un género cinematográfico tan tradicional como el western buscó algo de savia nueva en televisión. **Llega un pistolero** era una fábula sobre un pistolero retirado al que su fama creaba problemas y **El zurdo**, basada en la obra de Gore Vidal sobre la vida de Billy el Niño, fue un western psicológico y desmitificador que hizo más hincapié en los problemas sexuales e inestabilidad mental del personaje que en sus duelos.

En **El zurdo** Paul Newman retomó el papel que ya había interpretado en televisión en una de las escasas ocasiones en las que se mantuvo al protagonista original. Y es que si Hollywood abrió los brazos a los directores y guionistas de las obras adaptadas, no ocurrió lo mismo con los intérpretes, que en la mayor parte de las ocasiones eran actores de teatro

Un jovencísimo Paul Newman repitió en el papel de Billy el Niño, que ya había interpretado para la televisión, en la versión cinematográfica de *El zurdo* (1958).

que encontraban en televisión una oportunidad, pero que en ningún caso contaban con el peso suficiente como para protagonizar una película. Sólo actores jóvenes con una patente proyección cinematográfica como Paul Newman, Sal Mineo y Sidney Poitier retomaron los personajes que habían interpretado en las versiones originales de **El zurdo**, **Dino** y **Donde la ciudad termina** (Martin Ritt, 1957) respectivamente. El referente de esta última, "A Man is Ten Feet Tall", trató de la trágica amistad de dos estibadores de diferentes razas, un tema tan polémico que su única oportunidad de ver la luz fue como capítulo final de *Philco Television Playhouse* en octubre de 1955 con la dirección por Robert Mulligan. En la adaptación cinematográfica junto a John Casavettes, Poitier comenzó a definir el arquetipo de hombre atractivo, educado e inteligente que le ayudaría a hacerse un hueco en la industria cinematográfica como protagonista.

En general, la acogida de estas películas fue muy limitada. El fracaso de **La noche de los maridos** (*The Bachelor Party*, Delbert Mann, 1957), la crónica de una despedida de soltero repleta de acidez y momentos escabrosos, fue especialmente significativo porque supuso una nueva colaboración entre del director Delbert Mann, el guionista Paddy Chayefsky y Hecht-Lancaster como productores. Sin un elemento de ternura, con actores sin proyección cinematográfica y con un presupuesto elevado, la película decepcionó de forma notable y sirvió como símbolo de una realidad patente: **Marty** había sido un fenómeno sobredimensionado.

PLAYHOUSE 90 Y LA SEGUNDA OLEADA DE ADAPTACIONES

El fracaso de buena parte de las adaptaciones realizadas hasta el momento no supuso que se dejaran de hacer otras nuevas, sino que éstas fueron mucho más selectivas. En 1960 se estrenó **Un marciano en California** (1960, Norman Taurog), basada en la sátira de Gore Vidal "Visit to a Small Planet" (*Goodyear Television Playhouse*, 1955), pero sin lograr demasiada popularidad. A pesar de ello, el período más brillante de adaptaciones estaba a punto de comenzar. La llamada Edad de Oro de la televisión norteamericana había finalizado, pero lo había hecho con uno de sus ejemplos más excepcionales, *Playhouse 90* (CBS, 1956-61). Como su propio nombre indica, las obras representadas en el programa se ajustaban a un tiempo en parrilla de noventa minutos. *Playhouse 90* también iba a contar con una serie de ventajas sustanciales, entre ellas un elevado presupuesto y la utilización de la filmación de forma paulatina. Pero los resultados de audiencia nunca fueron demasiado brillantes y finalmente el programa fue cancelado en 1961. El nivel alcanzado por *Playhouse 90* la hizo muy apetecible por la industria de Hollywood. La primera adaptación de una obra de *Playhouse 90* fue **Vencedores o vencidos** (Stanley Kramer, 1961), basada en "Judgment at Nuremberg", emitida en 1959 con guión de Abby Mann y dirección de George Roy Hill. A pesar del interés de Roy Hill por llevar el programa al cine, el proyecto fue desarrollado por el productor independiente Stanley Kramer, que encargó a Mann adaptar su propia obra para el cine, un trabajo por el que ganaría un Oscar al mejor guión adaptado. Kramer logró una poderosa denuncia del clima social y político que permitió el auge del nazismo. El más beneficiado por su aparición en la película fue el alemán Maximilian Schell, que se hizo con el Oscar como

Arthur Penn dirigió la versión televisiva y teatral de *El milagro de Anna Sullivan* antes de llevarla al cine en 1962.

mejor actor por su trabajo como el abogado defensor Hans Rolfe, convirtiéndose así en el primer actor en ganar un Oscar por interpretar en cine un personaje al que había dado vida anteriormente en televisión. El éxito de **Vencedores o vencidos** provocó un nuevo interés por llevar al cine obras originales de televisión y al año siguiente se estrenaron tres nuevas adaptaciones de *Playhouse 90*.

El milagro de Anna Sullivan (Arthur Penn, 1962) pasó por la televisión y el teatro antes de llegar al cine, pero en todas las ocasiones contó con Arthur Penn como director, Fred Coe como productor y William Gibson como guionista. El origen de la obra fue el caso real de la joven ciega y sordomuda Helen Keller, que gracias a la ayuda de la profesora Anne Sullivan logró comunicarse con el mundo. La primera versión se emitió en febrero de 1957 dentro de *Playhouse 90* como "The Miracle Worker". En octubre de 1959 se estrenó la versión teatral con Anne Bancroft como protagonista, que ganó tres premios Tony como mejor drama, mejor dirección y mejor actriz. Era lógico que la historia fuera finalmente llevada al cine, lo que para Coe y Penn fue una oportunidad de desquitarse del fracaso de **El zurdo**. **El milagro de Anna Sullivan** no defraudó las expectativas y logró sendos Oscars para Bancroft y Patty Duke (como Helen Keller) por volver a interpretar sus personajes de Broadway.

Réquiem por un campeón (Ralph Nelson, 1962) fue otra nueva variación del esquema **Marty**, en este caso con Ralph Nelson, director, y Rod Serling, guionista, llevando al cine lo que fue el segundo programa emitido por *Playhouse 90*, "Requiem for a Heavyweight". La historia giraba en torno a un veterano boxeador, Montaña MacClintock (Jack Palance), que debe encontrar un nuevo sentido a su vida después de que una lesión le aparte del cuadrilátero. La obra logró cinco Emmys y un premio Peabody (el primero para un guionista de televisión). Anthony Quinn iba a interpretar en **Réquiem por un campeón** a Montaña Rivera acompañado por dos actores cómicos en papeles dramáticos: Mickey Rooney como el amable preparador físico de Rivera y Jackie Gleason como su representante. Lo más destacado de **Réquiem por un campeón** fue la relevante alteración en el desenlace de la historia. La esperanza del final original era sustituida por una versión mucho más pesimista en donde Montaña se mantenía leal a su manager, que tenía grandes deudas de juego, y aceptaba humillarse participando disfrazado de indio en un combate de lucha amañado. **Réquiem por un campeón** ofrecía una visión tan pesimista de la realidad que no dejaba lugar a la esperanza y fracasó a la hora de conectar con el gran público. A pesar de ello, la película supuso un gran éxito para Ralph Nelson, que desde el primer momento se esforzó en borrar los vestigios estilísticos del referente televisivo iniciando la narrativa con un extenso plano-secuencia subjetivo de Rivera desde que lucha contra su oponente en su último combate hasta que observa su rostro destrozado en un espejo de la enfermería después de la derrota.

La tercera adaptación de *Playhouse 90* estrenada en 1962 fue una versión de "Days of Wine and Roses", emitida en octubre de 1958 con guión de J.P. Miller y dirección de John Frankenheimer. Después de abandonar Hollywood, a donde había acudido para trabajar en varias adaptaciones de su obra, Miller decidió regresar a la televisión descontento por cómo la industria del cine trataba a los escritores. El éxito de "Days of Wine and Roses", un duro relato sobre el alcoholismo en una pareja, dio paso a una adaptación, pero John

Montaña MacClintock (Jack Palance) (izq.) pasó a llamarse Montaña Rivera (Anthony Quinn) (der.) en la adaptación cinematográfica de la televisiva *Requiem for a Heavyweight*.

Frankenheimer se encontró con la desagradable sorpresa de que no era contratado como director. Frankenheimer intentó averiguar por qué y recibió como respuesta que él no era un director de comedia, lo que le sorprendió notablemente porque no creía que "Days of Wine and Roses" fuera precisamente una comedia. Sin embargo, sí que se iba a convertir en una en su traslación al cine, o al menos lo iba a ser en parte. **Días de vino y rosas** (Blake Edwards, 1962) era un proyecto para el lucimiento de Jack Lemmon, que ya había ganado un Oscar como mejor secundario por **Escala en Hawai** (*Mister Roberts*, 1955) y protagonizado para Billy Wilder **Con faldas y a lo loco** (*Some Like It Hot*, 1959) y **El apartamento** (*The Apartment*, 1960). Lemmon estaba convencido de sus posibilidades como actor dramático, un registro en el que había demostrado su valía en multitud de antologías, incluida la propia *Playhouse 90*. Pero no iba a dar el salto sin red, ya que el director elegido fue Blake Edwards, que había trabajado con él como guionista en películas como **La misteriosa dama de negro** (*The Notorius Landlady*, Richard Quine, 1962). Lemmon iba a estar acompañado por otros dos habituales de antologías, Lee Remick como Kristen y Jack Klugman como Jim, el mentor de John en su lucha contra el alcohol, mientras que Charles Brickford retomó su papel del padre de Kristen del programa de televisión.

La idea sobre la que partía **Días de vino y rosas** era en realidad un pequeño engaño al espectador. La historia iba a comenzar como una comedia romántica sobre John Clay y Kristen Arnesen, un publicista y una secretaria que entre fiesta y fiesta se enamoran, se casan y tienen una hija. Sin embargo, conforme avanza la trama y el problema con el alcohol, primero de John y después de Kristen, se va haciendo más patente, la película cambia de tono y se convierte en un drama que refleja la pesadilla en la que se han convertido sus vidas. Las alteraciones eran mínimas (en el original la historia se narraba a través de varios flash-backs) y se centraban más en la primera parte del relato, la comedia romántica que nunca termina de funcionar, que en la segunda parte, más dramática. Incluso la célebre escena en la que John Clay destroza el vivero de su suegro buscando una botella de alcohol que no recuerda donde escondió ya se hallaba presente en el original. Pero lo cierto es que gracias a las brillantes interpretaciones de sus protagonistas y su poco complaciente pero esperanzado final, **Días de vino y rosas** se convirtió en uno de los títulos claves del cine de los sesenta y una de las aproximaciones cinematográficas más relevantes al tema del alcoholismo.

A pesar de su desigual aceptación, la notable calidad de las cuatro adaptaciones realizadas sobre programas de *Playhouse 90* deberían haber animado un nuevo interés por llevar más obras de programas antológicos al cine. Pero las siguientes adaptaciones sólo lograron una repercusión testimonial. Ni siquiera **Ángeles sin paraíso** (John Cassavetes, 1963), un relato sobre niños con problemas de aprendizaje basada en "A Child is Waiting" de *Studio One*, logró atraer al público a pesar de contar con Burt Lancaster y Judy Garland como protagonistas. El trasvase de profesionales ya se había completado y, ya instalados en el medio, la mayoría de ellos iban a preferir la utilización de nuevas historias con las que ampliar sus horizontes antes que regresar una y otra vez a obras que ya habían explorado. Pero todavía habría alguna adaptación aislada. Cliff Robertson, el protagonista original de "Days of Wine and Roses", ganó un Oscar por **Charly** (Ralph Nelson, 1968), una versión de "The Two Worlds of Charlie Gordon" de *U.S. Steel Hour* que se puso en marcha cuando Daniel Keyes publicó una ampliación de su novela corta "Flores para Algernon" (*Flowers for Algernon*). Y una de las herederas de la edad dorada de la antología, *CBS Playhouse* (CBS, 1967-70), también produjo una versión cinematográfica, **The People Next Door** (David Greene, 1970). De nuevo J.P. Miller adaptó su propio trabajo, esta vez una historia sobre un matrimonio de clase media que se enfrenta a la drogadicción de su hija adolescente.

Las adaptaciones cinematográficas de programas antológicos fue una moda fértil pero muy breve en el cine norteamericano que dio como resultado un puñado de películas notables pero en general fracasadas comercialmente. Sin embargo, buena parte de estos filmes abrieron una importante ventana a la realidad, llevando a la pantalla argumentos de realismo social como el racismo, las consecuencias de la guerra, la infidelidad, el suicidio, los niños con problemas, la violencia juvenil, la brutalidad policial, la esencia de la justicia, el alcoholismo... Aunque hasta finales de los años ochenta la televisión no se iba a convertir en una fuente de contenidos habitual para Hollywood, las adaptaciones de programas antológicos son el ejemplo de la riqueza de una etapa en la que por primera vez la televisión se convirtió en objeto de respeto y hasta admiración por parte del cine.

CAPÍTULO 3

LAS PRIMERAS PELÍCULAS BASADAS EN SERIES DE TELEVISIÓN: DE *REDADA* A *SOMBRAS EN LA OSCURIDAD*

Las primeras películas basadas en series de televisión con personajes continuos comenzaron a estrenarse prácticamente a la vez que las versiones de antologías, pero su suerte fue muy diferente. El éxito de **Marty** inauguró una moda que llevó a que en apenas diez años se estrenaran treinta adaptaciones de forma febril, produciendo algunos clásicos pero también muchos fracasos comerciales. Tras este periodo, estas adaptaciones pasaron al mismo olvido que en televisión las antologías realizadas en directo. Sin embargo, las películas basadas en series de televisión con personajes continuos se mantuvieron en un lugar discreto, con un número muy limitado de estrenos con modesta recepción crítica y de taquilla. Pero se acabaron consolidando como una fórmula de producción que ha llegado hasta la actualidad. Hay muchos motivos que explican que los estudios cinematográficos, con la excepción de Warner Bros., no apostaran decisivamente por estas adaptaciones. A pesar de las reservas iniciales, a mediados de la década casi todos los estudios, desde los grandes como MGM hasta los modestos como Columbia, comenzaron a producir para televisión. Privados de las ventajas de contar con las cadenas de exhibición, los estudios desarrollaron un nuevo modelo de negocio. Los estrenos cinematográficos comenzaron a producirse de forma externa con los presupuestos cada vez más elevados, creando una notable dependencia respecto a unos pocos títulos, el llamado síndrome del blockbuster. Mientras, las antiguas divisiones de serie B se reconvirtieron en unidades de producción para televisión, manteniendo en funcionamiento a empleados y platós y garantizando una entrada de ingresos estable. Y dentro de este modelo, las adaptaciones de series en forma de películas de bajo presupuesto no contribuían a dar la impresión al público de que los estrenos en salas eran productos de lujo por los que valía la pena pagar.

Warner Bros. volcó muchos recursos en poner en marcha su división para televisión y en unos pocos años se convirtió en el principal suministrador para el medio, realizando en la temporada 1959-1960 doscientas sesenta horas de programación para la ABC. La confianza en la popularidad de la televisión llevó al estudio a producir **Redada**, **Our Miss Brooks** y **El Guardían enmascarado**, pero abandonó esta práctica al poco tiempo. Columbia se animó a producir el policiaco **The Lineup**, mientras que Sheldon Reynolds realizó **Intriga**

extranjera de forma independiente contando con la colaboración de United Artists. Estas películas establecieron las características básicas de las adaptaciones de series de televisión, como el bajo presupuesto, la limitada inversión en publicidad y la fuerte continuidad con el precedente a nivel técnico y creativo. Pero no sería hasta finales de los setenta, con el estreno sucesivo de **La película de los teleñecos** y **Star Trek: La película**, cuando las adaptaciones de series de televisión dejaron de ser una práctica esporádica.

REDADA

Redada (*Dragnet*), NBC, 1952-1959. Creada por Jack Webb.
Redada (*Dragnet*), Warner Bros., 1954. Dirigida por Jack Webb.
Escrita por Richard L. Breen.

Redada es el modelo en el que todas las series del género policiaco se miran aún en la actualidad, además de ser el primer programa de televisión en inspirar una adaptación cinematográfica. Su origen se encuentra en la película **Orden: Caza sin cuartel** (*He Walked by Night*, Alfred L. Werker / Anthony Mann, 1948), un film noir en estilo semi-documental en donde tuvo un papel secundario un actor desconocido llamado Jack Webb. Al año siguiente Webb comenzó su propio programa dramático en la emisora de radio NBC, *Dragnet* (un término que viene a significar pesca de arrastre, una metáfora del trabajo policial), en el que Webb narraba, como el sargento de la policía de Los Ángeles Joe Friday, casos basados en hechos reales con un estilo más cercano al documental que a las producciones dramáticas. En su traslación a la televisión como *Redada*, la clave fue el sacrificio del dramatismo en favor de la autenticidad. La violencia, el suspense y los detalles sobre la vida personal de los protagonistas eran sustituidos por la narración sobria y realista de los procedimientos policiales utilizados para detener a los criminales. Por eso, el grueso de cada capítulo mostraba a los protagonistas tomando notas, realizando interrogatorios, llamando por teléfono y hablando entre sí del caso, no persecuciones, peleas o tiroteos. El tono de frialdad general se enfatizaba con un estilo visual sobrio y la costumbre de que los actores leyeran sus textos de un Teleprompter como los presentadores de informativos.

El éxito de *Redada* fue inmediato y al final de la temporada 1953-1954 sólo *Te quiero Lucy* (*I Love Lucy*, CBS: 1951-1957) la superaba en audiencia. Resulta sencillo entender por qué *Redada* dio el salto a la gran pantalla. A nivel de producción, la serie se realizaba casi como si de una película se tratara, utilizando la filmación y usando localizaciones en Los Ángeles cuando todavía muchas producciones dramáticas se realizaban en directo desde Nueva York. Para entonces Webb, merced a su aparición en películas como **El crepúsculo de los dioses** (*Sunset Boulevard*, Billy Wilder, 1950), tenía contactos en la industria cinematográfica y vender a Warner Bros. un producto muy barato (medio millón de dólares, la mitad del presupuesto habitual) que ya había triunfado en radio y televisión le fue sencillo. Jack Webb debutó en la dirección de cine con el proyecto, pero para escribir la película buscó un talento externo, Richard L. Breen, que acababa de ganar un Oscar por su guión (junto a Charles Brackett y Walter Reisch) para **El hundimiento del Titanic** (*Titanic*, Jean Negulesco, 1953). **Redada** fue una versión amplificada de un capítulo de la serie y por ello no se buscó a ningún rostro cinematográfico conocido para dar cierto empaque a la película. La historia comenzaba con un ajuste de cuentas entre un grupo de delincuentes y prosigue con los esfuerzos del Sargento Friday por demostrar que el jefe del fallecido, el mafioso Max Troy (Stacy Harris), fue el responsable del crimen. Finalmente Friday logra la prueba decisiva, pero para entonces Troy ya ha fallecido durante una operación para extirparle un cáncer gástrico.

El actor Jack Webb dio vida al sargento Joe Friday, protagonista principal de la serie de TV *Redada*.

Este argumento no se aleja en demasía de cualquier episodio típico de la serie, ya que, como allí, el grueso de la acción se produce en lugares cerrados y las largas conversaciones entre los personajes priman sobre la acción física. Sin embargo, también se aportan interesantes novedades. Por ejemplo, el sangriento asesinato inicial hubiera sido impensable en la serie, y la pelea en la que Friday y su compañero Frank Smith (Ben Alexander) se enzarzan con los matones de Troy tampoco encaja en la impecable forma de actuar de los protagonistas. Jack Webb utiliza la película para criticar la excesiva protección que tienen los delincuentes con procedimientos como la Quinta Enmienda, que evitar tener que declarar si eso supone incriminarse a uno mismo. Desde la perspectiva actual, sus posiciones son a menudo absolutamente reaccionarias, aunque también es cierto que con **Redada** Webb también ayudó a promocionar la presencia de las mujeres en el cuerpo y la utilización de procedimientos policiales novedosos como las escuchas telefónicas y las técnicas forenses. Estrenada en agosto de 1954, poco antes del comienzo de la cuarta temporada del programa, **Redada** se convirtió en la segunda película más taquillera de Warner Bros. ese año. La serie se mantuvo cinco años más en producción y en 1966 un telefilme que emparejaba a Friday con un nuevo compañero, Bill Gannon (Harry Morgan), gustó tanto a los ejecutivos de la NBC que tomó forma de una serie de idéntico título emitida entre 1967 y 1970. Aunque Webb murió en 1982, la popularidad de *Redada* se ha mantenido muy alta y hasta fue objeto de dos nuevas versiones de vida efímera en 1989 y 2003, además de ser parodiada en la película **Dos sabuesos despistados** en 1987. El escritor James Ellroy, al que impresionó leer en su juventud el libro de Jack Webb "The Badge: A History of the LAPD" (1958), incluyó una escasamente disimulada versión de Jack Webb en su novela "L.A. Confidential" (1990) con el nombre de Brett Chase, el protagonista de la serie ficticia *Placa de honor*.

VEREDICTO: A pesar de la gran popularidad que logró en su estreno en las salas, **Redada** ha caído en el olvido. Su argumento carece de interés dramático, ya que un ajuste de cuentas entre delincuentes no despierta los mismos sentimientos en el espectador que el asesinato de algún inocente. Visual y políticamente, es un reducto del pasado.

INTRIGA EXTRANJERA

Foreign Intrigue - Dateline: Europe (1951-53), *Foreign Intrigue - Overseas Adventures* (1953-54) y *Foreign Intrigue - Cross Current* (1954-55), sindicación. Creada por Sheldon Reynolds.
Intriga extranjera (*Foreign Intrigue*), United Artists, 1956. Dirigida por Sheldon Reynolds.
Escrita por Sheldon Reynolds, Harold Jack Bloom y Gene Levitt.

Después de la Segunda Guerra Mundial Europa se convirtió en un privilegiado plató de rodaje para decenas de producciones norteamericanas que buscaban mano de obra barata y espectaculares decorados naturales. Eran los comienzos de la Guerra Fría y las películas de espías se habían convertido en un género predilecto para los asistentes a las sesiones dobles. Sheldon Reynolds, un guionista y director de tan solo veintiocho años, decidió exportar el género a la televisión rodando en Europa *Foreign Intrigue*. En ese mismo periodo la industria televisiva en Estados Unidos vivía un proceso de crecimiento en torno a una serie de grandes cadenas que durante más de treinta años iban a controlar de forma férrea el mercado. Sin embargo, hasta la consolidación de ese monopolio, los productores independientes como Reynolds encontraron un hueco en el mercado de la sindicación, es decir, la venta directa a las emisoras locales de sus series. *Foreign Intrigue* contó con tres fases diferenciadas que coincidieron con un cambio de personajes. La primera tanda de episodios, conocida posteriormente como *Dateline: Europe*, tuvo como protagonistas a Jerome Thor y Sydna Scott, que interpretaron a dos periodistas que, juntos o por separado, ayudaban a encontrar a criminales de guerra, detener a grupos mafiosos, devolver la libertad a presos políticos y proteger fórmulas secretas en lugares tan diversos como Alemania del Este, París, Italia, Estocolmo, Bruselas, Ginebra o el Mar del Norte. En *Overseas Adventures* James Daly y Anne Préville tomaron el testigo como una nueva pareja de corresponsales europeos. La tercera y última entrega de *Foreign Intrigue*, conocida como *Cross Current*, cambió el planteamiento argumental y se centró en Christopher Storm (Gerald Mohr), el dueño de un hotel en Viena bastante menos viajero que sus compañeros.

Después de que la serie dejara de producirse, Sheldon Reynolds regresó a Estados Unidos para intentar integrarse en la industria del cine. Buscando un nuevo proyecto, Reynolds entabló amistad Robert Mitchum, que entonces era un actor extraordinariamente popular gracias a sus interpretaciones de tipo duro en el cine negro de los años cuarenta. Sheldon Reynolds consiguió acabar un guión en tan sólo once días y lograr la financiación de United Artists para regresar a Europa a filmar **Intriga extranjera**. Mitchum, cuyo carácter problemático era notorio, podía así escapar del acoso de la prensa amarilla durante unos meses. Sheldon Reynolds no quiso que la película se titulara como la serie de televisión, pero las semejanzas entre una y otra eran tan fuertes, tanto a nivel de argumento como de localizaciones y tratamiento visual, que el estudio quiso así aprovechar la popularidad del referente. Por eso, **Intriga extranjera** es una adaptación singular, ya que no es una continuación directa ni tiene personajes comunes. El único vínculo directo es la presencia en un papel secundario de Tony Padovano (uno de los productores de *Foreign Intrigue*) como el periodista Tony Forrest, que había aparecido esporádicamente en la serie. Pero el hecho de que *Foreign Intrigue* contara con tres etapas con protagonistas distintos hace mucho más fácil asumir que **Intriga extranjera** pueda entrar a formar parte de su universo. Robert Mitchum interpretaba en la película a Dave Bishop, un agente de prensa norteamericano que trabaja para Victor Danemore (Jean Galland), un millonario que reside en la Riviera francesa. Éste muere de improviso de un ataque al corazón y Bishop comienza a investigar su misterioso pasado. Siguiendo pistas por toda Europa, Bishop descubre que el origen de la fortuna de su jefe estuvo en chantajear a industriales que colaboraron con los nazis, teniendo que decidir si se aprovecha de la situación o saca la verdad a la luz.

Las limitaciones presupuestarias de **Intriga extranjera** eran mucho menos evidentes debido a las vistosas localizaciones, que gracias a que la película estaba rodada en color, resultaban mucho más atractivas que en la serie de televisión. La actriz sueca Ingrid Thulin (que aparece en los créditos con la traducción fonética de su nombre, Tulean) hizo su debut en el cine americano como Brita Lindquist, el interés amoroso de Bishop. Thulin, que había aparecido en papeles distintos en cuatro capítulos de *Foreign Intrigue*, saltó a la fama años más tarde como una de las intérpretes habituales de Ingmar Bergman.

> VEREDICTO: La presencia de Mitchum, las localizaciones europeas y una notable banda sonora no fueron suficientes para salvar a **Intriga extranjera** del fracaso comercial. Una trama previsible fue la principal responsable, sobre todo en una época en la que Hitchcock había enseñado al público lo que era el suspense de verdad. La película cayó en el olvido y hoy es sólo de interés para los admiradores del duro con más encanto del cine norteamericano, Robert Mitchum.

OUR MISS BROOKS

Our Miss Brooks, CBS: 1952-1956. Creada por Al Lewis.
Our Miss Brooks, Warner Bros., 1956. Dirigida por Al Lewis.
Escrita por Al Lewis y Joseph Quillan.

Our Miss Brooks fue uno de los títulos más populares de la Edad Dorada de los seriales radiofónicos, los años cuarenta. Al Lewis (no confundir con el actor de *La familia Munster*) lo creó pensando en que lo protagonizara Lucille Ball, pero ésta recomendó en su lugar a una amiga con la que guardaba un gran parecido, Eve Arden. La actriz se había especializado en chispeantes papeles secundarios y se ajustó como un guante a Connie Brooks, la profesora de literatura que protagonizaba *Our Miss Brooks*. Tras cuatro años en antena, el programa pasó a la televisión con prácticamente el mismo reparto y equipo creativo. Connie Brooks (Eve Arden) era una profesora de literatura en el Instituto Madison, donde tiene que aguantar al dictatorial director Osgood Conklin (Gale Gordon) y bebe los vientos por un compañero, el profesor de ciencias Philip Boynton (Robert Rockwell). Entre sus alumnos se encuentra el tontorrón Walter Denton (Richard Crenna), mientras que en casa cuenta como confidente con su casera, la señora Davis (Jane Morgan). *Our Miss Brooks* se benefició en gran medida de un puñado de secundarios excéntricos y del talento de Arden para encarnar a la divertida Connie Brooks, que siempre tenía una observación aguda y ácida en los labios. Teniendo en cuenta el conservadurismo predominante en el periodo, su personaje destacó también por ofrecer un retrato de una mujer eficaz e independiente que no necesitaba a un marido a su lado, aunque sin rechazar nunca la posibilidad de iniciar una aventura amorosa. Connie Brooks también se convirtió en un modelo para los educadores y Arden recibió algunos premios por la buena imagen que daba de los profesores. En su segunda temporada *Our Miss Brooks* se coló en la lista de los veinte programas más vistos, pero a partir de ahí su popularidad fue descendiendo y finalmente la serie fue cancelada al final del cuarto año.

Tras el fin de la serie Al Lewis, que ya había dirigido películas como **Ma and Pa Kettle** (1949), comenzó a trabajar inmediatamente en una versión cinematográfica contando con los principales integrantes del reparto. Sin embargo, se iba a tratar de una adaptación completamente diferente a las anteriores, ya que en este caso Lewis apostaba por ofrecer una nueva visión del universo de la serie que sirviera como resumen. **Our Miss Brooks** comenzaba con Connie Brooks llegando por primera vez al Instituto Madison y conociendo a Conklin, Boynton y Denton tras haber encontrado alojamiento con la señora Davis. Connie comienza a salir con Boynton mientras se esfuerza en ayudar a un alumno rebelde, Gary Nolan (Nick Adams). Conklin se presenta a coordinador de educación para evitar que el candidato favorito lo despida y pide a Connie, muy popular entre padres y alumnos, que le ayude. Entre sus maniobras se encuentra que se acerque al padre de Gary, el magnate de los medios de comunicación locales Lawrence Nolan (Don Porter). Connie rechaza las insinuaciones de Lawrence cuando se convence de que Boynton va a pedirle matrimonio, pero rompe la relación cuando se da cuenta de que todo se trató de un malentendido. Sin embargo, al final la señorita Davis consigue que todo se arregle y ambos pueden iniciar por fin su vida en común.

Con este argumento se mostraba una versión comprimida de las peripecias de Connie Brooks en el Instituto Madison, aunque sin tener en cuenta que en la cuarta temporada Connie y Conklin se habían trasladado a un nuevo centro después de que el Instituto Madison fuera cerrado para dar paso a una autopista. El acontecimiento especial de la película era asistir a algo que nunca había llegado a suceder en la serie, que Connie y Boynton comenzaran a salir y él llegara a pedirle matrimonio. Sin embargo, esta vez su relación era dinamizada por la aparición de Dolan y el consecuente desarrollo de un triángulo amoroso. Otro de los elementos más relevantes de la película era la escasa presencia de Walter Denton, al que quita tiempo en pantalla un personaje de nueva creación, Gary Nolan. Así se buscó desplazar la candidez de Denton por un personaje más fuerte que entroncara con el cine juvenil que había logrado pujanza con el estreno de **Rebelde sin causa** (*Rebel Without a Cause*, Nicholas Ray, 1955). Nick Adams apareció precisamente en esta película y años más tarde fue protagonista del western *The Rebel* (ABC: 1959-1961).

VEREDICTO: **Our Miss Brooks** no consiguió superar el esquematismo del precedente televisivo, ni tampoco un guión confuso que plantea tramas interesantes para cerrarlas abruptamente, una dirección bastante esclerótica y un final edulcorado. Quedándose a medio camino en casi todo, **Our Miss Brooks** es una película fallida sólo a ratos pasable que como resultado tuvo una repercusión discreta entre público y crítica.

EL LLANERO SOLITARIO

El Llanero Solitario (*The Lone Ranger*), ABC: 1949-1957.
Creada por George W. Trendle y Fran Striker.
El Guardián Enmascarado (*The Lone Ranger*), Warner Bros., 1956.
Dirigida por Stuart Heisler. Escrita por Herb Meadow.

El Llanero Solitario nació directamente inspirado en la novela de Zane Grey "The Lone Star Ranger" y era un poco disimulado imitador de El Zorro, que también era un héroe enmascarado que protegía a los débiles en el Oeste. *The Lone Ranger* se convirtió en un popular serial tras su estreno en 1933 y en poco tiempo empezó a ser traslado a otros medios como cómics, novelas, seriales cinematográficos y finalmente la televisión. El proyecto fue supervisado por George W. Trendle y encontró acomodo en la ABC en un momento en el que el medio estaba empezando a definirse. El Llanero Solitario (Clayton Moore) era en realidad un ranger de Texas llamado Reid que en una misión junto a un grupo de compañeros cae en una emboscada organizada por un ranger traidor y un conocido criminal. Salvado por un indio llamado Tonto (Jay Silverheels), Reid decide hacer creer al mundo que ha muerto para poder defender desde ese momento a los débiles. Con este planteamiento simple pero efectivo, *El Llanero Solitario* se convirtió en un éxito inmediato y en la temporada 1950-1951 se colocó como el séptimo programa más visto. Sin duda, *El Llanero Solitario* contó a su favor con el carisma de su protagonista Clayton Moore, un contrastado intérprete en la serie B que logró así el papel que definiría su carrera. En 1952 Moore tuvo un desacuerdo con la compañía productora por su salario y fue sustituido por el actor John Hart. Sin embargo, el apoyo del público llevó a que fuera de nuevo contratado al año siguiente.

Tras haber resuelto el conflicto con Moore, el productor Jack Wrather llegó a un acuerdo con Warner Bros. para realizar conjuntamente una adaptación cinematográfica de la serie que se estrenó en febrero de 1956 en un periodo de descanso entre la cuarta y la quinta temporada, que a la postre sería la última. Para Wrather era una forma de probar hasta qué punto existía la posibilidad de crear una franquicia cinematográfica con el personaje, mientras que para Warner Bros. era un western más de medio presupuesto similar a los protagonizados en ese periodo por Randolph Scott. El guionista Herb Meadow, un habitual del programa, se encargó de que la película tuviera muchos elementos de continuidad, mientras que el realizador Stuart Heisler, un veterano de la serie B, le dió empaque cinematográfico a una producción filmada en color. En **El Guardián Enmascarado** Reid y Tonto intervienen en el conflicto entre el ranchero Reese Kilgore (Lyle Bettger) y una tribu india a petición del

Clayton Moore y Jay Silverheels, actor canadiense de origen Mohawk, fueron El Llanero Solitario y su fiel Tonto.

gobernador del territorio (Charles Meredith). La tribu está siendo acusada de atacar a los rancheros, pero pronto se pone de manifiesto que la mano derecha de Kilgore, Cassidy (Robert Wilke), es el verdadero responsable. En la tribu también hay problemas, ya que el pacífico liderazgo del jefe Halcón Rojo (Frank DeKova) se ve amenazado por el joven guerrero Caballo Enfadado (Michael Ansara). Finalmente el Llanero y Tonto descubren que en realidad Kilgore busca una excusa para aniquilar a los indios y poder apropiarse del yacimiento de plata que se encuentra en una montaña sagrada de la reserva. Evitando que ambos grupos se ataquen, consiguen hacer tiempo para que el sheriff Kimberley (John Pickard) contacte con el gobernador y regrese con un pelotón del ejército. Cassidy mata a Kilgore y es condenado a la horca por ello.

Teniendo en cuenta la simplicidad argumental y la pobreza dramática de la serie, **El Guardián Enmascarado** logró unos resultados sorprendentes. La película no podía superar las limitaciones que el protagonista tenía como personaje, pero sí insertarlo en una historia con profundidad que planteaba el expolio al que habían sido sometidos los indios y colocaba a un rico ranchero dispuesto hasta a sacrificar a su familia como el principal villano. Los personajes indios no lograban una gran dimensión, pero se incluía una secuencia en la que Tonto estaba a punto de ser linchado en un pueblo por ser indio mientras la autoridad permanecía impasible. También aparecía un personaje hispano, Pete Ramirez (Perry Lopez), que ayuda al Llanero Solitario antes de ser asesinado por Cassidy. Incluso hay espacio para cierto feminismo. Kilgore está seguro de que su hija podrá algún día hacerse cargo de su rancho y la educa para ello. Tras su muerte, su esposa Welcome (Bonita Granville), que hasta entonces odiaba la vida rural, decide continuar su vida allí administrando el rancho. **El Guardián Enmascarado** también conseguía plantear vínculos directos con la serie de televisión, el principal de ellos la aparición en varias ocasiones del viejo prospector, la cómica identidad asumida por Reid cuando quiere investigar sin que se note su presencia. En el prólogo que sirve para introducir la historia no se recuerda el origen del personaje, pero éste es contado por el propio Reid al gobernador en su encuentro, una manera bastante pobre de aclarar una posible laguna en el espectador. Sin embargo, existe un notable eco a este origen cuando en la parte final el Llanero es herido y, abandonado en el desierto, se arrastra hasta un pequeño manantial con agua a la espera de que Tonto lo salve.

VEREDICTO: **El Guardián Enmascarado** no consiguió sobresalir demasiado entre los westerns de serie B producidos por Warner Bros. en ese periodo y no pasó de ser un modesto éxito comercial. Pero supone una mejora muy sustancial de la serie original que, gracias a la introducción del color, también destaca a nivel visual. No puede competir con obras clásicas del género, pero sí es un producto entretenido y a ratos notable con dramatismo, humor y mucha acción.

The Lone Ranger and the Lost City of Gold, United Artists, 1958. Dirigida por Lesley Selander. Escrita por Eric Freiwald y Robert Schaefer.

Tras la buena acogida de **El Guardián Enmascarado**, Jack Wather decidió producir una secuela que sacara partido a la popularidad del programa de televisión justo cuando acababa de ser cancelado. Esta vez la película se realizó en colaboración con United Artists, pero los valores de producción fueron muy similares. **The Lone Ranger and the Lost City of Gold**, el Llanero Solitario y Tonto deben investigar los asesinatos de tres indios y evitar que provoquen una guerra entre los habitantes de una reserva y una ciudad cercana. Una conversación con el Jefe Tomache (John Miljan) revela que los tres asesinados tenían en común poseer un colgante que juntos forman un medallón que la leyenda de la época colonial cuenta que muestra la localización de una ciudad de oro. La viuda Fran Henderson (Noreen Nash) y Ross Brady (Douglas Kennedy) están robando los colgantes, aunque Reid logra sembrar la desconfianza entre ellos cuando se hace pasar por un ambicioso cazarrecompensas. Finalmente descubre que la última parte la posee el Dr. James Rolfe (Norman Fredric), que oculta su identidad india para trabajar en el pueblo como médico. Finalmente Brady y Henderson se traicionan mutuamente y el primero muere a manos de la segunda antes de que ésta sea detenida. Al final, los habitantes de la reserva descubren la mítica ciudad de oro.

The Lone Ranger and the Lost City of Gold era en su estructura básica una reedición de la película anterior. En ambos casos se revela rápidamente (eliminando el suspense) que un villano blanco y su mano derecha desean arrebatar a los indios la propiedad de algo valioso que se encuentra en la reserva. Los indios tienen un jefe anciano que a duras penas puede controlar a un temperamental y joven guerrero. Tonto acude a un pueblo donde no es bien recibido y está a punto de ser linchado con la complicidad de la autoridad, mientras Reid asume una identidad secreta para conseguir información. Finalmente los dos villanos se traicionan mutuamente y uno mata al otro. Las únicas diferencias palpables entre las dos películas es que **The Lone Ranger and the Lost City of Gold** renuncia a incluir escenas muy espectaculares que debido a las restricciones presupuestarias sólo podía ser realizadas con sonrojantes retroproyecciones en favor de más persecuciones y escenas acción. La película es de nuevo un alegato contra el expolio al que fueron sometidos los indios que da mayores cotas de protagonismo a Jay Silverheels como Tonto. En dos ocasiones diferentes es agredido en el pueblo con complicidad del sheriff local, pero la segunda vez tiene una notable repercusión al provocar que el Dr. Rolfe revele su identidad como indio. Este eco de **Imitación de la vida** (*Imitation of Life*, John M. Stahl, 1934) que denuncia a la vez el racismo de la sociedad y del propio género, ofrece el sustento dramático del que carece el protagonista. En la película también es muy patente el paso del tiempo sobre Clayton Moore y Jay Silverheels, que habían superado ya con creces los cuarenta. Este fue un factor determinante para que finalmente **The Lone Ranger and the Lost City of Gold** fuera el último capítulo de su experiencia como el Llanero Solitario y Tonto. Antes de morir en 1984, Jack Wrather produjo **La leyenda del Llanero Solitario** (*The Legend of the Lone Ranger,* William A. Fraker, 1981), un intento de resucitar la franquicia que fracasó estrepitosamente.

> VEREDICTO: **The Lone Ranger and the Lost City of Gold**, como en el caso de la primera película, es un relato muy superior al material de partida. Un moderado éxito en su estreno, tiene la acción y el planteamiento maniqueo suficientes para llegar a la audiencia objetiva del programa, los niños y adolescentes. Pero también posee un conflicto dramático adecuado para interesar a los adultos.

THE LINEUP

The Lineup, CBS: 1954-1960. Creada por Lawrence L. Klee.
The Lineup, Columbia Pictures, 1958.
Dirigida por Don Siegel. Escrita por Stirling Silliphant.

Aunque en la actualidad *The Lineup* es recordada sobre todo por la implicación que el director Don Siegel tuvo en su desarrollo, en su momento fue considerada una de las mejores series policíacas. *The Lineup* había nacido como un programa de radio en la cadena CBS en 1950 más o menos como una imitación de *Dragnet.* Sin embargo, su creador Lawrence L. Klee era un reconocido escritor radiofónico de misterio que añadió el suspense y la violencia del género de detectives a la objetividad de las nuevas series de policías. El nombre del programa era una referencia a la línea de reconocimiento a la que las víctimas de los delitos acudían en cada episodio para intentar identificar a los delincuentes junto a un equipo de detectives de policía de San Francisco. Tras finalizar su emisión en radio en 1953, la CBS exportó el programa a su división televisiva. La productora Desilu, responsable también de *Te quiero Lucy*, *Los Intocables* y *Star Trek*, apostó por darle un tratamiento visual cinematográfico contratando como realizador del capítulo piloto a Don Siegel, un profesional estrella de Warner Bros. conocido por su extraordinario talento para hacer montajes. Como protagonistas se eligieron a tres veteranos actores de reparto con decenas de películas a sus espaldas, Warner Anderson como el Teniente Guthrie, Tom Tully como el Inspector Greeb y Marshall Reed como el Inspector Asher. Durante su primera temporada en antena *The Lineup* se fue haciendo con un público con elaboradas historias sobre asesinatos, secuestros y robos. Al año siguiente el programa consiguió colocarse entre los veinte más vistos y se mantuvo en esa posición durante su tercera y cuarta temporadas.

Contando con su gran popularidad, *The Lineup*, de nuevo a imagen y semejanza de **Redada**, dio el salto a la gran pantalla de la mano de Columbia Pictures como una producción de bajo presupuesto en blanco y negro, una de las especialidades del estudio. Don Siegel

Una imagen de *The Lineup*, dirigida por Don Siegel, version cinematográfica de la serie homónima.

fue contratado como director y el guión fue escrito por Stirling Silliphant, que unos años más tarde se convirtió en uno de los escritores más prestigiosos de Hollywood gracias a películas como **En el calor de la noche** (*In the Heat of the Night*, Norman Jewison, 1967), por la que ganó un Oscar. Silliphant trabajaría poco después en dos programas de renombre del subgénero de la semi-antología, en donde hay personajes continuos pero el peso de la acción recae en los artistas invitados, *La ciudad desnuda* (*Naked City*, ABC: 1958-1963) y *Route 66* (CBS: 1960-1964). Esta estructura es también utilizada en la película, que cuenta con dos partes bien diferenciadas. En la primera el protagonismo recae en dos de los actores de la serie, Warner Anderson y Marshall Reed (Tom Tully es sustituido por un habitual de Don Siegel, Emile Meyer), y la trama se centra en la investigación de una red de tráfico de drogas que está utilizando a turistas como involuntarios correos tras un incidente en el puerto de San Francisco. Pero en la segunda parte hay un protagonismo casi absoluto de los criminales, convirtiendo a **The Lineup** en un film noir realizado a plena luz del sol. De hecho, en los títulos de crédito primero figuran Eli Wallach, que interpreta al matón Dancer, y Robert Keith, que da vida a su jefe Julian. Ambos son enviados a San Francisco para recuperar la droga, pero descubren que uno de los envíos, que se escondía en la muñeca de una niña pequeña que los ha utilizado como polvos de maquillaje en sus juegos, se ha perdido. Esto pondrá en marcha una cadena de acontecimientos que culminan en un desenlace trágico.

Lo más memorable de la película es la peculiar relación entre los dos protagonistas: Julian es el maestro que intenta hacer de Dancer un hombre educado y de buenas maneras, pero que también utiliza de forma implacable a su protegido para que sea él el que se manche las manos de sangre. Desde el punto de vista cinematográfico, la película es una muestra del talento visual de Don Siegel, especialmente en una vibrante persecución por las calles de San Francisco. Siegel convierte a la ciudad en un personaje más eligiendo escenarios muy significativos: el embarcadero, el puente Golden Gate, el teatro de la Opera, Suthro Baths, los barrios residenciales de clase alta, el Acuario, el Museo de Historia Natural, las calles empinadas... También aparece otro elemento importante de su cine, la idea de que la vida gira en torno al azar y que éste puede llevar a la ruina a los protagonistas en cualquier momento. Si la niña no hubiera encontrado por casualidad la bolsa con la droga, se habría finalizado el trabajo sin problemas y todo habría terminado como esperaba Julian. Lo irónico es que no es trabajo policial (ni siquiera la rueda de reconocimiento de rigor que no conduce a nada) sino el propio carácter imprevisible de la existencia lo que permite que el mal no triunfe en **The Lineup**.

> VEREDICTO: A pesar de pasar desapercibida entre la producción de serie B de Columbia, **The Lineup** ha resistido mejor el paso del tiempo que la propia serie, algo olvidada. Es un clásico menor del cine policíaco que destaca por las interpretaciones de Eli Wallach y Robert Keith y su brillante uso de la ciudad de San Francisco como escenario. Imprescindible para los admiradores de Don Siegel, lo más interesante de la película es cómo mejora conforme se muestra menos de la serie (también notable, pero en otros aspectos) en la que se basa.

LA MARINA DE McHALE

La marina de McHale (*McHale's Navy*), ABC: 1962-1966.
Creada por Edward Montagne y Gene L. Coon.
McHale's Navy, Universal Pictures, 1964. Dirigida por Edward J. Montagne. Escrita por Frank Gill Jr. y George Carleton Brown basándose en una historia de Si Rose.

El humor siempre ha sido una forma eficaz de curar heridas y ayudar a superar traumas. Ni siquiera un acontecimiento tan penoso para la sociedad norteamericana como la Segunda Guerra Mundial se quedó sin su buen puñado de carcajadas a través de películas como **Escala en Hawai** (John Ford y Mervyn LeRoy, 1955), **The Wackiest Ship in the Army** (Richard Murphy, 1960) y **Operación Pacífico** (*Operation Petticoat*, Blake Edwards, 1959). Curiosamente todas estas películas tuvieron versiones para la televisión con una vida efímera frente al éxito logrado por una serie original fuertemente influida por su estilo cómico y argumentos, *La marina de McHale*. Su origen estuvo en un episodio dramático de la antología *Alcoa Premiere* (ABC: 1961-1963) titulado "Seven Against the Sea" y protagonizado por Ernest Borgnine. La obra fue reconvertida en telecomedia por Edward Montagne, cuya producción *The Phil Silvers Show* tuvo una notable influencia en el nuevo concepto. Borgnine interpretaba en la serie a Quinton McHale, el pícaro oficial al mando del bote de arrastre P.T. 73, destinado a los Mares del Sur durante la Segunda Guerra Mundial. McHale quiere disfrutar de ese paraíso, aunque para ello deba romper alguna que otra ordenanza militar e ignorar todos los procedimientos oficiales. Pero el mayor objetivo en la vida de Wallace Binghamton (Joe Flynn), el rígido jefe del destacamento, es poder organizarle un consejo de guerra. El tercero en discordia es el Alférez Parker (Tim Conway), el bienintencionado pero poco inteligente oficial ejecutivo del 73. *La marina de McHale* aprovechó para conectar con la audiencia que la experiencia militar estaba muy próxima a los miles de norteamericanos que habían servido en el ejército durante la Segunda Guerra Mundial o la Guerra de Corea.

La marina de McHale logró tres nominaciones a los Emmy tras su primera temporada, incluyendo como mejor comedia, y tras la segunda consiguió colocarse en la posición número veintidós de los programas más vistos. Los productores Edward Montagne y Si Rose empezaron a trabajar enseguida en una película basada en la serie aprovechando que filmando ambas a la vez se podrían reducir costes. Su argumento se ajustaba al esquema clásico de la serie: los marineros se meten en un lío, el Alférez Parker lo agrava, McHale tiene un plan para arreglarlo, Binghamton aparece y amenaza a todo el mundo con un consejo de guerra, y finalmente, todo se soluciona y McHale convence a Binghamton de que será mejor dejar lo del consejo de guerra para evitar perjudicarse a sí mismo. La diferencia es que si la película tiene casi cuatro veces la duración de la serie, Binghamton fracasa cuatro veces en atrapar a McHale. La historia comienza con una apuesta perdida frente a unos soldados australianos y se traslada a una isla de Nueva Caledonia donde McHale espera conseguir una importante cantidad de dinero. Por medio se interpondrá el cacique local, Le Clerc (George Kennedy), obligando a McHale a utilizar a un caballo australiano perdido para ganar una carrera antes de que un ataque japonés deje todo el embrollo en suspenso.

Los protagonistas de *La marina de McHale*.

Uno de los mejores elementos de **McHale's Navy** es el mayor protagonismo dado al prisionero de guerra japonés Fuji (Yoshio Yoda), al que McHale y sus hombres han adoptado como cocinero y al que tratan como si fuera uno de los suyos. Precisamente Fuji, que hace de jockey en la carrera, dice una frase que resume muy bien la película: "Una tripulación americana con un caballo australiano en una carrera francesa y con un jinete japonés. No ha habido una guerra como ésta". **McHale's Navy** se apoya completamente en los mismos elementos de comicidad que la serie: las expresiones de desesperación de McHale, la torpeza de Parker y la tendencia de Binghamton a balbucear y recibir todo tipo de golpes. Pero en otros aspectos es muy convencional, abundando los planos de archivo que se usaban una y otra vez en el programa y los exteriores falseados con retroproyecciones. La única incorporación destacable es la de George Kennedy como el magnate Le Clerc. Kennedy ya había aparecido en un capítulo de la serie como un viejo amigo de McHale y poco después repitió con Ernest Borgnine en uno de los clásicos del cine bélico, **Doce del patíbulo** (*The Dirty Dozen*, Robert Aldrich, 1967).

VEREDICTO: **McHale's Navy** no ha llegado a convertirse en un clásico, pero sí logró una buena repercusión en taquilla y permanece como una de las mejores comedias de Universal del periodo. A pesar de sus evidentes limitaciones presupuestarias, es lo suficientemente interesante como mantener la atención y ofrece risas garantizadas gracias al talento cómico de Tim Conway y Joe Flynn, capaces de convertir cualquier situación en un autentico ejercicio de hilaridad.

McHale's Navy Joins the Air Force, Universal Pictures, 1965. Dirigida por Edward J. Montagne. Escrita por John Fenton Murray basándose en una historia de William J. Lederer.

Después del aceptable éxito logrado por **McHale's Navy**, la serie continuó manteniendo sus buenos resultados de audiencia. Eso animó a la producción de la primera secuela de una película basada en un programa de televisión. Pero en esta ocasión Ernest Borgnine no iba a participar en el proyecto. El fuerte ritmo de trabajo de la serie (con treinta y seis episodios por temporada) había impedido a Borgnine aparecer en ninguna película desde 1962. *La marina de McHale* había aumentado su popularidad, pero también lo había asociado demasiado al personaje de McHale, algo que podría ser negativo para su carrera a la larga. Una disputa por su salario con Universal terminó de complicar la situación y Borgnine declinó aparecer en la continuación. En su lugar, aprovechó el rodaje de **McHale's Navy Joins the Air Force** para poder volver al cine de la mano de Robert Aldrich en **El vuelo del Fénix** (*The Flight of the Phoenix*, 1965), junto a, curiosamente, George Kennedy. **McHale's Navy Joins the Air Force** se ajustaba mucho más al esquema de acontecimiento especial que su precedente. La tripulación del barco (sin McHale, que está ocupado en otra tarea) llega a un puerto australiano y, tras algunas peripecias, el Alférez Parker es ascendido sin razón alguna a navegador de un barco superior. Para horror de Binghamton, tras cada metedura de pata de Parker éste es ascendido y felicitado por su trabajo. La trama se complica cuando Parker acaba como piloto por error y unos espías rusos entran en escena. Como **McHale's Navy**, **McHale's Navy Joins the Air Force** estuvo dirigida por Edward Montagne y de nuevo las limitaciones presupuestarias son muy patentes. Pero la ausencia de Borgnine también permite el protagonismo absoluto de Tim Conway y Joe Flynn, los dos actores más dotados del programa. Después del estreno de **McHale's Navy Joins the Air Force**, la serie entró en su quinta temporada con un cambio radical de escenario, el sur de Italia. Pero a pesar de las novedades, *La marina de McHale* fue cancelada en el verano de 1966.

VEREDICTO: **McHale's Navy Joins the Air Force** era, como su precedente, poco más que una versión ampliada de cualquier capítulo de la serie de televisión. Sin embargo, también recupera a los dos elementos más cómicos de la serie, Tim

Conway y Joe Flynn, y les da una excusa argumental que les permite el lucimiento. Aunque hoy no es una película demasiado conocida, muchos admiradores de la serie la consideran mejor que la original y una perfecta traslación del hilarante humor de la serie.

BATMAN

Batman, ABC: 1966-1968. Creada por William Dozier y Lorenzo Semple Jr. basándose en los personajes de Bob Kane y Bill Finger.
Batman, 20th Century Fox, 1966.
Dirigida por Leslie H. Martinson. Escrita por Lorenzo Semple Jr.

Creado en 1939 por el dibujante Bob Kane con la colaboración del guionista Bill Finger, el superhéroe del cómic "Batman" no atravesó en los sesenta su mejor momento. Pero el productor William Dozier creyó que una serie con el personaje podría funcionar sin contaba con humor, acción y un toque de extravagancia que la hicieran entretenida para los niños y divertida para los adultos. Los primeros se engancharían por el lado aventurero de la historia, su acción, sus artilugios y sus efectos especiales. Mientras, los adultos se reirían con el tono paródico de la serie, que no dudaría en burlarse de los tópicos de los tebeos de superhéroes con los que habían crecido. Como protagonistas de *Batman* se eligieron a dos actores desconocidos que precisamente no se caracterizaban por sus virtudes interpretativas, Adam West como Bruce Wayne/Batman y Burt Ward como Dick Grayson/Robin. Pero el plato fuerte eran los veteranos intérpretes que iban a encarnar a los villanos: César Romero como el Arlequín, Art Cartney como el Arquero, Tallulah Bankhead como la Viuda Negra, Burgess Meredith como el Pingüino, Shelley Winters como Ma Parker y un largo etcétera. *Batman* destacó sobremanera por su elaborado tratamiento estético, que aprovechaba al máximo las ventajas de la recién introducida televisión en color con lujosas escenografías y una riqueza cromática que recordaba al Arte Pop. Además, el trabajo de cámara estaba muy elaborado y solían ser frecuentes los ángulos extraños y los planos desequilibrados, sobre todo en las escenas en las que los villanos tramaban sus planes para hacer patente la locura de éstos.

Entre la variopinta galería de villanos de *Batman* destacaban Zelda y Cabeza de Huevo, encarnados por dos inolvidables veteranos: Anne Baxter y Vincent Price.

Gracias a una espectacular campaña de promoción, cuando la serie comenzó

Para la versión cinematográfica de *Batman* se escogieron cuatro de los villanos más representativos: El Joker (César Romero), Catwoman (Lee Meriwether), El Enigma (Frank Gorshin) y El Pingüino (Burgess Meredith).

a emitirse en enero de 1966 sus dos capítulos semanales se colocaron en la lista de los diez programas más vistos. Durante la fase de desarrollo de la serie se realizó una película para cine cuya intencionalidad era servir de promoción, presentar a los personajes principales y rentabilizar los altos costes de la construcción de los decorados. Pero la ABC decidió emitir el programa antes y la película, estrenada en verano, sirvió finalmente de puente entre la primera y la segunda temporada. El guión fue obra de Lorenzo Semple Jr., el guionista del capítulo piloto y, por tanto, auténtico creador junto a William Dozier de *Batman*. La labor de dirección le fue encomendada a Leslie H. Martinson, experimentado realizador de cine, donde dirigió **Patrullero PT 109** (*PT 109*, 1963), y televisión. Entendida como un acontecimiento especial, **Batman** no cuenta con un villano sino con cuatro, los más característicos durante la primera temporada: el Arlequín, el Pingüino, el Acertijos (Frank Gorshin) y la Mujer Gata (Lee Meriwether). Todos se reúnen para robar un nuevo invento, una máquina capaz de deshidratar los cuerpos humanos con la que pretenden eliminar a los dignatarios mundiales y dominar el planeta. Por medio, Bruce Wayne es seducido por la Mujer Gata, pero finalmente consigue devolver sus cuerpos a los líderes del mundo (más o menos).

En la película abundan las escenas de acción y los exteriores, relativamente escasos en la serie por suponer un gran gasto para una producción ya de por sí cara. Pero además de los efectos especiales, donde más se luce la película es en la capacidad de llevar los planteamientos del programa hasta las más altas cotas de hilaridad. Desde el principio la serie pretendió ser una parodia del universo de los superhéroes, con sus increíbles poderes, sus villanos eternamente conspirando para hacer el mal, sus autoridades incompetentes, sus situaciones de peligro de las que los héroes salen milagrosamente… La película simplemente las llevaba al extremo y, al mejor estilo camp, lo planteaba con la más absoluta seriedad. Por eso, qué más absurdo que cuando en los muelles, poco menos que los bajos fondos de Gotham, el pobre Batman no deja de encontrarse con monjas, carritos de bebé y enamorados en barca que hacen que exclame que hay días en que uno no sabe cómo deshacerse de una bomba. La película se estrenó en el verano de 1966, justo en el momento de mayor éxito de la serie y logró unas excelentes recaudaciones. Pero cuando comenzó la segunda temporada, *Batman* había dejado de ser un producto novedoso y los índices de audiencia descendieron de forma alarmante. Después de una tercera temporada no demasiado gloriosa, la ABC lo canceló cuando ya contó con los suficientes capítulos para rentabilizar el programa (que siempre fue deficitario) en sindicación. En 2003 Adam West y Burt Ward protagonizaron la película para televisión **Return to the Batcave: The Misadventures of Adam and Burt** (CBS), en donde, interpretándose a ellos mismos, planean robar el Batmovil de una subasta benéfica y de paso recuerdan sus experiencias en la serie.

Adam West encarnó a Batman tanto en la serie de televisión homónima como en el largometraje realizado para promocionarla y que en España no se estrenaría en cines hasta 1979.

VEREDICTO: La película **Batman** logró reunir los mejores elementos del programa y amplificarlos gracias a una historia más elaborada y mejores efectos especiales. Si la serie era hilarante, la película entra en el terreno del surrealismo puro, mostrando lo que hizo que los niños la adoraran de forma efímera y los críticos la denostaran. Pero con un poco de sentido del humor, puede ser disfrutada como el clásico del camp que merece ser.

LA FAMILIA MUNSTER

La familia Munster (*The Munsters*), CBS: 1964-1966. Creada por Bob Mosher, Ed Haas y Norm Liebmann basándose en un concepto de Allan Burns y Chris Hayward.
La herencia de los Munster (*Munster, Go Home*), Universal Pictures, 1966. Dirigida por Earl Bellamy. Escrita por Joe Connelly, Bob Mosher y George Tibbles.

La familia Munster tuvo una vida más bien corta, apenas dos años, pero su originalidad le ha permitido labrarse un hueco en la historia de la televisión. Los escritores Allan Burns y Chris Hayward (guionistas de *El superagente 86* y otra joya de la parodia, *Las aventuras de Rocky y Bullwinkle*) desarrollaron un formato en el que se mofaban del género de terror tan popularizado por los clásicos de Universal convirtiendo a los monstruosos protagonistas en una perfecta familia americana. Pero el proyecto cayó finalmente en manos de Bob Mosher (el creador de *Leave it to Beaver*) y Ed Haas y Norm Liebmann, de la telecomedia *The Dick Van Dyke Show* (CBS: 1961-1966), que lo reorientaron en clave más amable y dieron forma a *La familia Munster*. El padre Herman Munster (Fred Gwynne) era Frankenstein, la madre Lily (Yvonne De Carlo) y su padre, el Abuelo (Al Lewis), vampiros, y el pequeño Eddie (Butch Patrick) un hombre lobo. La concepción de la belleza para los Munster era tal que la oveja negra de la familia era su sobrina Marilyn (Beverly Owen y Pat Priest en diferentes fases), un guiño obvio a Marilyn Monroe y una chica de gran belleza en el mundo normal que para ellos es fea. Como Marilyn se ha criado con sus tíos, ella misma se reconoce así, una buena reflexión sobre cómo la sociedad construye e impone los cánones de belleza.

Cuando *La familia Munster* se estrenó en el otoño de 1964 se colocó entre los veinte programas más vistos gracias a su eficaz humor y unos modestos pero logrados efectos especiales. Pero el éxito resultó efímero una vez perdido el elemento de novedad. Finalmente, la CBS decidió cancelar el programa en mayo en 1966 y apenas unos días después otra serie con la que guardaba muchos puntos en común, *La familia Addams*, siguió el mismo camino. Pero para entonces Joe Connelly y Bob Mosher ya habían llegado a un acuerdo con Universal para producir una película basada en la serie, que se podía entender como una parodia de sus clásicos del género de terror. Mosher y Connelly escribieron **La herencia de los Munster** junto a George Tibbles, uno de los guionistas habituales de la serie, y como realizador fue contratado Earl Bellamy, que había dirigido siete capítulos del programa. Pat Priest, a punto de cumplir los treinta, fue sustituida por la actriz de diecisiete años Debbie Watson. El argumento apostaba por un acontecimiento especial, con la película dividida en tres bloques a modo de tres capítulos encadenados, primero el viaje de la familia en barco a

Inglaterra tras recibir noticias de que son los beneficiarios de una herencia, después su problemática estancia en el castillo heredado junto a un puñado de conspiradores parientes y, por último, una trama relacionada con la falsificación de billetes y una carrera de coches en donde Herman Munster debe apañárselas para sobrevivir de los intentos de asesinato de sus parientes.

Fred Wynne e Yvonne de Carlo encarnaron a los entrañables Herman y Lily de *La familia Munster*.

Lo que más llamaba la atención de **La herencia de los Munster** era su resplandeciente Technicolor en oposición al blanco y negro de la televisión que tan bien contribuía a la ambientación de la historia. Pero con el Technicolor los personajes parecen más caricaturas que unas criaturas espectrales, con Herman maquillado con un tono verdoso y Eddie con un azul extremo. Y a eso se suma que a menudo el maquillaje es torpemente colocando revelando partes de piel natural. La comicidad de la película se ajusta al patrón de la serie y se sustenta en las gracias de Herman y en el contraste entre la familia y el resto del mundo. Entre las oportunidades perdidas está el sobrio y algo repelente mayordomo Cruikshank, interpretado con su prestancia habitual por John Carradine, un clásico del cine de terror que apareció en un par de capítulos de *La familia Munster* interpretando a Gateman, el jefe de Herman en la funeraria en la que trabaja. Aunque más protagonismo logra el cómico Terry-Thomas, entonces en la cima de su carrera gracias a **El mundo está loco, loco, loco** (*It's a Mad Mad Mad Mad World*, Stanley Kramer, 1963) y **Aquellos chalados en sus locos cacharros** (*Those Magnificent Men in Their Flying Machines or How I Flew from London to Paris in 25 hours 11 minutes*, Ken Annakin, 1965), hilarante en su interpretación del infantil y torpe pariente inglés Freddie Munster. En **La herencia de los Munster** también destaca una escena en la que Herman canta la melodía de *Patrulla 54*, una divertida referencia a la serie también protagonizada por Fred Gwynne y Al Lewis. **La herencia de los Munster** no fue un gran éxito, pero sí que ayudó a cimentar la popularidad del programa, que en años posteriores se trasladaría al especial de animación *The Mini-Munsters* (ABC: 1973), el telefilme de reunión **La venganza de los Monster** (NBC: 1981), la versión *Los Monster de hoy* (*The Munsters Today*, Sindicación: 1988- 1991) y dos telefilmes con nuevos actores, **Here Comes the Munsters** (Fox: 1995) y **The Munsters' Scary Little Christmas** (Fox: 1996).

VEREDICTO: **La herencia de los Munster** es, como la serie en la que se basa, una comedia amable y poco sustancial. Perjudicada por el rápido declive del programa, pasó bastante desapercibida en su momento a pesar de la presencia de John Carradine y Terry-Thomas. Mediocre visualmente, la película vive sus mejores momentos con una vibrante carrera de coches en la parte final.

PETER GUNN

Peter Gunn, NBC: 1958-1960, ABC: 1960-1961. Creada por Blake Edwards.
Gunn, Paramount Pictures, 1967. Dirigida por Blake Edwards.
Escrita por Blake Edwards y William Peter Blatty.

Si sólo se pudiera utilizar una palabra para definir *Peter Gunn*, esa sería "estilo". El futuro director de cine Blake Edwards, con apenas veintisiete años, había creado el popular programa de radio *Richard Diamond, Private Detective* (NBC: 1949-1953), pero tras ser desplazado de la adaptación televisiva decidió desarrollar *Peter Gunn*, un programa revolucionario en muchos aspectos que como tal captó más la atención de los críticos que del público. Su protagonista Peter Gunn (Craig Stevens) era un detective privado, pero no uno convencional: no era un solitario ni un amargado, sino que tenía una relación feliz con la cantante Edie Hart (Lola Albright), y no vestía una ropa desastrada, sino un elegante traje con corbata. Su oficina tampoco era sucia y oscura, ya que Gunn prefería que su centro de operaciones estuviera en un animado club de jazz regentado por la alegre Madre (Hope Emerson y Minerva Urecal en diferentes fases). Y tampoco se llevaba mal con la policía, sino que colaboraba activamente con el lacónico Teniente Jacoby (Herschel Bernardi), uno de sus mejores amigos. *Peter Gunn* se benefició mucho de la presencia como protagonista de Craig Stevens, un actor de cierta popularidad en la época que había protagonizado algunas películas de medio presupuesto en los años cincuenta y guardaba un gran parecido con Cary Grant, el actor de la ironía y lo sublime que había inspirado a Blake Edwards a crear el personaje. Otras características de la serie eran su cuidada atmósfera, sus irónicos guiones y la música compuesta por Henry Mancini, especialmente su memorable tema central. Las actuaciones musicales, habitualmente de jazz, se convirtieron en otro de los elementos clásicos del programa.

La primera temporada en antena de *Peter Gunn* en la NBC se pudo considerar gloriosa. La serie se colocó entre las veinte más vistas, las críticas fueron inmejorables, consiguió ocho nominaciones a los Emmy (aunque ningún premio) y la banda sonora con las melodías compuesta por Mancini se convirtió en un gran éxito de ventas. Pero en la segunda los índices de audiencia bajaron y Blake Edwards decidió llevarse el programa a la ABC, donde continuó un año más, después de que la NBC plagiara sin rubor *Peter Gunn* con *Johnny Staccato* (1959-1960). Seis años después de la cancelación de la serie, Blake Edwards se había convertido gracias a **La pantera rosa** (*The Pink Panther*, 1963) y **La carrera del siglo** (*A Great Race*, 1965) en uno de los directores de moda del cine norteamericano. En esa situación de privilegio, decidió regresar a *Peter Gunn* para darle una despedida digna en la gran pantalla. El color era una novedad interesante, pero la continuidad en el reparto se iba a limitar a Craig

Stevens. Lola Albraight fue sustituida como Edie Hart por Laura Devon, mientras que Herschel Bernardi fue reemplazado por Edwards Asner, el futuro protagonista de *Lou Grant* (CBS: 1977-1982). Helen Traubel interpretó a Madre para cubrir el hueco dejado por la fallecida Minerva Urecal. Blake Edwards escribió el guión junto al novelista William Peter Blatty, autor del libro que dio origen a *El exorcista* (*The Exorcist*, William Friedkin, 1973) y colaborador suyo en **El nuevo caso del inspector Clouseau** (*A Shot in the Dark*, 1964). En **Gunn** el detective Peter Gunn es contratado para descubrir quién mató al notorio criminal Scarlotti (Lincoln Demyan), que años atrás salvó su vida, por encargo de la madame Daisy Jane (Marion Marshall). El principal sospechoso es el nuevo líder de la banda, Nick Fusco (Albert Paulsen), que se declara inocente. Gunn va logrando pistas, se enfrenta a varios tiroteos y una potente bomba y participa en algún juego de seducción antes de descubrir la sorprendente verdad: Daisy Jane, que en realidad es un hombre, estuvo detrás del asesinato.

Esta trama era atractiva y convertía a **Gunn** en una brillante traslación cinematográfica del espíritu de la novela pulp que anticipaba lo que veinticinco años después iba a hacer Quentin Tarantino. Pero las limitaciones presupuestarias eran evidentes y había un exceso de actores asociados a la televisión. Para los admiradores de *Peter Gunn* también había motivos de quejas: demasiadas sustituciones en el reparto y una fotografía en color que eliminaba el sugerente ambiente noir del blanco y negro original. El resultado final fue que **Gunn** pasó bastante desapercibida en el momento de su estreno. Años más tarde Blake Edwards escribió y dirigió un telefilme pensando en la posibilidad de revivir la serie. Pero **Peter Gunn** (ABC: 1989), a pesar de contar con Peter Strauss como protagonista, no funcionó bien en audiencia y el proyecto fue abandonado.

> VEREDICTO: A pesar de ser prolongación de una serie muy influyente, **Gunn** se encuentra casi al borde del olvido. Como continuación de *Peter Gunn*, renunciaba a demasiados elementos de continuidad, pero como relato autónomo es una vibrante historia de detectives con suspense, acción y unas gotas de humor que puede ser disfrutada por las audiencias hoy mejor que en el momento de su estreno.

THE MONKEES

The Monkees, NBC: 1966-1968. Creada por Bob Rafelson.
Head, Columbia Pictures, 1968. Dirigida por Bob Rafelson.
Escrita por Bob Rafelson y Jack Nicholson.

Si los años sesenta fueron la edad dorada de la música pop, The Beatles fueron sus máximos ídolos y The Monkees sus más famosos imitadores. Todo comenzó cuando el joven productor Bob Rafelson pensó en la posibilidad de crear una serie de televisión que aprovechara la extraordinaria popularidad de la música pop en el público joven siguiendo la estela de las dos películas que Richard Lester había realizado con The Beatles, **¡Qué noche la de aquel día!** (*A Hard Day's Night*, 1964) y **¡Socorro!** (*Help!*, 1965). A falta de un grupo con el carisma de los cuatro de Liverpool, la productora Screen Gems decidió crear uno publican-

Tras triunfar en la TV, The Monkees saltaron al cine con una desenfadada y psicodélica película, *Head.*

do en Variety un anuncio que buscaba a cuatro chicos de entre diecisiete y veintiún años que, literalmente, estuvieran locos. Tras una audición a cuatrocientos jóvenes, fueron elegidos para protagonizar *The Monkees* Davy Jones, Mike Nesmith, Peter Tork y Mickey Dolenz. Sólo dos de ellos (Nesmith y Tork) tenían conocimientos musicales, pero eso no era un problema porque de tocar los instrumentos ya se encargarían músicos profesionales. *The Monkees* iba a ser la más perfecta traslación a la televisión del cine de toques psicodélicos que empezaba a asomar su cabeza en Estados Unidos durante la época: movimientos de cámara exagerados, planos desenfocados, ralentizaciones y aceleraciones, actores dirigiéndose directamente a la cámara, falta de continuidad, incorporación de tomas falsas y pruebas de cámara... El planteamiento era un antecedente de la telerrealidad combinado con parodias poco disimuladas de géneros cinematográficos y clichés argumentales, con capítulos en los que los protagonistas acudían a una tétrica mansión para recibir una herencia o siendo secuestrados por un mafioso por error.

Estrenada en septiembre de 1966, *The Monkees* arrasó entre el público joven y urbano (en el momento de más éxito, la NBC llegó a recibir medio millón de cartas semanales dirigidas al grupo) y al final de su primera temporada la serie logró dos premios Emmy como mejor serie cómica y como mejor dirección de comedia. Tres de sus canciones, "I'm a Believer", "Last Train to Clarksville" y "Daydream Believer", encabezaron las listas de ventas y su primer disco vendió un millón de copias a pesar de lo evidente que era el ejercicio de marketing. Sin embargo, tras ese primer año los miembros del grupo quisieron lograr mayor control creativo sobre la serie y su música. Los elementos psicodélicos se apropiaron completamente de ambas, incluyendo la incorporación de elementos de crítica social y política. El éxito de *The Monkees* se diluyó tan rápidamente como había llegado y al final de esa segunda temporada la NBC decidió cancelar la serie. Bob Rafelson logró convencer al grupo de filmar una película con la que desligar su imagen de la del programa. En apenas en una semana Rafelson y su íntimo amigo Jack Nicholson tuvieron listo el guión para un filme que sería realizado con apenas tres cuartos de millón de dólares en tiempo record y contaría con el deliberado absurdo título de **Head**. Su argumento era una concatenación de viñetas, la mayoría parodias de géneros cinematográficos. Los miembros del grupo aparecen como soldados en una trinchera, jeques en un harén, vaqueros que son atacados por indios o dentro de un melodrama, siempre con la figura del actor Victor Mature, en un ejercicio autoparódico, como elemento en común. En una escena donde se muestra el propio rodaje también aparece Dennis Hopper enfundado en la misma vestimenta de hippie motorista con la que saltaría a la fama mundial junto a Jack Nicholson en **Buscando mi destino** (*Easy Rider*, Dennis Hopper, 1969).

Head está plagada de referencias a la guerra de Vietnam con el uso de imágenes de archivo referentes al tema, algunas de gran impacto como la célebre escena en la que un militar descerraja un tiro en la cabeza a un joven esposado. Bert Schneider, uno de los productores de la película, estaba muy interesado en este tema y años más tarde realizó un polémico y admirado documental sobre Vietnam titulado **Hearts and Minds** que ganó un Oscar en 1974. Tras el estreno de **Head** en noviembre de 1968 se hizo patente que el fenómeno de The Monkees estaba en su fase final. Una campaña promocional errónea y una mala elección de la fecha de estreno contribuyeron a que el fracaso de la película fuera espectacular, con recaudaciones ridículas y tiempo de exhibición en las salas mínimo. Los discos que el grupo sacó después de la cancelación de la serie lograron ventas decepcionantes y en muy poco tiempo se desintegró. Pero el paso del tiempo ha tratado bien a The Monkees, cuyos discos se han convertidos en clásicos. En 1987 se produjo un efímero remake de la serie con el título *The New Monkees* y una década después el grupo original se reunió para protagonizar un ingenioso especial titulado *Hey, Hey, It's the Monkees* (ABC, 1997), en donde se jugaba con la idea de que la serie había permanecido en producción durante los últimos treinta años, aunque no se emitiera.

> VEREDICTO: En su momento **Head** fue fracaso de taquilla que constató que The Monkees no eran The Beatles, ni la película **¡Qué noche la del aquel día!**. Y es que se la podría definir como una sátira sobre los iconos populares, un documental surrealista o un collage psicodélico, pero definitivamente no como una película comercial. Hoy puede ser de interés, además para los seguidores del grupo, para los admiradores de uno de los periodos más estimulantes del cine norteamericano.

DARK SHADOWS

Dark Shadows, ABC: 1966-1971. Creada por Dan Curtis.
Sombras en la oscuridad (*Dark Shadows*), MGM, 1970.
Dirigida por Dan Curtis. Escrita por Sam Hall y Gordon Russell.

Dark Shadows ha pasado a la historia por ser el único serial de la televisión norteamericana en ser llevado al cine. Inspirado por un sueño en el que veía a una mujer viajando en tren hasta una mansión victoriana, Dan Curtis, hasta entonces un productor de programas deportivos, tuvo la idea de crear una serie de misterio y encontró que la ABC estaba dispuesta a darle luz verde si se ajustaba a un formato mucho más barato y menos arriesgado, un serial de media tarde. Curtis decidió contratar al veterano guionista Art Wallace para darle forma al proyecto y éste tomó elementos de "The House", una obra que había escrito en 1957 para la antología *Goodyear Television Playhouse* sobre una mujer encerrada en una gran mansión cuyo

Poster de *Sombras en la oscuridad*.

marido desapareció misteriosamente. En el primer capítulo de *Dark Shadows*, Victoria Winters (Alexandra Moltke), una mujer solitaria que se ha educado sin padres, llega al pueblo de Collinport para trabajar como institutriz en la mansión de la familia Collins, Collinwood. Los Collins son una familia llena de secretos de la que forman parte Elisabeth Collins Stoddard (Joan Bennett), cuyo marido desapareció muchos años atrás, su hija Carolyn (Nancy Barrett), su hermano Roger (Louis Edmonds) y el hijo de éste, el pequeño David (David Henesy). *Dark Shadows* se convirtió en el primer serial gótico de la televisión norteamericana, destacando por su ambición temática y una notable ambientación. Pero el éxito de audiencia tuvo que esperar a la incorporación del vampiro Barnabas Collins (Jonathan Frid), que se convirtió rápidamente en protagonista con su aristocrático aire de anti-héroe romántico. Para mantener el programa fresco, Dan Curtis comenzó a introducir viajes en el tiempo, además de echar mano a todas las fuentes de la literatura gótica, desde Poe a obras clásicas como "Frankenstein", "El retrato de Dorian Gray", "Otra vuelta de tuerca", "La leyenda de Sleepy Hollow" y "Los ladrones de cuerpos".

Con *Dark Shadows* en su mejor momento de audiencia, Dan Curtis llegó a un acuerdo con Metro Goldwyn Meyer para producir una película que se aprovechara de esta popularidad creciente. El presupuesto era bastante reducido (tres cuartos de millón de dólares) porque MGM confiaba más en hacer una película pequeña y rentable con un público asegurado que en una gran producción de incierto destino. Y teniendo en cuenta el presupuesto normal de la serie, ese dinero permitió a Curtis, que decidió debutar como director de cine con la película, trabajar con cierto lujo. Éste añadió nuevos intérpretes y un viaje a una dimensión paralela en la serie para poder mantenerla en producción durante el mes de rodaje. El guión fue escrito por los guionistas principales de *Dark Shadows*, Sam Hall y Gordon Russell, que adaptaron los capítulos que ellos mismos habían escrito en los que se incluía la llegada de Barnabás Collins a Collinwood y los acontecimientos que se desarrollaron después hasta el primer viaje en el tiempo. No era un reto pequeño resumir el argumento de ciento cincuenta episodios de forma que no se decepcionara a los seguidores de la serie. **Sombras en la oscuridad** comenzaba con la liberación de Barnabas y los intentos de éste por seducir a la joven institutriz, Maggie Evans (Kathryn Leigh Scott). Barnabas vampiriza a la hija de Elisabeth Collins, Carolyn, pero decide aceptar la propuesta de la Dr. Hoffman (Grayson Hall) para probar un medicamento que puede curar su vampirismo. El fracaso de la cura precipitará la tragedia y provocará la muerte de la práctica totalidad de personajes antes de que Barnabas sea destruido por el prometido de Maggie, Jeff Clark (Roger Davis).

Sombras en la oscuridad se ajustaba a lo que MGM le había pedido a Dan Curtis: una película de bajo presupuesto dirigida a los espectadores habituales de la serie. El escaso dinero disponible no permitía la construcción decorados, así que la película se rodó en una suntuosa mansión del estado de Nueva York que tenía ese mismo aire decadente que se buscaba en el programa, creando sin necesidad de añadir nada más un ambiente tétrico pero a la vez lujoso vedado por las limitaciones de la televisión. Para evitar complicaciones, Curtis optó por contar sólo con los actores que en el momento en el que **Sombras en la oscuridad** entró en producción eran miembros del reparto de *Dark Shadows*, lo que lleva a una curiosa combinación de intérpretes de diferentes fases de la serie. Los actores que se incorporaron después de la emisión de los capítulos utilizados como base del argumento aparecían en la película interpretando a sus personajes más populares o en roles con características similares. A nivel de contenido, Dan Curtis dio a los espectadores un nuevo universo paralelo en el que podían ver a Barnabas Collins como el villano sin redención que fue en un principio, antes de que su éxito llevara a edulcorarlo para permitir su incorporación definitiva al relato. También libre de todas las limitaciones de la violencia en televisión (no en vano la serie se emitía en horario infantil), Curtis se explaya en un festival de gore en cuanto tiene la oportunidad, empezando con Carolyn muriendo desangrada y siguiendo con las gratuitas muertes de buena parte de los principales personajes de la serie. No hay que olvidar que tampoco se desdeñaba a las jóvenes audiencias cinematográficas deseosas de ver en pantalla muerte, violencia y sangre. De hecho, la película se convirtió en un aceptable éxito de taquilla que reportó más de un millón de dólares de beneficio neto a MGM tras tres meses en cartel.

> VEREDICTO: **Sombras en la oscuridad** no despertó gran interés entre la crítica en su estreno, pero sí fue muy rentable gracias a su bajo presupuesto y el poder de convocatoria del programa de televisión. Si no se conoce el serial, **Sombras en la oscuridad** es una película de terror con un argumento difícil de comprender y a ratos arbitrario. Pero en su momento, convenció al público al que iba dirigida con una buena ambientación y elevadas dosis de violencia.

Night of Dark Shadows, MGM, 1971. Dirigida por Dan Curtis.
Escrita por Dan Curtis y Sam Hall.

Después de la buena repercusión lograda por **Sombras en la oscuridad**, MGM encargó casi inmediatamente una nueva película a Dan Curtis sobre *Dark Shadows*. La idea era retomar otra vez la idea de los universos paralelos, pero con una historia diferente. En **Night of the Dark Shadows** regresaron de la película anterior Grayson Hall, Nancy Barrett,

Thayer David y John Karlen, mientras que también aparecieron los actores que se habían incorporado recientemente al programa como Lara Parker, David Selby (uno de los futuros protagonistas de *Falcon Crest*), Kate Jackson, James Storm y Christopher Pennock. La libertad que obtuvo Curtis, de nuevo director, para realizar la película se tradujo en que no fue obligado a recuperar algunos de los rostros más conocidos de la serie que ya habían aparecido en **Sombras en la oscuridad**, como Louis Edmonds, Joan Bennett, Kathryn Leigh Scott y, sobre todo, Jonathan Frid. Sam Hall escribió en solitario un guión sobre fantasmas y posesiones demoníacas inspirándose en el argumento de la serie durante los primeros meses de 1970 y tomando elementos de **Rebeca** (*Rebecca*, Alfred Hitchcock, 1940) y **La mansión encantada** (*The Haunting*, Robert Wise, 1963). En la película, el pintor Quentin Collins (David Selby) y su mujer Tracy (Kate Jackson) se instalan en una misteriosa mansión (el mismo escenario que en **Sombras en la oscuridad**) para que él pueda trabajar con tranquilidad. Pero poco a poco se dan cuenta de que el lugar está encantado y el ama de llaves Carlotta Drake (Grayson Hall) está conspirando para que Quentin sea poseído por el espíritu de su antepasado Charles y así poder reunirse con su amada Angelique (Lara Parker), que fue acusada de brujería y ahorcada. En un final típico de una película de terror, el destino de los personajes no es el esperado por los espectadores.

Todo marchaba bien para **House of Dark Shadows** hasta que los ejecutivos del estudio decidieron que las dos horas de metraje eran excesivas y exigieron que se eliminara más de treinta minutos de la película para poder explotarla en un programa doble junto a **Sombras en la oscuridad**. Curtis sólo tuvo dos días para realizar el nuevo montaje y el resultado final no fue para nada satisfactorio. La crítica trató el filme con bastante dureza, pero sus beneficios fueron los suficientes como para que MGM encargara a Dan Curtis una tercera entrega, que éste rechazó. Cuando **Night of Dark Shadows** llegó a los cines en agosto de 1971, *Dark Shadows* hacia varios meses que había dejado de producirse como consecuencia del desgaste de su original planteamiento. Pero su popularidad se mantiene muy alta, hasta el punto de que el programa en su totalidad fue editado en vídeo, algo insólito en un serial. *Dark Shadows* también fue objeto de una efímera versión, *Vampiros* (*Dark Shadows*, NBC: 1991).

VEREDICTO: A pesar de ser mutilada poco antes de su estreno, **Night of Dark Shadows** es una interesante muestra del cine de terror sobrenatural de los años setenta con una cuidada ambientación, un reparto interesante y un final de los que hielan la sangre. La película quizás no sea un clásico del cine en general, pero sí de un subgénero con muchos incondicionales.

CAPÍTULO 4

LOS AÑOS OCHENTA ENTRAN LAS REELABORACIONES

En los años ochenta las películas basadas en series de televisión viven una época de esplendor acorde con la recuperación del cine norteamericano tras una década que había sido artísticamente excelente pero comercialmente mediocre. En esta época las películas de alto presupuesto o blockbusters encuadrados en los géneros de la aventura y la acción comienzan a multiplicarse y los estudios cinematográficos redoblan sus esfuerzos a la hora de buscar éxitos garantizados. Las películas basadas en series de televisión se convierten en una fórmula más dentro de este empeño junto a las secuelas y los remakes. De hecho, no iba a ser raro que muchas de las adaptaciones realizadas con fortuna dieran lugar a sus propias franquicias cinematográficas. El éxito de **La película de los teleñecos** y **Star Trek: La película** funcionó como catalizador para que surgieran nuevas adaptaciones que produjeron los suficientes éxitos como para que se consolidara como una fórmula de producción. Aunque para ello necesitarían el impulso de dos estudios, Paramount y Universal, con historias ligadas a la televisión: Paramount fue accionista de la cadena DuMont (que desapareció en 1955) y estuvo a punto de fundar una nueva cadena en 1977, mientras que Universal fue el primer estudio comprado por una productora de televisión.

Durante esta década las adaptaciones cinematográficas de series de televisión experimentan también una alteración relevante cuando comienzan a producirse películas que no son una prolongación directa de la serie o programa original, sino una reelaboración con un nuevo planteamiento y actores. El punto de partida de este nuevo tipo de adaptación fue **Dinero caído del cielo**, un equivalente de los remakes de películas extranjeras realizadas en Estados Unidos que demostró que el material televisivo podía ser objeto de versión y sirvió de antecedente para **En los límites de la realidad**. El fracaso de estas dos películas frenó nuevos intentos hasta que en el verano de 1987 se estrenaron casi simultáneamente **Dos sabuesos despistados** y **Los Intocables de Eliot Ness**. Su éxito comercial no pasó desapercibido en la industria y dio pie a una moda de adaptaciones de series clásicas de televisión que alcanzó su clímax en la década siguiente. A partir de ahora distinguiremos entre las prolongaciones, películas que tienen una continuidad directa con una serie de televisión, mantienen el mismo reparto y en la mayor parte de los casos pueden ser consideradas secuelas, y las reelaboraciones, que versionan series de televisión clásicas, aportan un nuevo reparto y en la mayor parte de los casos pueden ser consideradas como remakes.

LAS PROLONGACIONES

EL SHOW DE LOS TELEÑECOS (PRIMERA ETAPA)

El show de los teleñecos (*The Muppet Show*), sindicación: 1976-1980. Creada por Jim Henson.
La película de los teleñecos (*The Muppet Movie*), ITC / Henson Associates, 1979.
Dirigida por James Frawley. Escrita por Jerry Juhl y Jack Burns.

Los teleñecos son un tipo especialmente elaborado de títeres (su nombre original, muppets es la fusión de marionettes y puppets) que aprovechando un complejo sistema de manejo conseguían un notable capacidad de movimientos y encubrir a la perfección la presencia del marionetista. Con ello su creador Jim Henson consiguió darles una personalidad suficiente como para que conquistaran a los espectadores como ningún otro producto infantil desde Mickey Mouse. Tras pasar por programas de éxito como *The Ed Sullivan Show* (CBS: 1948-1971), los teleñecos, comandados por la rana Gustavo, encontraron la fama en 1969 con *Barrio Sésamo.* Pero Henson creía que el atractivo de sus creaciones estaba más allá del público infantil y se alió (a falta de interés de una cadena norteamericana) con el magnate británico Lew Grade para desarrollar un programa de sindicación aprovechando una nueva normativa que obligaba a las emisoras a favorecer las producciones independientes. En 1976 comenzó la emisión de la primera tanda de capítulos de *El show de los teleñecos*, en donde se presentó a Peggy, la cerdita enamorada de Gustavo, el tierno oso Fozzie, el serio Sam el águila, el siempre contrariado Gonzo, la sarcástica rata Rizzo, el salvaje Animal, los ancianos gruñones Statler y Waldorf y un largo etcétera. En sus anárquicas y delirantes aventuras, los teleñecos iban a estar acompañados por personalidades del mundo del espectáculo, hasta el punto de que pasar por el programa se convirtió casi en una obligación para cualquier estrella que se preciara de serlo.

Tras dos años en antena consolidándose como una de las apuestas más originales de la televisión, surgió la idea de realizar una película. Con Henson supervisando el proyecto y el veterano realizador de televisión James Frawley como director, **La película de los teleñecos** tomó tracción con rapidez. La fórmula elegida fue la más sencilla de todas, plantear una narrativa de origen que mostrara la verdadera historia de Gustavo y el resto de los teleñecos. Esta historia se contaba a través de una película autobiográfica que los personajes ven, junto al espectador, en una sala de cine. Todo comenzaba con Gustavo en su charca cantando una canción al son de un banjo cuando es descubierto por un agente de artistas que le recomienda ir a Hollywood. En su camino a la meca del cine Gustavo va conociendo a más teleñecos que se suman a su partida, pero también debe escapar de un malvado magnate que quiere utilizarlo como imagen de su negocio de ranas fritas. Tras muchas desventuras, todo tiene un final feliz con los teleñecos saltando a la fama.

La traslación cinematográfica de los teleñecos puede ser considerada brillante teniendo en cuenta sus limitaciones de partida. Son muy comunes los planos en los que los personajes aparecen completos utilizando diversos trucajes ópticos, como Gustavo montando en bicicleta y Peggy realizando llaves de karate. Además, debido a su naturaleza como película de carretera, la mayoría de la acción se desarrolla en exteriores. **La película de los teleñecos** también retoma muchos de los elementos del programa original, como el uso de canciones (compuestas por Paul Williams) y la presencia de personajes famosos, en este caso Mel Brooks, James Coburn, Elliott Gould, Telly Savalas, Steve Martin, Richard Pryor y Bob Hope. Orson Welles, en un gesto irónico teniendo en cuenta su experiencia personal en Hollywood, encarna al magnate del cine que, después de pensarlo un poco, contrata a lo teleñecos. Perfectamente asequible al público infantil, **La película de los teleñecos** también ofrece atractivos a un público adulto que va a encontrar las mismas referencias irónicas que pueblan la serie. En una, los teleñecos se encuentran a Big Bird, el protagonista de *Barrio Sésamo*, haciendo autoestop en la carretera, aunque éste prefiere irse a Nueva York a probar suerte en la televisión pública. En la película también abundan los guiños metatextuales que recuerdan de su naturaleza como producto de ficción, incluyendo comentarios a cámara y discusiones sobre el contenido del guión. Ello contribuyó a que lograra atraer a un público diverso y se convirtiera en el tercer filme más taquillero del año en Estados Unidos.

> VEREDICTO: **La película de los teleñecos** consiguió a la vez seducir a los espectadores y a los críticos, que la consideraron una obra con encanto a la que quizás sobraban las canciones y la excesiva presencia de celebridades. Como adaptación es un ejemplo notable de cómo solventar las limitaciones del producto original para plantear un espectáculo verdaderamente cinematográfico que tomaba sus puntos fuertes (la combinación de ternura e hilaridad que despiertan los personajes) y los insertaba en una historia clásica sobre cómo los sueños se pueden hacer realidad.

El gran golpe de los teleñecos (*The Great Muppet Caper*), Universal Pictures 1981.
Dirigida por Jim Henson. Escrita por Tom Patchett, Jay Tarses, Jerry Juhl y Jack Rose.

El show de los teleñecos dejó de producirse en 1980 debido al interés de Jim Henson en expandir sus creaciones a otros niveles, como en la nueva serie *Fraggle Rock* (HBO: 1983-1987) y película **Cristal oscuro** (Jim Henson y Frank Oz, 1982). Sin embargo, los teleñecos merecían una despedida en toda regla después de la cancelación de su programa, y esa despedida llegó con **El gran golpe de los teleñecos**. La película se planteaba como un pastiche de dos géneros cinematográficos, la comedia musical y las películas de grandes robos. Esta vez todo comenzaba con el célebre robo a una diseñadora que llevaba a los personajes a Inglaterra, donde dos periodistas (Gustavo y Fozzy) deberán enfrentarse a los verdaderos ladrones para demostrar la inocencia de Miss Peggy. Esta vez hay menos rostros famosos pero en papeles de más entidad, especialmente británicos como Diana Rigg de *Los vengadores (The Avengers)*, John Cleese de The Monty Python y Peter Ustinov. En el apartado de celebridades norteamericanas aparecen Jack Warden, Charles Grodin y Peter Falk en un humorado guiño a *Colombo* (ABC: 1971-1978). Quizás la diferencia más destacable de **El gran golpe de los teleñecos** respecto a la película anterior es que en este caso los teleñecos asumen personajes, no se limitan a ser ellos mismos, lo que abría las puertas a que pudieran ser utilizados de manera más diversa. Pero aunque los guiños metatextuales continúan (con algunos personajes hasta criticando los títulos de crédito), la hilaridad pierde protagonismo frente a la comedia musical, que es más objeto de recreación que de parodia. Gustavo es aquí Fred Astaire mientras que Peggy es Ginger Rogers y también Esther Williams en una secuencia acuática extremadamente elaborada, lo mejor de su a ratos pobre puesta en escena.

> VEREDICTO: A pesar de las buenas expectativas, el éxito de **El gran golpe de los teleñecos** fue muy inferior que el de su precedente. La razón es que potencia demasiado el elemento musical y pierde frescura en el apartado propiamente humorístico. El resultado es un filme irregular que se quedaba muy lejos de la brillantez de **La película de los teleñecos** y que aun hoy permanece como la menos conocida de todas las intervenciones cinematográficas de los personajes.

Los teleñecos conquistan Manhattan (*Muppets Take Manhattan*), Tri-Star Pictures, 1984.
Dirigida por Frank Oz. Escrita por Frank Oz, Tom Patchett y Jay Tarses.

Los teleñecos conquistan Manhattan presenta a los personajes como unos recién graduados de la universidad que se enfrentan a las dificultades de la industria teatral. Al final todos menos Gustavo tiran la toallan, pero éste tiene un golpe de suerte y consigue que el hijo de un productor de Broadway le de una oportunidad. Pero cuando todo parecía marchar bien, Gustavo tiene un accidente, pierde la memoria y comienza una nueva existencia como publicista de éxito. El resto de los teleñecos regresan para poner en marcha la obra a la espera de que Gustavo dé señales de vida, pero no es hasta horas antes del estreno que un encuentro fortuito (y un buen golpe por parte de Peggy) devuelve a Gustavo su memoria y la obra puede triunfar. **Los teleñecos conquistan Manhattan** es recordada por una célebre escena en la que Peggy recuerda en una secuencia musical cómo su amor por Gustavo nació en su más tierna infancia, lo que inspiró la serie de dibujos animados *Los pequeñecos* (*Muppet Babies*, CBS: 1984-1991). En consonancia con el tema, aparecen algunos famosos procedentes del teatro, como el bailarín Gregory Hines, James Coco, Linda Lavin, Liza Minnelli y Art Carney. Otros rostros conocidos que se pasean por el relato son el director John Landis, la actriz Brooke Shields, Elliott Gould (un policía al que le suena la cara de Gustavo, quizás porque ya lo conoció en **La película de los teleñecos**) y el entonces alcalde de Nueva York Edward Koch. Frank Oz, el intérprete de la cerdita Peggy y co-director en **Cristal oscuro**, inició con esta película su carrera de director en solitario.

> VEREDICTO: En **Los teleñecos conquistan Manhattan** de nuevo se comete el error de centrarse demasiado en la relación de Gustavo y Peggy, los rostros famosos, unas canciones no del todo logradas y una puesta en escena más propia de un especial televisivo. Carente de la hilaridad típica de los personajes, la película recaudó en taquilla aún menos que **El gran golpe de los teleñecos**. Su fracaso

puso un punto y aparte en las apariciones cinematográficas de los teleñecos, que quedarían confinados a especiales para televisión durante una década.

STAR TREK

Star Trek / La conquista del espacio (Star Trek), NBC: 1966-1969.
Creada por Gene Roddenberry.

Star Trek: La película (*Star Trek: The Motion Picture*), Paramount Pictures 1979. Dirigida por Robert Wise. Escrita por Harold Livingston basándose en una historia de Alan Dean Foster.

Gene Roddenberry fue un aspirante a escritor y policía en Los Ángeles que supo aprovechar su labor como asesor en *Redada* para hacer contactos en la industria. Tras vender guiones para *Dr. Kildare* (NBC: 1961-1966) y *La ciudad desnuda* y crear la efímera *The Lieutenant* (NBC: 1963-1964), Roddenberry desarrolló una serie a la que definió como "*Caravana* (NBC: 1957-1962, ABC: 1962-1965) en las estrellas", es decir, un western situado en el espacio pero con un contenido pegado a las preocupaciones sociales y políticas del momento. La ciencia-ficción se habia puesto de moda gracias a la carrera espacial, así que la poderosa productora Desilu, responsable de *Te quiero Lucy* y *Los Intocables*, apostó por la idea y la NBC financió dos lujosos pilotos. En *Star Trek* la nave Enterprise, capitaneada por James T. Kirk (William Shatner), se encuentra en una misión de cinco años explorando la inmensidad espacial. En la tripulación destacan Spock (Leonard Nimoy), un extraterrestre que es el segundo al mando, el oficial médico Leonard McCoy (DeForest Kelly), el jefe de ingenieros Montgomery Scott (James Doohan), el oficial piloto Sulu (George Takei) y la oficial de comunicaciones Uhura (Nichelle Nichols). *Star Trek* destacó por su pionero reparto multicultural, algunos elementos feministas y el notable optimismo con el que mostraba un futuro utópico. La tripulación del Enterprise estudiaba otros mundos, a menudo versiones alternativas de nuestra sociedad, sin intervenir en su desarrollo, con los klingon, una raza guerrera que se opone a la Federación de Planetas, como habituales villanos.

Pero a pesar de los buenos propósitos, a *Star Trek* le fue muy difícil hacerse con un público. Es cierto que contaba con generosas dosis de aventura, pero también con unas tramas densas con demasiadas referencias sociopolíticas para enganchar a los adolescentes y niños que solían sintonizar con las series de ciencia-ficción. *Star Trek* fue cancelada tras su segunda temporada, pero una espectacular y pionera campaña organizada por los fans le dio un tercer año de vida antes de desaparecer. Pero ese no fue el final de *Star Trek*, sino más bien el principio, ya que las reposiciones, *Star Trek: The Animated Series* (NBC: 1973-74) y multitudinarias convenciones de fans la mantuvieron popular. A mediados de los sesenta el conglomerado Gulf & Western había adquirido Desilu y la había fusionado con Paramount Pictures. Cuando los ejecutivos del estudio empezaron a trabajar en la idea de crear una cadena de televisión, proyectaron una continuación del programa titulada *Star Trek: Phase II* como su producto estrella. Tras descartar la idea de la cadena, los ejecutivos del estudio decidieron rentabilizar la inversión realizada con una superproducción dirigida a las salas. **Star Trek: La película** comenzaba con James Kirk, ahora comandante, volviendo a un remoza-

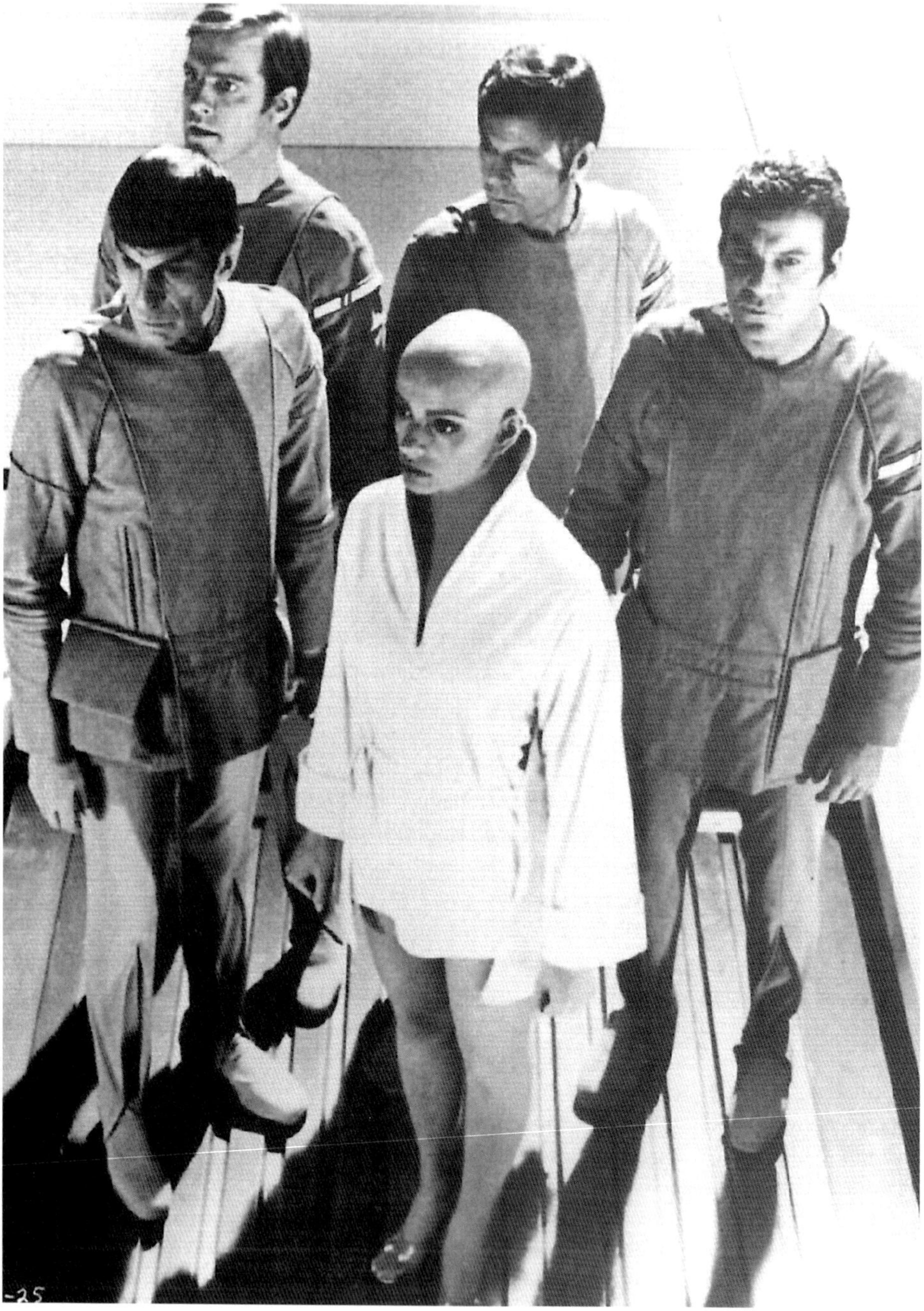

Star Trek: La película recuperó a la mayoría de personajes y actores de la serie original.

do Enterprise para supervisar la puesta en marcha de la nave bajo el mando del Capitán Decker (Stephen Collins). Pero entonces se detecta una nube de energía con efectos devastadores que viaja hacía la Tierra. Kirk relega a Decker a la posición de segundo oficial y reúne a sus antiguos subordinados. Finalmente la misteriosa entidad se presenta como V'ger y revela que su objetivo es reunirse con su creador. Tras llegar a su núcleo, Kirk descubre que V'ger es una sonda de la NASA que debió encontrarse con una civilización de máquinas inteligentes. V'ger confunde a Decker con su creador y éste se une a la entidad, que también había absorbido a su amada, la cerebral Teniente Ilia (Persis Khambatta).

Realizada por Robert Wise, que años antes había dirigido el clásico **Ultimátum a la Tierra** (*The Day the Earth Stood Still*, 1951), **Star Trek: La película** brillaba por unos espectaculares efectos especiales y elaboradas escenografías (como los parajes de Vulcano y el interior de la nube cósmica) que dispararon el presupuesto inicial de quince millones de dólares a cuarenta y cuatro. También destacaba el maquillaje que daba un aspecto a los klingon mucho más brutalizado que en el original, en donde apenas tenían un ligero exceso de vello facial y un tono de piel oscurecido. La continuidad con la serie llegó fundamentalmente a través de la recuperación de los personajes principales y sus respectivos actores. En una época marcada por el culto a la juventud, **Star Trek: La película** se atrevió a plantar cara y resaltar la importancia de la experiencia y la veteranía en las situaciones más exigentes. Pero el moroso argumento de **Star Trek: La película**, inspirado en el capítulo "The Changeling " (2.3.) y adaptado de un guión de *Star Trek: Phase Two*, llevó a que se la bautizara, haciendo un juego de palabras, como "The motionless picture" (La película sin movimiento).

> VEREDICTO: **Star Trek: La película** fue un éxito en algunos niveles y un fracaso en otros. Para Paramount, fue un triunfo que barrió en las taquillas y le permitió revitalizar la que sería la franquicia audiovisual más importante de la historia. Pero también es un relato aburrido y sin emoción casi tan reprimido como la Teniente Ilia, incapaz de despertar un sentimiento (ni bueno ni malo) en el espectador. Una decepción para muchos admiradores de la serie original, es un clásico del cine moderno pero no una buena película.

Star Trek II: La ira de Khan (*Star Trek: The Wrath of Khan*), Paramount Pictures, 1982. Dirigida por Nicholas Meyer. Escrita por Jack B. Sowards basándose en una historia de Harve Bennett y Jack B. Sowards.

Después de la relativa decepción de **Star Trek: La película**, muchos esperaron con expectación el estreno de una continuación que fuera capaz de ofrecer una historia con la profundidad de la serie original y la calidad técnica de una superproducción. Para evitar los continuos problemas que Gene Roddenberry había ocasionado en la primera película, los ejecutivos de Paramount dejaron el proyecto en manos de Harve Bennett, el experimentado productor de *Hombre rico, hombre pobre* (*Rich Man, Poor Man*, ABC: 1976). Bennett, a cambio de menor presupuesto, contó con mayor libertad creativa y decidió que lo mejor para revivir el espíritu de la serie era retomar alguno de sus capítulos. Se decidió por "Space Seed" (1.22.), en donde Ricardo Montalbán había interpretado a Khan, un siniestro dictador del siglo XX que era despertado en el Enterprise tras siglos en criogenización. En **Star Trek II: La ira de Khan**, quince años después de que Khan fuera abandonado junto a un grupo de seguidores en Ceti Alpha V, llegaba al planeta en una misión de reconocimiento la nave USS Reliant, donde el antiguo tripulante del Enterprise Chekov (Walter Koenig) es comandante. Khan aprovecha la oportunidad y decide hacerse con el control de la base científica Régula 1, donde la doctora Carol Marcus (Bibi Besch) trabaja en el proyecto Génesis junto a su hijo David (Merritt Butrick), fruto de un romance juvenil con Kirk. El Génesis es una energía creadora capaz de convertir un planeta inhóspito en un oasis, aunque Khan pretende utilizarlo como arma destructiva para vengarse de Kirk. Spock se sacrifica para arreglar los motores del Enterprise y salva la nave de la explosión que acaba con Khan. Tras su muerte, el cadáver de Spock es lanzado al naciente planeta Régula.

Star Trek II: La ira de Khan logró su propósito de ofrecer todo de lo que carecía la película anterior: espectaculares escenas de acción, mucha emoción y un villano memorable, un ser cegado por la venganza que está dispuesto a sacrificarlo todo. Un elemento esencial fue el impulso creativo dado por Nicholas Meyer, un escritor de reconocido prestigio que había saltado al cine como guionista de **Elemental, Dr. Freud** (*The Seven-Per-Cent Solution*, Herbert Ross, 1976), basada en su novela, y como director de **Los pasajeros del tiempo** (*Time After Time*, 1979). Meyer incluyó guiños a obras literarias como "Historia de dos ciudades" y "Moby Dick", que tienen un evidente eco en el argumento. **Star Trek II: La ira de Khan** es especialmente recordada por la escena del Génesis, una de las experiencias pioneras de la utilización de tecnología informática en el cine. Pero existe un evidente fallo de continuidad cuando Khan reconoce a Chekov, ya que este personaje no se incorporó hasta la segunda temporada de la serie.

> VEREDICTO: **Star trek II: La ira de Khan** demostró lo que la franquicia podía ofrecer en la gran pantalla: buenos efectos especiales, emoción a raudales y una historia capaz de conmover al público que no olvidaba que los efectos especiales debían estar al servicio del relato. Casi igualó la cifra de recaudación en Estados Unidos de **Star Trek: La película** y cautivó a los críticos, marcando la senda por la que discurrirían las siguientes entregas cinematográficas.

Star Trek III: En busca de Spock (*Star Trek III: The Search for Spock*), Paramount Pictures, 1984. Dirigida por Leonard Nimoy. Escrita por Harve Bennett.

Después del éxito comercial y crítico de **Star Trek II: La ira de Khan**, Paramount no tardó mucho en poner en marcha una nueva continuación. Esta vez la novedad era que Leonard Nimoy, liberado de aparecer durante la mayor parte de la película, asumía la dirección del proyecto. El guión de Harve Bennett para **Star Trek III: En busca de Spock** era una continuación directa de la película precedente, algo que no suele ser muy habitual en las sagas cinematográficas. En los primeros minutos de la película McCoy está comenzando a dar signos de locura y Sarek (Mark Lennard), el padre de Spock, increpa a Kirk por haber abandonado a su hijo. Kirk descubre que Spock traspasó a McCoy su mente antes de morir y que en Regula su cuerpo se ha regenerado. Así que, frente a la resistencia de sus superiores, decide robar el Enterprise para volver al planeta. Allí su hijo David descubre que el proceso de creación de vida en el planeta se está acelerando y el planeta estallará en pocas horas. Pero, junto a la Teniente Saavik (Robin Curtis), es secuestrado por un oficial klingon, Kruge (Christopher Lloyd), que desea hacerse con el Génesis. David es asesinado y Kirk decide destruir el Enterprise para salvar a su tripulación. Finalmente en Vulcano se realiza la ceremonia en la que se logra insertar la memoria guardada por McCoy en el cuerpo regenerado de Spock.

Si **Star Trek II: La ira de Khan** sirvió para recuperar el pulso narrativo y la sensación de aventura, en **Star Trek III: En busca de Spock** se añadió un elemento más que aparecía de vez en cuando en la serie de televisión, el sentido del humor. Además, ésta era la primera película en la que los klingon actuaban como antagonistas después de sus limitadas intervenciones en los dos títulos anteriores. Kruge y su segundo oficial Maltz (John Larroquette) son villanos brutales con un punto de comicidad gracias al trabajo de sus populares intérpretes. Después de la frialdad absoluta de la primera película y el exceso de acción de la segunda, por fin los personajes tenían oportunidad de mostrar sus sentimientos en escenas como la reacción de Kirk tras el asesinato de su hijo y su reencuentro con Spock. La recuperación de Mark Lenard para interpretar a Sarek, al que ya había dado vida en el capítulo "Journey to Babel" (2.10.), muestra el esfuerzo por retomar todo lo posible de la serie original.

> VEREDICTO: **Star Trek III: En busca de Spock** demostró el talento de Leonard Nimoy como director y consolidó a *Star Trek* como una rentable franquicia cinematográfica. Bien recibida por el público y no maltratada en exceso por la crítica, la película sorteaba con éxito el problema de ser un relato de transición demasiado dependiente del título precedente. A pesar de un comienzo algo retardado, **Star Trek III: En busca de Spock** consigue por primera vez entretener, divertir y emocionar a partes iguales.

Star Trek IV: Misión salvar la Tierra (*Star Trek IV: The Voyage Home*), Paramount Pictures, 1986. Dirigida por Leonard Nimoy. Escrita por Harve Bennett, Steve Meerson, Peter Krikes y Nicholas Meyer basándose en una historia de Nimoy y Bennett.

Después de tres películas en las que se habían ido añadiendo elementos a la fórmula, en **Star Trek IV: Misión salvar la Tierra** se optó por retomar uno de los grandes argumentos de la ciencia-ficción, los viajes en el tiempo, y apostar por un tratamiento cómico. Leonard Nimoy volvió a asumir la dirección y también desarrolló junto a Harve Bennett la historia en la que se basó el guión. Nimoy se inspiró en la lectura de un libro titulado "Biophilia" del biólogo Edward Wilson, que planteaba la idea de que la desaparición de especies podría alterar el ecosistema de la Tierra. En los primeros momentos de **Star Trek**

IV: Misión salvar la Tierra, que comienza prácticamente donde acabó **Star Trek III: En busca de Spock**, el planeta entra en crisis por los efectos de la llamada de una sonda espacial que está vaporizando los océanos. Spock descubre que la llamada de la sonda no puede tener respuesta porque se dirige a las ballenas grises, extinguidas hace doscientos años. Así que la única solución es viajar en tiempo al siglo XX para buscar algunas ballenas. Tras el viaje descubren que hay dos ballenas grises en la bahía de San Francisco y se dividen en equipos para completar las diferentes fases de la misión, para lo que lograrán la ayuda de la Dra. Taylor (Catherine Hicks). Tras regresar al futuro y salvar la Tierra, Kirk es degradado a capitán y se le encomienda asumir el mando de una nave que resultar ser una nueva versión del Enterprise.

Star Trek IV: Misión salvar la Tierra es quizás la película de la saga más discutida por los admiradores de la serie original. Éstos la colocan como un simple divertimento, un vodevil al estilo de algunos episodios de trasfondo cómico como el célebre "The Trouble with Tribbles" (2.15.). La película sabía combinar la acción y la aventura con una historia de corte ecologista y familiar que contaba con generosas dosis de humor, mostrando el contraste de los personajes con el barbárico mundo del siglo XX. Nicholas Meyer se encargó de escribir gran parte de esta sección de la película, realizando el juego inverso al de **Los viajeros del tiempo**, en donde H. G. Wells debía entender el mundo moderno desde la perspectiva de un hombre del siglo XIX. El viaje en el tiempo también fue un tema recurrente en la serie de televisión, en la que apareció en capítulos como "The City on the Edge of Forever" (1.28.) y "Assignment: Earth" (2.26.). En otro ejemplo de continuidad, Jane Wyatt, que interpretó a Amanda, la madre humana de Spock, en el capítulo "Journey to Babel", aparece brevemente al comienzo de la película.

> VEREDICTO: Aunque no especialmente valorada por los fans, **Star Trek IV: Misión salvar la Tierra** fue la entrega que logró mayor recaudación en las salas de cine gracias a ser la más entretenida y cómica. Los productores también demostraron que eran capaces de ofrecer algo diferente en cada película, algo nada baladí porque la mayoría de las sagas cinematográficas se basan en la repetición de los mismos planteamientos.

Star Trek V: La última frontera (*Star Trek: The Final Frontier*), Paramount Pictures, 1989.
Dirigida por William Shatner. Escrita por David Loughery,
basándose en una historia de William Shatner, Harve Bennett y David Loughey.

Después de dos películas bajo el mando de Leonard Nimoy, por fin le llegó el turno a William Shatner de dirigir una película de la saga con **Star Trek: La última frontera**. Tras un divertimento como **Star Trek IV: Misión salvar la Tierra**, en **Star Trek V: La última frontera** se iba a apostar por una historia filosófica que no terminó de ser recibida bien por el público. La película era una parábola sobre cómo la pérdida de la espiritualidad en el mundo occidental está empujando a la gente a caer en manos de sectas. El falso mesías de la película era Sybok (Laurence Luckinbill), hermanastro de Spock y líder de una secta basada en expresar libremente el dolor. Sybok y sus seguidores secuestran el Enterprise para llegar al mítico planeta Shaka-Ri, desde donde Sybok ha recibido una llamada pidiéndole que vaya en busca de Dios. Una vez en el planeta, descubren una entidad fantasmal que se presenta como Dios y que en realidad es un extraterrestre que se encuentra allí preso. Consciente de su error, Sybok se sacrifica para que los demás puedan escapar. El fracaso de **Star Trek V: La última frontera** en taquilla fue achacable a la elección de una historia no del todo lograda a pesar de que las similitudes entre su argumento y el del capítulo "The Way to Eden" (3.20.), donde una secta secuestra el Enterprise para llegar a lo que creen que es el Paraíso, eran más que evidentes. **Star Trek V: La última frontera** resultaba también un cambio demasiado radical frente a la película anterior, pasando de la comedia a un reflexivo estudio sobre la religión. El filme también sufrió por los fuertes desacuerdos sobre el rumbo de la historia entre Shatner, Nimoy y Bennett. Paramount respondió con desconfianza limitando el presupuesto y los efectos especiales, de escasa calidad, fueron realizados por primera vez por una empresa diferente a Industries Light & Magic de George Lucas.

Poster de *Star Trek IV: Misión salvar la Tierra.*

VEREDICTO: **Star Trek V: La última frontera** es considerada la más irregular de las entregas cinematográficas de *Star Trek* debido a la escasa acción, un guión con evidentes deficiencias y unos más que discutibles efectos especiales. Sin embargo, también se atreve a tratar un tema fascinante como es la búsqueda de Dios y realiza una reflexión sobre el dolor, la culpa, la amistad y la necesidad de tener fe. Es una película fallida, pero también sumamente interesante.

Star Trek VI: Aquel país desconocido (*Star Trek VI: The Undiscovered Country*), Paramount Pictures, 1991. Dirigida por Nicholas Meyer. Escrita por Nicholas Meyer y Denny Martin Flinn basándose en una historia de Leonard Nimoy, Lawrence Konner y Mark Rosenthal.

A punto de cumplirse el veinticinco aniversario de *Star Trek*, llegaba por fin la hora de la despedida. La tripulación original del Enterprise ya era demasiado mayor para seguir surcando el espacio y era el momento de una jubilación honrosa de la mano del director que mejor partido había sacado a sus aventuras cinematográficas, Nicholas Meyer. Si la serie original se había caracterizado por sus parábolas sobre el mundo contemporáneo bajo un filtro de ciencia-ficción, la película iba a tener un tema candente de principios de los noventa, el fin de la Guerra Fría y la caída del comunismo. En **Star Trek VI: Aquel país desconocido** (*The Undiscovered Country* fue el título original de Meyer para **La ira de Khan**) los klingon atravesaban una grave crisis ecológica que amenazaba su existencia y debían firmar un tratado de paz con la Federación de Planetas. Para estupor de Kirk, que no perdona el asesinato de su hijo, Spock es uno de los arquitectos del acuerdo y éste se ha comprometido a que sea el Enterprise la nave que custodie al canciller klingon Gorkon (David Warner) y al General Chang (Christopher Plummer) al lugar donde se va a celebrar la conferencia de paz. Pero Gorkon es asesinado y Kirk y McCoy son culpados del crímen. Spock se esfuerza en encontrar a los verdaderos responsables y descubre que su protegida, la Teniente Valeris (Kim Catrall), es parte de una vasta conspiración de militares para sabotear el proceso. Tras lograr derrotar a Chang con la ayuda del USS Excelsior comandado por Sulu, Kirk y Spock llegan a tiempo para salvar la conferencia de paz. A continuación, la tripulación del Enterprise es retirada del servicio.

Star Trek VI: Aquel país desconocido no se ahorraba momentos sentimentales, especialmente una dedicatoria al entonces recién fallecido Gene Roddenberry. *Star Trek: La nueva generación* iba a comenzar su propia saga cinematográfica y qué mejor que dar por concluida esta etapa con una historia sobre lo dificil que le resulta a la gente dar paso a los cambios. Construido como un thriller político, la película era un acontecimiento especial que explicaba uno de los elementos más sorprendentes de *Star Trek: La nueva generación*, las relaciones amistosas con los klingon y hasta la presencia de uno, Worf (Michael Dorn), en la tripulación del Enterprise. En la película el abogado de Kirk y McCoy se llama precisamente Worf y está interpretado por Michael Dorn. Uno de los capítulos de *Star Trek: Voyager* (UPN: 1995-2001), "Flashback" (3.2.), refleja acontecimientos sucedidos en el USS Excelsior durante esta película como forma de conmemorar el treinta aniversario de la franquicia.

VEREDICTO: El éxito de **Star Trek VI: Aquel país desconocido** entre crítica y público fue una excelente despedida para una de las sagas más populares de la historia del cine. Seis títulos variados en estilo, forma y contenido que acabaron con una parábola sobre la caída del comunismo. **Star Trek VI: Aquel país desconocido** tiene un final hermoso, con los actores principales firmando en la pantalla como si estuvieran cerrando su propio cuaderno de bitácora, que también es una parte de la vida de millones de seguidores de *Star Trek*.

SATURDAY NIGHT LIVE (PRIMERA ETAPA)

Saturday Night Live, NBC: 1975-. Creado por Dick Ebersol y Lorne Michaels.
Granujas a todo ritmo (*The Blues Brothers*), Universal Pictures, 1980. Dirigida por John Landis. Escrita por John Landis y Dan Aykroyd basándose en unos personajes creados por Dan Aykroyd.

Saturday Night Live es un programa imprescindible para entender la comedia norteamericana de los últimos treinta años. Desde el comienzo de su emisión en 1975 se convirtió en una cantera para nuevos talentos cómicos, algunos de los cuales se han erigido después en grandes estrellas cinematográficas. Pero también es cierto que su gran dependencia de los intérpretes lo ha convertido en un programa irregular con fases de gran esplendor y otras muy mediocres. *Saturday Night Live* fue un proyecto desarrollado al alimón por el joven ejecutivo de la NBC Dick Ebersol y el productor de comedia canadiense Lorne Michaels. En 1975 Ebersol pensó que era el momento para un programa que pudiera aprovechar el hueco dejado por *The Tonight Show with Johnny Carson* (NBC: 1962-1992) los fines de semana. Su idea inicial fue un espectáculo cómico con alguna actuación musical, dosis de sátira y unos toques de humor anárquico al estilo de los Monty Python. Michaels decidió que *Saturday Night Live* estaría compuesto por piezas cómicas protagonizadas por un plantel fijo de intérpretes, en algunos fragmentos acompañados por un presentador invitado. Este invitado sería habitualmente un cómico o actor, pero también habría hueco para deportistas, políticos o periodistas. El primer plantel de actores estuvo formado por Chevy Chase, John Belushi, Dan Aykroyd, Gilda Radner, Garrett Morris, Jane Curtin y Laraine Newman, todos ellos reclutados de diversos grupos cómicos de Estados Unidos y Canadá.

En poco tiempo *Saturday Night Live* se convirtió en un gran éxito de audiencia y al final de su primera temporada se hizo con cuatro premios Emmy como mejor programa, dirección, guión e interpretación (Chevy Chase) en el apartado de variedades. Una de las primeras estrellas creadas por *Saturday Night Live* fue John Belushi, representante lo que Lorne Michaels definió como humor "gonzo", es decir, en vena de las obras del periodista Hunter S. Thompson, un estilo cómico raro, explosivo, inconformista y basado en la improvisación. Belushi y Dan Aykroyd daban vida de forma recurrente a los Blues Brothers, que aparecían en escena con trajes oscuros y gafas de sol al estilo beatnick, una imagen que contrastaba con sus apasionadas interpretaciones de clásicos del soul junto a una banda de músicos profesionales. Tras su primera aparición en el programa en abril de 1978, los Blues Brothers se hicieron tan populares que empezaron a llegar ofertas para actuaciones y ese mismo año se editó el primer disco de la banda, que logró vender tres millones y medio de ejemplares. Belushi había logrado un gran éxito con su breve pero espectacular aparición en **Desmadre a la americana** (*National Lampoon's Animal House*, John Landis, 1978) y convenció a Aykroyd de seguirle a Hollywood para escribir el guión de una película protagonizada por los Blues Brothers y financiada por Universal. **Granujas a todo ritmo** comenzaba con Jake Blues (John Belushi) reuniéndose con su hermano Elwood (Dan Aykroyd) después de salir de la carcel. Tras visitar el hospicio donde se criaron, descubren que éste tiene una deuda con el ayuntamiento y deciden reunir a su antigua banda para dar un concierto benéfico. Pero antes de saldar la deuda tienen que sobrevivir a los intentos de asesinato de una mujer misteriosa

John Belushi y Dan Aykroyd aprovecharon dos personajes creados por ellos mismos para el programa cómico *Saturday Night Live* y los lanzaron a la gran pantalla en *Granujas a todo ritmo.*

(Carrie Fisher), huir de la policía y enfrentarse a un grupo neonazi, todo sazonado por las actuaciones de leyendas de la música negra como James Brown y Aretha Franklin.

El rodaje de **Granujas a todo ritmo**, cuyo presupuesto se disparó a los treinta millones de dólares, entró en la leyenda de Hollywood por los rumores que hablan de que se convitió en un oasis de excesos, especialmente de drogas y sexo. Pero la película también es recordada por las actuaciones musicales y las espectaculares persecuciones. En este sentido **Granujas a todo ritmo** es más una antología musical que una película propiamente dicha. Enfrentándose a la dificultad de crear un relato de larga duración con un material de partida tan exiguo, Aykroyd creó una historia muy simple rellenada por actuaciones musicales, anticipando el problema esencial que tendrían las futuras adaptaciones de *Saturday Night Live*. En su estreno **Granujas a todo ritmo** consiguió un apreciable éxito de taquilla, pero los problemas de John Belushi con las drogas culminaron con su muerte en marzo de 1982.

> VEREDICTO: Veinte años después su estreno, **Granujas a todo ritmo** sigue siendo una película de culto gracias a su espectacular banda sonora. Aunque su argumento es casi nulo, las persecuciones que salpican su desarrollo también permanecen como un ejemplo de maestria técnica sencillamente hilarante. En cualquier caso, la dependencia a la banda sonora es total y sólo el que disfrute con ella podrá ver algún atractivo a la película.

EL SUPERAGENTE 86

El superagente 86 (*Get Smart*), NBC: 1965-1969, CBS: 1969-1970.
Creada por Mel Brooks y Buck Henry.
El disparatado agente 86 (*The Nude Bomb*), Universal Pictures 1980. Dirigida por Clive Donner.
Escrita por Arne Sultan, Bill Dana y Leonard Stern.

A mediados de los años sesenta la televisión norteamericana se vio invadida por un género que entroncaba muy bien con los tiempos de la Guerra Fría, el espionaje. *El agente de CIPOL* (*The Man from U.N.C.L.E.*, NBC: 1964-1968), *Yo soy espía* y *Jim West* nacieron como replica al éxito que el agente secreto por excelencia, James Bond, estaba cosechando en la gran pantalla desde el estreno de **Agente 007 contra el Dr. No** (*Dr. No*, Terence Young, 1962). Sin embargo, los sesenta también fueron los años del descreimiento de una sociedad ante sus reglas morales y sus gobernantes, lo que dio lugar a un humor más crítico y contestatario. En **Flint, agente secreto** (*Our Man Flint*, Daniel Mann, 1966) y **Los silenciadores** (*The Silencers*, Phil Karlson, 1966) James Coburn y Dean Martin dieron vida respectivamente a dos espías más preocupados por las fiestas que por salvar al mundo del villano de turno. Y en televisión su émulo fue el agente Maxwell Smart, el protagonista de la creación de Mel Brooks y Buck Henry *El superagente 86*. Maxwell Smart (Don Adams) es un incompetente agente de la agencia secreta CONTROL, encargada de evitar los diabólicos planes de la organización internacional KAOS. Smart (que irónicamente significa listo) es un hombre arrogante y pretencioso que cuenta con la ayuda de una guapa compañera, la agente 99

Don Adams y Barbara Feldon encarnaron al patoso Maxwell Smart y a su bella compañera, la agente 99, en *El superagente 86*.

(Barbara Feldon), y el apoyo de su desesperado jefe (Edward Platt). La idea de Brooks y Henry era hacer la primera serie con un idiota como protagonista que no era ni un héroe ni una figura familiar. Para ellos, el tema central del programa era que es imposible vivir acorde a las fantasías y mitologías tan presentes en los medios de comunicación. El talento de los productores y guionistas permitía que a la vez tuvieran cabida muestras de humor ofensivo y hasta vulgar, elevadas citas literarias y subversivos comentarios políticos. Estrenada en septiembre de 1965, *El superagente 86* se colocó en el puesto duodécimo de los programas más vistos al final de su primera temporada. Don Adams logró tres premios Emmy consecutivos como actor protagonista de comedia (1967-1969), mientras que la serie fue coronada mejor comedia del año en dos ocasiones (1968 y 1969). Pero Brooks y Henry pronto abandonaron la serie para concentrarse en sus proyectos cinematográficos y el programa mostró en poco tiempo síntomas de desgaste, que finalmente llevaron a su cancelación.

Ocho años después de que la serie dejara de emitirse, un nuevo proyecto con Maxwell Smart como protagonista empezó a desarrollarse en Universal Television. Leonard Stern, uno de los productores de *El superagente 86*, comenzó a trabajar en un guión para un telefilme orientado a lanzar una continuación de la serie, pero tras el éxito de **Star Trek: La película** el proyecto tomó forma de película para cine con diez millones de presupuesto. Clive Donner, director de **¿Qué tal, Pussycat?** (*What's New, Pussycat*, 1965) y de algunos capítulos de *Agente Secreto* (*Danger Man*, ITV: 1960-1968), fue contratado como realizador. En **El disparatado agente 86** Smart era ya un legendario agente que debía ocuparse de un importante caso: un misterioso villano está chantajeando al mundo con la utilización de una bomba que tiene la capacidad de hacer desaparecer la ropa. Tras seguir las pistas que apuntan a un inventor llamado Sauvage (Vittorio Gassman) y descubrir que el Jefe (Dana Elcar) es en realidad un agente doble, Smart y la guapa agente 22 (Andrea Howard) llegan a la isla donde Sauvage tiene su guarida. Pero para salvar al mundo de la desnudez, Smart tendrá que luchar contra decenas de clones de Sauvage utilizando sus mismas armas.

Lo más destacable de **El disparatado agente 86** es que no es una continuación de la serie, sino una total reformulación de ésta. Por ello cuenta con un problema fundamental: Maxwell Smart tiene la apariencia de Maxwell Smart y dice expresiones clásicas de Maxwell

Smart, pero no es en realidad el mismo personaje que en la serie. Más que una versión subversiva de James Bond, la película es una recreación humorística que mantiene sus elementos básicos, como contar con un protagonista masculino y competente, bellas mujeres como reclamo y espectaculares escenas de acción. Aquí Smart podrá ser un torpe que choca con casi cada muro, puerta o escritorio, pero no es un idiota. De hecho, él sólo descubre la conspiración, desenmascara al traidor y vence a Sauvage. En este sentido la ausencia de 99 es fundamental porque anula otro elemento esencial de Smart, su casi asexualidad. La eliminación de las referencias políticas hace que los únicos vínculos reales entre serie y película sean la recuperación de Smart, Larrabee (Robert Karvelas) y el agente 13 (Joey Forman), el célebre cono del silencio y el teléfono en forma de zapato. Cuando **El disparatado agente 86** se estrenó en 1980 fue despreciada por los críticos e ignorada por el público. Años después Don Adams lo mejor que tendría que decir de la película era que prefería no decir nada. El telefilme **Get Smart, Again** (ABC, 1989), escrito por Leonard Stern y de nuevo sin participación de Henry ni Brooks, sirvió para dejar mejor sabor de boca y también dio paso a una efímera continuación, *Get Smart* (Fox: 1995).

> VEREDICTO: **El disparatado agente 86** es hoy una película completamente olvidada, lo que sin duda es positivo para *El superagente 86*. Pero si no se tiene en cuenta que el filme se basa en una serie tan inteligente, puede ser disfrutable como una extravagancia inspirada en James Bond con un villano de lujo, el galán del cine italiano Vittorio Gassman, que se desdobla en un científico desfigurado y un clon malvado con pasión por la ropa de alta costura.

SECOND CITY TV

Second City TV, Global: 1976-1979, CBC: 1980-1981, NBC: 1981-1983, Cinemax: 1983-1984. Creada por Sheldon Patinkin y Del Close.

The Adventures of Bob & Doug McKenzie: Strange Brew, MGM, 1983. Dirigida por Rick Moranis y Dave Thomas. Escrita por Steve De Jarnatt, Rick Moranis y Dave Thomas.

Second City TV fue un popular programa canadiense que nunca alcanzó la popularidad ni la longevidad de *Saturday Night Live*, pero que también sirvió de plataforma de lanzamiento para toda una generación de cómicos. La principal diferencia entre ambos programas era que *Second City TV* nació de un grupo cómico ya establecido, The Second City. Muchos miembros del grupo original de Chicago y otras ciudades en Estados Unidos y Canadá acabaron uniéndose a *Saturday Night Live*, pero la división de Toronto también dio el salto a la televisión con su propio programa, *Second City TV*. Aunque también era un programa de sketches cómicos en donde aparecían personajes originales e imitaciones de famosos, *SCTV* (la abreviatura por el que es conocido) se articulaba en torno a un planteamiento argumental definido, las actividades de una pequeña emisora de televisión canadiense. Ello permitía a *SCTV* ser una parodia integral del medio televisivo y a la vez contar con elementos de serial que ayudaban a fidelizar a la audiencia. El reparto de los dos primeros años estuvo formado John

Candy, Joe Flaherty, Eugene Levy, Andrea Martin, Catherine O'Hara, Harold Ramis y Dave Thomas, mientras Rick Moranis se unió en 1980 y Martin Short en 1982. El programa se hizo popular en Canadá y en Estados Unidos, donde se emitía en sindicación, y en 1981 fue adquirido por la cadena NBC, que amplió su duración de treinta a noventa minutos y lo renombró *Second City Network 90*. Pero a pesar de ganar dos premios Emmy, la NBC acabó cancelando el programa tras dos años y éste finalizó su trayectoria en el canal de cable Cinemax con el título de *SCTV Channel*.

Uno de los elementos que marcó la definitiva decadencia de *SCTV* fue el abandono de Rick Moranis y Dave Thomas en 1982. Como burla de la indicación de la cadena CBC de incorporar al programas dos minutos de contenidos propiamente canadienses, Moranis y Thomas había desarrollado un sketch titulado "Kanadian Corner" (posteriormente "The Great White North") protagonizado por los hermanos Bob (Moranis) y Doug MacKenzie (Thomas), una ácida parodia de los estereotipos canadienses que mostraban un acento exagerado, eran bastante estúpidos y se pasaban todo el rato bebiendo cerveza. Bob y Doug se convirtieron en auténticos iconos culturales, así que tras abandonar *SCTV* Moranis y Thomas decidieron utilizar a los personajes para su debut cinematográfico. Ambos se encargaron de dirigir **The Adventures of Bob & Doug MacKenzie: Strange Brew** contando con la financiación de MGM. La película comenzaba como un fragmento convencional del programa en el que los hermanos presentaban el filme que acaban de dirigir, una cochambrosa cinta de bajo presupuesto. Tras el fracaso de su estreno, Bob y Doug deben conseguir cerveza rápidamente y deciden probar un pequeño timo en la fábrica de su marca favorita, Elsinore. Lo que no saben es que allí el científico Brewmeister Smith (Max von Sydow) está desarrollando una cerveza capaz de modificar el comportamiento (de ahí el subtítulo *Strange Brew*) utilizando pacientes de un sanatorio mental cercano. Para ello cuenta con la colaboración del director Claude Elsinore (Paul Dooley), que acaba de asumir el control tras la extraña muerte de su hermano y su matrimonio con la viuda a pesar de que su sobrina Pam Elsinore (Lynne Griffin) es la verdadera heredera. Para evitar que puedan estropear su plan, Smith culpa a Bob y Doug del intento de asesinato de Pam y finalmente todos acaban en la institución mental, donde logran desbaratar los planes de Smith.

The Adventures of Bob & Doug MacKenzie: Strange Brew parodia de forma sucesiva la ciencia-ficción, el terror, las películas de juicios y el universo de los superhéroes (esto último en una hilarante secuencia protagonizada por un perro volador). Y todo ello utilizando como trasfondo argumental una variación de "Hamlet" de William Shakespeare que convierte al castillo de Elsinore en una fábrica de cervezas, a Claudio en un balbuceante sicario, a Hamlet es una atractiva joven, al padre de Hamlet en un fantasma que habita una máquina recreativa y a Rosencrantz y Guildenstern en Bob y Doug MacKenzie. A ello se añade un científico megalómano al que interpreta con gusto el actor sueco Max Von Sydow, decenas de chistes que se basan en el humor más absurdo y una sugerente escena en la que los hermanos Mackenzie descubren a sus padres (interpretados también por Moranis y Thomas) haciendo el amor. Y es que **The Adventures of Bob & Doug MacKenzie: Strange Brew** cuenta con dos protagonistas francamente estúpidos, pero a ratos es también increíblemente sofisticada. El resultado final no terminó de gustar a los críticos y funcionó en taquilla lo justo para cubrir los gastos de producción.

VEREDICTO: **The adventures of Bob & Doug MacKenzie: Strange Brew** es una de las comedias más originales y desconocida de los años ochenta, un auténtico logro creativo que combina el humor absurdo con la parodia cinematográfica sin hacer que los personajes pierdan un ápice de su carácter original. Por ello, toda la película descansa en la capacidad del espectador de sintonizar con el peculiar carácter de los hermanos MacKenzie.

BARRIO SÉSAMO

Sesame Street, PBS: 1969-. Creado por Joan Ganz Cooney.
Sesame Street Presents Follow that Bird, Warner Bros., 1985. Dirigida por Ken Kwapis.
Escrita por Judy Freudberg y Tony Geiss.

A finales de los años sesenta, la productora de televisión Joan Ganz Cooney llegó a la conclusión de que la televisión podía ser un eficaz vehículo para la educación de los niños, pero que este potencial estaba siendo desaprovechado. Sus ideas las plasmó en un informe titulado "Los usos potenciales de la televisión para la educación de preescolar", en donde planteaba la necesidad por apostar por un programa a la vez educativo y entretenido que sirviera para reforzar los conocimientos de los niños en edad preescolar haciendo especial hincapié en aquellos con dificultades de aprendizaje, de integración o algún grado de invalidez. Todas estas ideas cristalizaron en un programa de televisión creado por una organización sin ánimo de lucro recién constituida llamada Children's Television Workshop, dirigida por Ganz Cooney. Con la ayuda de varias asociaciones filantrópicas y tras mucha preparación, *Sesame Street* comenzó su emisión diaria en la red de emisoras públicas PBS en 1969. En el programa los protagonistas iban a ser una nueva generación de teleñecos de Jim Henson, cada uno de los cuales iba a tener una característica con la que los niños pudieran identificarse. Big Bird (que aquí tomó el nombre de Caponata) representaba la curiosidad, el Monstruo de las galletas la voracidad, Oscar era el gruñón, Epi la inocencia y Gustavo quien resumía las lecciones morales. Estos personajes iban a interactuar con personas de carne y hueso en la calle Sesame, un ambiente urbano que no era casual, ya que los niños que crecen allí suelen pertenecer a familias pobres o inmigrantes y tienen el acceso a la educación más limitado. Los personajes humanos también iban a reflejar la diversidad racial con vecinos negros e hispanos, e incluso había una librera sorda para demostrar a los niños que se podían superar las limitaciones físicas.

Sesame Street se convirtió en poco tiempo en un fenómeno sin precedentes en la sociedad norteamericana. Se realizaron múltiples estudios que demostraron que el programa conseguía mejorar ostensiblemente las habilidades y conocimientos de los niños, lo que animó a Children's Television Workshop a producir programas con variaciones del concepto inicial, como *The Electric Company* (para ayudar con los hábitos de lectura), *Feeling Good* (sobre temas de salud), *3-2-1 Contact* (centrado en la ciencia y la tecnología) y *Square One TV* (sobre las matemáticas). *Sesame Street* también dio lugar a una franquicia de versiones locales en más de cuarenta países, entre ellos España, donde se transformó en *Barrio Sésamo*. A mediados de los ochenta la buena repercusión lograda por las películas de los teleñecos y la ausencia de películas infantiles en la cartelera animó a realizar una adaptación cinematográfica. Realizada bajo la supervisión de Joan Ganz Cooney y del productor de televisión Tony Garnett, **Sesame Street Presents Follow that Bird** fue escrita por dos guionistas habituales del programa, Judy Freudberg y Tony Geiss. El protagonista de la película era Big Bird, que ve cómo uno de sus sueños se hace realidad cuando una asistente social, la señorita Finch, se presenta en Sesame Street para llevarla con una familia adoptiva. Big Bird siente que no tiene a nadie de su especie, así que acepta encantada la idea. Los Dodo son una familia feliz, pero Big Bird no termina de adaptarse a vivir con ellos, así que decide escaparse y regresar a Sesame Street. La noticia llega a la prensa y los habitantes del barrio deciden montar patrullas de búsqueda para encontrar a Big Bird. Finalmente Big Bird convence a la señorita Finch de que su verdadera familia está en el barrio, así que ésta acepta que se quede allí.

Big Bird ya había hecho su debut en el cine con una divertida aparición en **La película de los teleñecos**, pero ésta era la primera vez que el universo del programa se convertía en el protagonista absoluto de un filme. También aquí se optó por hacer una película de carretera que sacara a los personajes de su ambiente habitual y le diera al relato un estilo narrativo más cinematográfico. **Sesame Street Presents Follow that Bird** era un canto a favor de la integración social y racial que pretendía incidir en la idea de que lo que creaba los vínculos eran el amor y la amistad, no el aspecto exterior. La utilidad de *Sesame Street* no era sólo enseñar a los niños los nombres de las cosas, a deletrar o contar, sino también aportarles valores que les permitieran convivir en una sociedad tan fragmentada étnicamente como la norteamericana. Pero el argumento de la película resulta también hasta cierto punto algo subversivo debido a la visión negativa que ofrece de los servicios sociales, aquí encarnados por la señorita Finch, que insiste en que Big Bird debe estar con seres de su especie para ser feliz. Curiosamente Tony Garnett había tenido un gran éxito años atrás en Gran Bretaña con una película para televisión titulada **Cathy Come Home** (1966), dirigida por Ken Loach y protagonizada por una mujer que pierde a sus hijos a manos de unos servicios sociales que prefieren arrebatar los niños a sus padres que ofrecerles una solución a sus problemas. Como en las películas de los teleñecos, iba a haber canciones y rostros famosos como los cómicos Chevy Chase y John Candy, el músico Waylon Jennings, la actriz Sally Kellerman y los directores George Lucas y Paul Bartel.

VEREDICTO: En su estreno **Sesame Street Presents Follow that Bird** no logró una repercusión siginificativa. Pero la continuada popularidad de *Sesame Street* la ha acabado convirtiendo en un título de culto para varias generaciones de espectadores que han sabido apreciar un argumento bastante más ambicioso que el de las películas infantiles habituales. Eso y un puñado de buenas canciones y situaciones cómicas tronchantes muestran la indudable cualidad de las creaciones de Jim Henson de permanecer ajenas al paso del tiempo.

AGÁRRALO COMO PUEDAS

Police Squad!, ABC: 1982. Creada por Jerry Zucker, Jim Abrahams y David Zucker.
Agárralo como puedas (*Naked Gun: From the Files of Police Squad!*), Paramount Pictures, 1988.
Dirigida por David Zucker. Escrita por Jerry Zucker, Jim Abrahams, David Zucker y Pat Proft.

Habitualmente las series que dan paso a películas suelen ser programas de éxito que se han mantenido en antena durante un periodo apreciable de tiempo. Pero *Police Squad!*, la comedia que inspiró a la exitosa franquicia cinematográfica de **Agárralo como puedas**, es una relevante excepción a esta regla. Sus artífices fueron David Zucker, Jim Abrahams y Jerry Zucker, el equipo creativo que había renovado el género de la parodia cinematográfica con **Aterriza como puedas** (*Airplane!*, 1980). El éxito de la película, una poco disimulada parodia de la saga **Aeropuerto**, les permitió presentar a la ABC un proyecto de telecomedia que pretendía romper las convenciones del género tomando como referente a *El superagente 86*. Pero el nuevo objeto paródico eran las series policíacas del productor Quinn Martin como *Los Intocables* y *Las calles de San Francisco* (ABC: 1972-1977). El protagonista de *Police Squad!* era el incompetente Frank Debrin (Leslie Nielsen), que en un eco de *Redada* narraba cómo resolvía los casos más delirantes usando los métodos más absurdos sin perder su recta expresión facial. Los chistes en *Police Squad!* se acumulaban desde los primeros segundos de los títulos de crédito, que presentaban a una estrella invitada que moría asesinada y que después no aparecía en el programa. También al principio un narrador decía el título del capítulo, que no se correspondía con el rótulo que aparecía en ese momento. En su breve existencia de seis episodios *Police Squad!* mostró muchos de los rasgos distintivos de las películas de sus creadores, como los diálogos absurdos, las situaciones delirantes, los giros argumentales insospechados y cierta tendencia al humor escatológico. A pesar de ser recibida favorablemente por parte de los críticos por su originalidad, el público rechazó la serie con rapidez. Y es que la complejidad cómica de cada episodio era muy superior a la que los espectadores del género estaban acostumbrados.

Seis años después los hermanos Zucker y Jim Abrahams estaban mucho más establecidos en la industria gracias al éxito de **Top Secret** (1984) y decidieron retomar el proyecto de *Police Squad!* reconvertido en una película para la pantalla grande. Leslie Nielsen volvería a interpretar al Teniente Frank Debrin, aunque los actores originales Alan North y Peter Lupus fueron sustituidos por George Kennedy y O.J. Simpson como el Capitán Hocken y el Oficial Nordberg, compañeros de Debrin en sus aventuras. En **Agárralo como puedas** Debrin debe descubrir quién ha tiroteado a Nordberg, que estaba en una misión como infiltrado. Todo apunta al siniestro magnate Ludwig (Ricardo Montalbán), pero Debrin acaba enamorado de su secretaria Jane Spencer (Priscilla Presley). La próxima visita de la reina Isabel II acelera la investigación y Debrin descubre que Ludwig está utilizando a personas normales hipnotizadas como asesinos. Al final Ludwig paga por sus crímenes y el amor salva a Debrin evitando que Jane, bajo influjo hipnótico, acabe con su vida.

Contado con un argumento así, **Agárralo como puedas** no parece ser tanto una comedia como una película policíaca llena de clichés. Pero precisamente su comicidad era tomar esos clichés y llevarlos hasta el absurdo, encadenando las meteduras de pata de Drebin con

Con *Agárralo como puedas* los hermanos Zucker y Jim Abrahams relanzaron el género de la parodia

los diálogos más surrealistas y las insinuaciones sexuales poco veladas. Después del fracaso de la serie, los hermanos Zucker y Abrahams se dieron cuenta de que este humor debía insertarse en un argumento más o menos lógico que mantuviera la atención del espectador, en este caso una historia clásica bien construida, con un villano que morirá al final, un policía eficaz pero rebelde, una mujer guapa y un rescate heroico. Por medio, decenas de referencias cinematográficas y el gusto por reírse sin piedad de los líderes mundiales.

> VEREDICTO: En su estreno **Agárralo como puedas** se convirtió en un éxito inmediato entre el público y los críticos, lo que debió ser una inmensa satisfacción para sus creadores teniendo en cuenta el fracaso de la serie de televisión. Sin duda, aprendieron de sus errores y plantearon una parodia mucho más accesible a un público mayoritario, menos intelectual pero igual de divertida. La repercusión de la película también sirvió para relanzar uno de los géneros más rentables del cine contemporáneo, la parodia.

Agárralo como puedas 2 y ½: El aroma del miedo (*Naked Gun 2 ½: The Smell of Fear*), Paramount Pictures, 1991. Dirigida por David Zucker. Escrita por David Zucker y Pat Proft.

Después del gran éxito logrado por **Agárralo como puedas**, resultaba lógico que se realizara una segunda parte y tres años después ésta se estrenó con el rimbombante título de

Agárralo como puedas 2 y ½: El aroma del miedo. Con algunas pequeñas alteraciones, la película era casi un calco de la anterior, aunque esta vez la aventura se desarrollaba en Washington. Allí Frank Debrin acaba inmerso en una conspiración de las industrias del petróleo, el carbón y la energía atómica para paralizar el desarrollo de energías renovables. Jane Spencer trabaja ahora como ayudante del Dr. Meinheimer (Richard Griffiths), en cuyo instituto de investigación se comete un atentado terrorista. El reencuentro entre Drebin y Jane es amargo, sobre todo porque ella está saliendo con el siniestro magnate Quentin Hapsburg (Robert Goulet). Éste ha secuestrado al profesor y lo ha sustituido por un doble que hará una recomendación favorable al uso de energías contaminantes. Debrin llega a tiempo de desemascarar al impostor, pero Jane es secuestrada por Hapsburg, que también ha colocado una bomba en el edificio. Frank, tras salvar a Jane, decide rechazar un puesto de alto nivel en Washington para estar con ella.

Como en la primera película, aquí también hay un villano millonario y atractivo, esta vez interpretado por el cantante Robert Goulet, que había aparecido en uno de los episodios de *Police Squad!* como la estrella invitada que era asesinada en los títulos de crédito. Si en el caso anterior el argumento era un remedo de **El mensajero del miedo** (*The Manchurian Candidate*, John Frankenheimer, 1962), ahora se toma como referente otro clásico cinematográfico de la Guerra Fría, **El premio** (*The Prize*, Mark Robson, 1963), en donde un científico es sustituido por un doble. **Agárralo como puedas 2 y ½: El aroma del miedo** es recordada especialmente por la parodia directa de la famosa escena de amor de **Ghost** (Jerry Zucker, 1990). Tras el éxito de **Agárralo como puedas**, los hermanos Zucker y Jim Abrahams comenzaron a trabajar en proyectos por separado y David se encargó de continuar la franquicia casi en solitario. Para intentar aprovechar el éxito de su hermano con **Ghost**, incluyó una parodia en el trailer promocional que se hizo tan popular que finalmente fue incluida en la película. Hasta entonces la senda predominante del género había sido, siguiendo la escuela de Bob Hope y Mel Brooks, tomar situaciones genéricas, tópicos argumentales y clichés. Pero en los años posteriores, las películas paródicas se convertirían en un catálogo de las escenas más memorables del cine reciente, algo que permitía conectar mucho mejor con el público joven que llena las salas de cine.

> VEREDICTO: **Agárralo como puedas 2 y ½: El aroma del miedo** repitió el éxito de **Agárralo como puedas** y logró incluso más recaudación en Estados Unidos. Y es que la película perfeccionaba la formula original y añadía elementos como la célebre y muy influyente parodia de **Ghost**. Es raro que una segunda parte, sobre todo en el terreno de la comedia, sepa mantener el estilo del original y contar a la vez con sus propias virtudes.

Agárralo como puedas 33 y un 1/3: El insulto final (*Naked Gun 33 1/3: The Final Insult*),
Paramount Pictures, 1994. Dirigida por Peter Segal.
Escrita por David Zucker, Pat Proft y Robert LoCash.

Gracias a los buenos resultados de **Agárralo como puedas 2 y ½: El aroma del miedo**, tres años después se estrenó una nueva continuación, **Agárralo como puedas 33 y un 1/3: El insulto final**. David Zucker por primera vez no se hizo cargo de la dirección y dejó esa responsabilidad para Peter Segal, un realizador debutante procedente de la televisión. Esta vez el argumento se sale un poco del esquema anterior. Frank Drebin está jubilado de la brigada policial y, mientras Jane se gana la vida como abogada, él actúa como amo de casa. Con el matrimonio en crisis por problemas sexuales, Frank decide investigar la relación del experto en explosivos encarcelado Rocco Dillon (Fred Ward) y una enfermera, Tanya Peters (Anna Nicole Smith), con un atentado contra una comisaría de policía. Finalmente Frank se infiltra en la cárcel donde Rocco cumple condena y se fuga con él para descubrir su plan: colocar una bomba en la entrega de los Oscar. Rocco secuestra a Jane, pero recibe su merecido cuando la bomba le estalla en las manos.

A pesar de la variación en el argumento, la fórmula que tan buen resultado dio en la primera y segunda entregas es alterada para dar mayor protagonismo a las referencias sexuales en detrimento de los chistes visuales. Entre **Agárralo como puedas 33 y un 1/3: El insulto final** y el original *Police Squad!* no hay demasiadas cosas en común más allá de los personajes y algún momento aislado. La dependencia de las parodias directas de películas es también mucho mayor, apareciendo desde **Los Intocables de Eliot Ness** a **Thelma y Louise** (Ridley Scott, 1991) pasando por **Juego de lágrimas** (*The Crying Game*, Neil Jordan, 1992), **El guardaespaldas** (*The Bodyguard*, Mick Jackson, 1992) y **Parque Jurásico** (*Jurassic Park*, Steven Spielberg, 1993). En la secuencia de la entrega de los Oscars también participan los actores Shannen Doherty, Olympia Dukakis, Florence Henderson, James Earl Jones, Elliott Gould, Mariel Hemingway, Morgan Fairchild y Raquel Welch. En su estreno, el resultado de taquilla de **Agárralo como puedas 33 y un 1/3: El insulto final** fue considerado bastante decepcionante, ya que apenas superó los cincuenta millones de dólares cuando su predecesora había sobrepasado con creces los ochenta. Además, la película es recordada como la última intervención en el cine de la antigua estrella de fútbol americano y actor O.J. Simpson, que tres meses después del estreno fue detenido acusado de haber asesinado a su ex-mujer Nicole y su nuevo compañero sentimental. Aunque finalmente Simpson fue absuelto, la mayoría del público no se convenció de su inocencia y eso lastró de forma notable la repercusión posterior de la trilogía **Agárralo como puedas**.

> VEREDICTO: Aunque **Agárralo como puedas 2 y ½: El aroma del miedo**, contradijo el dicho de que segundas partes nunca fueron buenas, **Agárralo como puedas 33 y un 1/3: El insulto final** demostró que el público también se cansa de la repetición, sobre todo cuando se cambia la inventiva por una sucesión de parodias de éxitos recientes. Al menos la película pasará a la historia por ofrecer una corrosiva recreación de la entrega de los Oscar.

LAS REELABORACIONES

DINERO CAÍDO DEL CIELO

Pennies from Heaven, BBC: 1978. Miniserie escrita por Dennis Potter.
Dinero caído del cielo (*Pennies from Heaven*), MGM, 1981.
Dirigida por Herbert Ross. Escrita por Dennis Potter.

Dennis Potter es considerado uno de los grandes escritores de la televisión británica, así como un original guionista de películas poco convencionales. Sus obras destacaron siempre por su estilo provocador con continuas referencias al sexo y la religión, además de ácidas críticas al sistema político y las convenciones sociales. Pero por encima del polémico contenido de sus obras, Potter fue también un renovador capaz de integrar situaciones oníricas en el desarrollo naturalista de sus historias. En 1978, tras casi veinte obras para la televisión, Potter escribió su primera miniserie original, *Pennies from Heaven*. Tomando el título de una película de Bing Crosby de 1936, la miniserie se estrenó durante la primavera de 1978 y logró un extraordinario éxito tanto en Gran Bretaña como a nivel internacional. Mucho antes de que Lars Von Trier fusionara el melodrama y la comedia musical en **Bailando en la oscuridad** (*Dancer in the Dark*, 2000), Potter se dio cuenta de las infinitas posibilidades poéticas de mostrar las ensoñaciones de sus personajes en medio de sus actividades diarias, en este caso mientras entonan en play-back alegres canciones de la época que les permiten imaginar que viven una existencia feliz. El protagonista de *Pennies from Heaven* es Arthur Parker (Bob Hoskins), un vendedor a domicilio de discos en la Inglaterra de los años treinta. Arthur, mentiroso y cobarde, se convierte en adúltero cuando comienza una relación con una joven maestra, Eileen (Cheryl Campbell), y la deja embarazada. A partir de ahí los personajes entran en una profunda degradación y cuando logran regenerarse se enfrentan a un desenlace irónico: Arthur es ejecutado por un crimen del que es inocente (la violación y muerte de una joven ciega) y Eileen queda impune de uno del que es culpable, el asesinato de un granjero. Al final, Arthur y Eileen se reúnen de nuevo porque su vida es una canción y las canciones nunca acaban mal.

La repercusión de la miniserie llamó la atención de Herbert Ross, reputado coreógrafo en Broadway y director de películas como **Adiós, Mr. Chips** (*Goodbye, Mr. Chips*, 1969) y **Funny Lady** (1975). Ross convenció a Dennis Potter de adaptar el guión para una versión cinematográfica producida en Estados Unidos y eligió a Steve Martin, entonces un cómico admirado por su originalidad en pleno éxito con **Un loco anda suelto** (*The Jerk*, Carl Reiner, 1979), como protagonista. Los ejecutivos de Metro Goldwyn Meyer también pensaron que la película podría ser una oportunidad para revivir el género del musical y dieron a Herbert Ross quince millones de dólares con los que crear una producción de lujo. La historia era un resumen de la miniserie que trasladaba la historia a la época de la Depresión en Estados Unidos y eliminaba algunos detalles sórdidos. La única alteración reseñable en el argumento es que Eileen (Bernadette Peters) no mata a ningún granjero y por tanto no queda impune de un crimen. Pero en **Dinero caído del cielo** se realizaba una alteración fundamental en la representación visual, ya que esta vez las ensoñaciones daban paso a escenarios de un gran musical con increíbles decorados, brillantes vestuarios y elaboradas coreografías. De hecho, una de las cimas de la película es precisamente un número en el que Arthur y Eileen están viendo en un cine una película de Fred Astaire y Ginger Rogers y se imaginan que entran dentro de ella. Es como si en la miniserie los personajes se nutrieran de la memoria auditiva con las canciones que han oído en los salones de bailes, en la radio o en los discos del fonógrafo, mientras que en la película sacan sus recuerdos de su memoria audiovisual formada a través del cine.

> VEREDICTO: Uno de los mayores fracasos comerciales de principios de los años ochenta, cuando **Dinero caído del cielo** se estrenó no logró conectar ni con la crítica ni con el público. Los admiradores de la miniserie pensaron que la película era una versión lujosa a la que faltaba corazón, mientras que para el público general su argumento era demasiado siniestro. Pero su lujosa producción, interpretaciones sorprendentes como la de Christopher Walken dando vida a un proxeneta y algunos números musicales antológicos hacen de **Dinero caído del cielo** un título del culto que se va revalorizando con el tiempo.

DIMENSIÓN DESCONOCIDA

Dimensión desconocida / En los límites de la realidad (*The Twilight Zone*), CBS: 1959-1964.
Creada por Rod Serling.
En los límites de la realidad (*The Twilight Zone - The Movie*), Warner Bros., 1983. Episodio 1 y prólogo dirigidos y escritos por John Landis. Episodio 2 dirigido por Steven Spielberg y escrito por George Clayton Johnson, Josh Rogan y Richard Matheson basándose en el episodio "Kick the Can", con guión de George Clayton Johnson. Episodio 3 dirigido por Joe Dante y escrito por Richard Matheson basándose en el episodio "It's a Good Life", con guión de Rod Serling.
Episodio 4 dirigido por George Miller y escrito por Richard Matheson basándose en su guión del episodio "Nightmare at 20.000 Feet".

Dimensión desconocida (que también se emitió en España como *En los límites de la realidad*, pero se usará *Dimensión desconocida* para evitar confusión con la posterior adaptación) fue la creación personal del brillante guionista Rod Serling, uno de los grandes nombres de la antología dramática realizada en directo. Pero acuciado por la censura, Serling se dio cuenta que sólo había un género en el que podía decir lo que pensaba del mundo sin crear polémica: el fantástico. Después de que su guión de ciencia-ficción "The Time Element" se produjera para *Westinghouse Desilu Playhouse* (CBS: 1958-1960) y obtuviera una gran respuesta por parte del público, la CBS vio que este tipo de historias podrían ser un filón. *Dimensión desconocida* comenzó su emisión en septiembre de 1959 con Rod Serling como presentador encargado de introducir y despedir las historias. El programa no logró resultados espectaculares de audiencia, pero atrajo la atención del público y la admiración de la crítica. Los capítulos trataban temas como los viajes en el tiempo, la confrontación con la muerte, los robots, los extraterrestres, las sociedades futuristas, los viajes por el espacio, los fantasmas y los ángeles.

Serling escribió la mayor parte de las historias en el periodo inicial, pero a la serie también contribuyeron decisivamente los escritores Richard Matheson, Charles Beaumont y George Clayton Johnson. Tras cinco temporadas, en una de las cuales los capítulos se expandieron a una hora, la serie fue cancelada como resultado del agotamiento creativo y el paulatino desinterés del público.

La trayectoria comercial de *En los límites de la realidad* se vio perjudicada por la muerte durante el rodaje de Vic Morrow (en la foto) y dos niños en un accidente aéreo.

Antes de morir, Rod Serling intentó llevar *Dimensión desconocida* al cine en un par de ocasiones, primero como una película de episodios y después expandiendo el capítulo "It's a Good Life" (3.8.). Ese sueño fue hecho finalmente realidad por Steven Spielberg, que no sólo era un ferviente admirador de la serie, sino que también trabajó con el propio Serling en el telefilme que sirvió de piloto a su antología **Night Gallery** (NBC: 1970-1973). Spielberg desarrolló el proyecto junto a John Landis, que acababa de dirigir **Un hombre-lobo americano en Londres** (*An American Werewolf in London*, 1981) y se encargaría de realizar el prólogo (sobre dos viajeros que recuerdan la serie en una carretera solitaria) y el único fragmento original, la historia de un hombre que, siendo objeto de sus propios prejuicios, es perseguido en los diferentes momentos de la historia a los que es misteriosamente transferido. Spielberg, Joe Dante (**Aullidos**, 1981) y George Miller (**Mad Max, salvajes de la autopista**, 1981) se encargaron respectivamente de dirigir versiones de "Kick the Can" (3.21.), sobre unos ancianos que tienen la oportunidad de volver a la infancia, "It's a Good Life", centrada en un niño que aterroriza a los mayores con su capacidad para hacer sus deseos realidad, y "Nightmare at 20.000 Feet" (5.3.), la historia de un hombre con miedo a volar que en un viaje en avión descubre a un monstruo en un ala del mismo. Richard Matheson fue el encargado de realizar las adaptaciones, aunque después afirmó que él hubiera apostado por utilizar sólo ideas originales. Pero la lógica comercial llevó a pensar que el público estaría más interesado en ver las historias clásicas completadas con notables efectos especiales.

El argumento de "Kick the Can" se ampliaba por deseo del guionista original y mostraba cómo los ancianos se daban cuenta de que era el momento de aceptar la vejez, pero en manos de Steven Spielberg se convertía en una fantasía edulcorada. Joe Dante demostró una notable inventiva visual en la barroca versión de "It's a Good Life" (que incluía una breve aparición del protagonista original Bill Mummy), pero ésta tenía un final feliz que contrastaba con la idea original, que el poder es capaz de corromper hasta las almas más inocentes. Sólo George Miller mantuvo el tipo con una recreación llena de suspense de la claustrofóbica "Nightmare at 20.000 Feet", pero simplificar la historia del protagonista (que en el capítulo acababa de salir de un sanatorio mental) eliminaba el triunfo del personaje sobre la inseguridad y el miedo. El fragmento de Landis tenía ecos de capítulos como "A Quality of Mercy" (3.15.), pero su formulación original se alteró cuando un accidente en el rodaje acabó con las vidas del actor Vic Morrow y dos intérpretes infantiles, una tragedia que marcó a la película para siempre. El fracaso **En los límites de la realidad** fue notorio, pero la notable influencia del programa en la cultura contemporánea se reconoció con dos nuevas versiones, *La zona crepuscular* (CBS: 1985-1987, sindicación: 1987-1989) y *Los límites de la realidad* (UPN: 2002-2003). "It's a Good Life" fue versionada en la primera y tuvo una continuación en la segunda que recuperaba a sus protagonistas, Bill Mummy y Cloris Leachman.

> VEREDICTO: Para Rod Serling *Dimensión desconocida* supuso una oportunidad de hacer crítica social utilizando inteligentes parábolas que reflexionaban sobre las complejidades del ser humano. Pero en **En los límites de la realidad** sólo hay historias edulcoradas con efectos especiales brillantes y finales triviales de los que es imposible sacar moraleja alguna. Puede que Spielberg y Landis crecieran empapándose de *Dimensión desconocida*, pero no la entendieron.

LOS INTOCABLES

Los Intocables (*The Untouchables*), ABC: 1959-1963. Creada por Quinn Martin.
Los Intocables de Eliot Ness (*The Untouchables*), Paramount Pictures, 1987. Dirigida por Brian DePalma. Escrita por David Mamet basándose en el libro "The Untouchables" de Oscar Frawley y Eliot Ness.

La historia de la compleja intervención policial que acabó precipitando la caída de Al Capone había caído casi en el olvido cuando Desi Arnaz, el presidente de la productora de televisión Desilu, leyó la autobiografía que el antiguo agente del Departamento del Tesoro Eliot Ness había escrito junto al periodista Oscar Frawley antes de morir en 1957. Arnaz decidió producir un especial de televisión para su programa *Westinghouse Desilu Playhouse* en el que se resumirían las luchas de Ness contra Capone con un tratamiento cinematográfico, por lo que se apostó por filmarlo en película y contratar a un director del medio, Phil Karlson. Y es que pensando en la posibilidad de estrenar el especial, titulado *The Scarface Mob*, en las salas de cine, Arnaz contó para dar vida a Ness con el actor Robert Stack, que acababa de ser nominado al Oscar por su interpretación del marido psicótico de Elizabeth Taylor en **Escrito sobre el viento** (*Written on the Wind*, Douglas Sirk, 1956). Aunque el especial se tomó algunas libertades históricas, el productor Quinn Martin consiguió darle mucho suspense y brío narrativo. La audiencia respondió y Quinn Martin se encargó de producir una versión en forma de serie que mostrara más desventuras de Ness y su equipo, algunas completamente inventadas y otras inspiradas en investigaciones reales. Estrenada en la cadena

Los intérpretes de *Los Intocables*.

ABC (que se la quitó a CBS) en octubre de 1959, la serie se convirtió en un inmenso éxito, sobre todo en su segunda temporada, en la que se convirtió en el octavo programa más visto. Sin embargo, la trayectoria de *Los Intocables* fue de todo menos fácil y los problemas se amontonaron a los productores y la cadena con una pasmosa facilidad, desde las quejas de los grupos italoamericanos por perpetuar los estereotipos étnicos al descontento de agentes de la ley que veían cómo sus detenciones más celebradas eran acreditadas a Eliot Ness. *Los Intocables* pretendía luchar contra la glorificación de los delincuentes, pero fue pionera en introducir a un villano recurrente, un Frank Nitti (Howard Gordon) con grandes dosis de carisma. Al final, lo que precipitó el final de la serie fue que sus elevadas dosis de violencia la convirtieron en protagonista de tres investigaciones en el Congreso de los Estados Unidos sobre los efectos de los medios de comunicación en la sociedad. Tras una cuarta temporada devaluada por todas las polémicas, *Los Intocables* fue cancelada.

Pero, como ocurre con todo programa adelantado a su época, su influencia se dejó sentir en la producción posterior y su popularidad se mantuvo alta. Así que a mediados de los ochenta el productor Art Linson comenzó a trabajar en una versión cinematográfica. Como director eligió a uno de los estetas de la violencia del cine moderno, Brian De Palma, que también fue el realizador de la versión de **Scarface, el terror del hampa** (*Scarface*, Howard Hawks, 1932) titulada **El precio del poder** (*Scarface*, 1983), mientras que el prestigioso dramaturgo David Mamet realizó la adaptación. Escudándose en el hecho de que la referencia original eran hechos reales, se eliminaron todas las referencias a la serie, pero Mamet se tomó bastantes más libertades históricas que la propia *The Scarface Mob*. **Los Intocables de Eliot Ness** mostraba los esfuerzos de un joven agente del Departamento del Tesoro, Eliot Ness (Kevin Costner), para conseguir pruebas contra el mafioso Al Capone (Robert De Niro) en un ambiente de fuerte corrupción policial. Así que decide formar un equipo de agentes leales formado por el veterano Jim Malone (Sean Connery), el contable Oscar Wallace (Charles Martin Smith) y el joven y experto tirador George Stone (Andy Garcia). Malone y Wallace mueren asesinados por el pistolero Frank Nitti (Billy Drago), pero finalmente Ness consigue que el testimonio de un contable de la Mafia lleve a Capone a la cárcel por evasión de impuestos.

Los Intocables de Eliot Ness planteó eficazmente los elementos necesarios para una

Su trabajo en el papel de Eliot Ness confirmó a Kevin Costner como una nueva estrella de cine a finales de los 80.

Los Intocables cinematográficos. De izq. a der. Charles Martin Smith, Kevin Costner, Sean Connery y Andy Garcia.

buena adaptación: tomar del original sólo los elementos básicos para hacerlo reconocible (título, personajes, historia básica) y cambiar todo lo demás si es necesario para hacer que la película funcione con el público actual. En el caso de **Los Intocables de Eliot Ness**, eso supone por parte de Mamet desarrollar una historia sobre la pérdida de la inocencia de un héroe, que pasa de ser un hombre confiado en el poder de la justicia a descubrir que a veces hay que combatir el fuego con fuego o, como el mismo reconoce, a convertirse en aquello que odia. Mamet también creó un personaje memorable que responde al arquetipo del anciano sabio que instruye al joven héroe, Jim Malone, que le reportó a Sean Connery un Oscar como mejor actor secundario. Malone estuvo inspirado en Frank Bassile, un exconvicto que ayudó a Ness antes de ser asesinado y que en *The Scarface Mob* tomó la forma de Joe Fuselli (Keenan Wynn). De Palma fue el encargado de orquestar en **Los Intocables de Eliot Ness** un espectáculo de violencia y acción en el que sobresalían los elegantes trajes de Giorgio Armani, los algo rimbombantes temas de Ennio Morricone y una memorable secuencia de homenaje/plagio a **El acorazado Potemkin** (*Bronenosets Potyomkin*, Sergei M. Eisenstein, 1925).

VEREDICTO: **Los Intocables de Eliot Ness** fue la primera reelaboración de una serie de televisión que se estrenó con éxito entre público y crítica, inaugurando una moda que en pocos años sería prolífica. Recordada hoy por un par de escenas memorables, el merecido Oscar de Sean Connery y la banda sonora de Ennio Morricone, la película es uno de los títulos clave del cine de los ochenta y una emocionante historia sobre los sacrificios físicos y emocionales que son necesarios para derrotar al mal.

DOS SABUESOS DESPISTADOS

Dos sabuesos despistados (*Dragnet*), Universal Pictures, 1987. Dirigida por Tom Mankiewicz. Escrita por Dan Aykroyd, Alan Zweibel y Tom Mankiewicz.

La idea de hacer una parodia de *Redada* partió de dos antiguos miembros del elenco de *Saturday Night Live*, el actor Dan Aykroyd y el guionista Alan Zweibel. En *Saturday Night Live* eran muy frecuentes las parodias sobre elementos de cultura popular y *Redada* era un blanco muy fácil porque era la perfecta representación de todo lo arcaico de la sociedad de los años cincuenta. Tom Mankiewicz, guionista de varias películas de la serie James Bond, debutó en la dirección de **Dos sabuesos despistados**, a la que la muerte de Jack Webb cinco años antes dio libertad para sus propósitos paródicos. En **Dos sabuesos despistados** el agente Joe Friday (Dan Aykroyd), sobrino de un legendario agente del Departamento de Policía de Los Ángeles, es un oficial extremadamente serio y responsable al que emparejan con su opuesto, el excéntrico y desastrado Pep Streebeck (Tom Hanks). Juntos investigan una cadena de robos cometidos en la ciudad por un misterioso grupo que se hace llamar los Paganos. Justo durante esos días el Reverendo Whirley (Christopher Plummer) va a organizar en la ciudad de Los Ángeles una reunión de su movimiento por la decencia. Friday y Streebeck logran asistir a una reunión de los Paganos y salvan a la joven Connie (Alexandra Paul). El líder de los Paganos resulta ser Whirley, lo que no pondrá fácil a Friday y Streebeck lograr pruebas contra él, desbaratar sus planes de hacerse con el control de la ciudad y salvar de nuevo a Connie, de la que Friday se ha enamorado.

Cartel de *Dos sabuesos despistados*, parodia de la serie *Redada*.

Dos sabuesos despistados pretendía ser a la vez parodia de uno de los iconos más controvertidos de la cultura popular norteamericana y una película de colegas o buddy movie. Y es que, a pesar de las extravagancias, se mantenía la historia sobre un crimen resuelto con un procedimiento policial clásico, siguiendo pistas e interrogando a testigos. Pero los vínculos con la historia original sólo iban a tener protagonismo durante la primera mitad, en donde aparece el reconocible tema de *Redada* y Joe Friday comienza a narrar la historia de la misma firma forma que su precedente televisivo. Su compañero, que acaba de dejar el cuerpo, se llama Frank Smith, como en la primera etapa de la serie, mientras que Harry Morgan, co-protagonista en la segunda como Bill Gannon, vuelve a interpretar al personaje, ahora capitán de policía. Incluso llega a aparecer un retrato de Jack Webb y Kathleen Freeman, que participó en varios capítulos de las dos etapas de *Redada*, interpreta un pequeño papel. El Joe Friday de la película, una copia del personaje original, es ahora un vestigio del pasado que ya no tiene sentido en el mundo actual, donde las barreras entre el bien y el mal están más difuminadas. Es posible reirse de Friday (de hecho se hace durante buena parte de la película), pero también hay un punto de nostalgia porque debajo de su fachada es un hombre bueno y justo. Y un poco inocente, como era la propia sociedad norteamericana antes de que el asesinato de Kennedy, Vietnam y el Wartergate la cambiaran para siempre.

> VEREDICTO: **Dos sabuesos despistado**s fue una comedia de éxito con buenos momentos pero decididamente insustancial, como casi todas las películas protagonizadas por Dan Aykroyd y Tom Hanks en esa época. Pero si se tiene en cuenta su origen televisivo, hay que reconocer el arrojo de hacer una adaptación poco convencional. La pena es que, como notaron los críticos en su momento, deriva rápidamente hacia el convencionalismo, evitando que se convierta en la gran parodia que podría haber sido.

SE BUSCA VIVO O MUERTO

Wanted: Dead or Alive, CBS: 1958-1961. Creada por John Robinson.
Se busca vivo o muerto (*Wanted: Dead or Alive*), New World Pictures, 1987. Dirigida por Gary Sherman. Escrita por Michael Patrick Goodman, Gary Sherman y Brian Taggert.

A pesar de su relativamente corta vida, *Wanted: Dead or Alive* es uno de los programas más recordados de los westerns que se extendieron como una fiebre por las parrillas de las cadenas norteamericanas en los años cincuenta. En parte por sus propias virtudes, pero también por estar protagonizada por una de las mayores estrellas del cine norteamericano, Steve McQueen. El actor era una joven promesa habitual en programas de televisión cuando en 1958 realizó su segunda aparición en *Trackdown* (CBS: 1957-1959) interpretando a un cazarrecompensas llamado Josh Randall. El capítulo gustó tanto que los ejecutivos de la CBS solicitaron a la productora Four Star Productions una serie que girara alrededor de Randall, que tomó el título de *Wanted: Dead or Alive.* En cada nuevo capítulo de media hora Randall buscaba a un criminal huido o ayudaba a los desamparados usando como arma una carabina Winchester, que se empuñaba como una pistola pero que tenía la potencia de fuego de un rifle. *Wanted: Dead or Alive* comenzó a emitirse en septiembre de 1958 y logró un notable éxito de público, colocándose en la lista de los diez programas más vistos tras su segunda temporada. Pero Steve McQueen acabó cansándose del excesivo ritmo de tabajo y la simplicidad argumental de la serie. Four Star Productions, conocida por el respeto a los equipos creativos de sus programas (no en vano era propiedad de tres actores), aceptó cancelar la serie tras una tercera temporada y liberar a McQueen de su contrato, permitiéndole desarrollar una brillante carrera hasta su temprana muerte en 1980.

Cartel de *Se busca vivo o muerto*.

Se busca vivo o muerto se estrenó antes que **Los Intocables de Eliott Ness** y **Dos sabuesos despistados**, pero no tuvo una especial repercusión en establecer a las reelaboraciones de series de televisión clásicas como una fórmula habitual en el cine norteamericano. La película era una actualización cuyo único vínculo real con la serie, aparte del título, era que su protagonista Nick Randall (Rutger Hauer) dice en un momento dado que su bisabuelo Josh fue un famoso cazarrecompensas a finales del siglo XIX. Pero esta tenue conexión es más una excusa que un elemento de importancia real en el relato. **Se busca vivo o muerto** se centra en la última misión de Nick Randall antes de retirarse como cazarrecompensas: capturar al peligroso terrorista árabe Malak Al Rahim (Gene Simmons) por encargo de su antigua empresa, la CIA. Randall es utilizado en realidad como señuelo y la situación se vuelve trágica cuando Malak mata en una explosión a su novia Terry (Mel Harris) y su mejor amigo, el agente Danny Quintz (William Russ). Ahora sin nada que perder, Randall utiliza todos sus recursos para vengarse de Al Rahim antes de que pueda consumar un gran atentado en una planta petroquímica.

Se busca vivo o muerto no destacaba por su originalidad, aunque si es cierto que era una típica producción de acción de serie B de los años ochenta. En este sentido, la película también se ajustaba a un género que, como el western en los años cincuenta, era un escapismo sin mayores pretensiones que permitía al espectador fantasear con un mundo sin incertidumbres morales en las que los buenos siempre conseguían que los villanos pagaran por sus crímenes. La caracterización de los dos protagonistas también era muy similar, ya que ambos son hombres con un fuerte código de honor que realizan con profesionalidad un trabajo les ha hecho convertirse en seres solitarios.

VEREDICTO: **Se busca vivo o muerto** obtuvo cierto éxito dentro de los patrones de cine de acción de medio-bajo presupuesto en los que se movía. Vista con perspectiva, la película acumula muchos de los defectos de su género durante los ochenta, pero sabe acabar con su villano de una forma especialmente memorable y es sumamente entretenida. En todo caso, como adaptación de *Wanted: Dead or Alive* es extremadamente libre.

CAPÍTULO 5

La explosión de los noventa
Las prolongaciones

En la década de los noventa las películas basadas en series de televisión se convirtieron en una moda y el número de adaptaciones se multiplicó. En total, casi cincuenta películas fueron estrenadas en diez años si se tienen en cuenta reelaboraciones, prolongaciones y secuelas de filmes estrenados en la década anterior. A una media de cinco títulos nuevos al año, su presencia mediática se hizo más relevante y amplió la posibilidad de que se realizarán nuevas adaptaciones, el efecto dominó que caracteriza a las modas. En el caso concreto de las prolongaciones, el hecho más relevante es que el número total de ejemplos debe ser relativizado. Las veintisiete películas que vamos a analizar en este capítulo proceden de tan solo doce programas diferentes, siendo más de la mitad de ellas continuaciones de éxitos anteriores. Especialmente prolíficos han sido *Saturday Night Live* con ocho adaptaciones, *Star Trek: La nueva generación* con cuatro y *El show de los teleñecos* con tres. *Historias de la cripta* y *Los Power Rangers* también dieron origen a dos adaptaciones diferentes. La razón de que las prolongaciones hayan tendido a replicarse obedece a un criterio económico. Frente a las reelaboraciones, en su mayor parte filmes de alto presupuesto, las prolongaciones han sido casi siempre producciones modestas que no han sobrevalorado su capacidad para llegar a un público mayoritario. Y es que sólo una de las adaptaciones comentadas en este capítulo ha sobrepasado la barrera de los cien millones de dólares de recaudación en los Estados Unidos.

El modelo de adaptación de bajo presupuesto ha sido especialmente explotado por *Saturday Night Live*, cuya amplia cantera de personajes ha permitido realizar prolongaciones en serie que llegaban rápidamente a la rentabilidad a pesar de que su carrera comercial fuera sólo aceptable. Cubiertos los gastos de producción y promoción con la recaudación en salas, los beneficios provienen de la explotación en el mercado casero, donde por su origen televisivo estos productos son muy atractivos para los espectadores. El caso de **Expediente X: La película** demuestra la validez de este modelo industrial. En una circunstancia normal, sus ochenta y cuatro millones de dólares de recaudación en Estados Unidos hubieran sido un gran resultado económico. Sin embargo, con un presupuesto disparado hasta los sesenta y seis millones, se la consideró una notable decepción comercial que no iba a alcanzar la rentabilidad hasta varios años después (se calcula que una película debe recaudar el doble de lo que cuesta para cubrir los gastos). Lo que se podría haber convertido en una franquicia acabó así como una experiencia aislada.

Teniendo en cuenta este criterio, una carrera comercial aceptable para las prolongaciones ha supuesto casi automáticamente una secuela.

RELATOS DESDE LA OSCURIDAD

Relatos desde la oscuridad (*Tales from the Darkside*), sindicación: 1983-1988.
Creada por George A. Romero.
El gato infernal (*Tales from the Darkside*), Paramount Pictures, 1990. Dirigida por John Harrison.
Escrita por George A. Romero basándose en el relato de Stephen King (segmento "Cat From Hell"), Michael McDowell basándose en el relato de Arthur Conan Doyle (segmento "Lot 249") y Michael McDowell (segmento "Lover's Vow").

George A. Romero dirigió en 1982 la película antológica **Creepshow**, en donde desarrolló junto a Stephen King cinco historias de horror protagonizadas por entidades demoníacas que hacían realidad los mayores temores de los protagonistas. Un homenaje a los tebeos de terror de EC Comics, el éxito de la película animó a Romero a poner en marcha dos años después una antología televisiva de inspiración similar orientada al mercado de la sindicación. *Relatos desde la oscuridad* se extendió a lo largo de noventa capítulos en los que se alternaron los guiones originales con las adaptaciones de relatos de terror publicados en revistas especializadas. Con una duración de veinticinco minutos por episodio, la mayoría de las historias combinaban el terror, ciertos toques de humor negro, violencia explícita y golpes de efecto finales. La figura del narrador-introductor habitual de la antología se reducía aquí al mínimo para limitarse a un texto leído por el actor Paul Sparer que era idéntico en todos los capítulos. En consonancia al bajo presupuesto de la serie, las historias estaban protagonizadas por actores desconocidos o por viejas glorias del cine de los años cincuenta y sesenta. Sin ser nunca una serie demasiado popular, *Relatos desde la oscuridad* se convirtió en objeto de culto para los aficionados al terror que ya habían convertido a George A. Romero en un clásico del cine moderno. Tras la cancelación de la serie en 1988, Richard P. Rubinstein, productor tanto de *Relatos desde la oscuridad* como de **Creepshow**, puso en marcha *Monsters* (Sindicación: 1988-1990), un programa similar.

Dos años después de la finalización de *Relatos desde la oscuridad*, Romero y Rubinstein se reunieron para realizar una adaptación cinematográfica, *Tales From the Darkside: The Movie*, que debido a que la serie estaba entonces inédita en España se tradujo aquí como **El gato infernal** para aprovechar la popularidad de la obra de Stephen King. **El gato infernal** es una película antológica con tres historias de terror unificadas por otra que sirve de envoltorio. El relato comenzaba con la presentación de una mujer aparentemente normal (Deborah Harry) que mantiene a un niño (Matthew Lawrence) secuestrado a la espera de poder cocinarlo como cena. Para entretener a su víctima, la mujer le había dado un libro titulado "Tales from the Darkside" y éste, al estilo de Scheherazade en "Las mil y una noches", le cuentra tres historias para intentar prolongar su vida. En la primera, "Lot 249", un estudiante (Steve Buscemi) utiliza una momia para vengarse de unos arrogantes compañeros (Christian Slater y Julianne Moore). La segunda, "Cat from Hell", muestra los fracasados esfuerzos de un asesino profesional (David Johansen) por acabar con un gato que ha martirizado a un anciano millonario (William Hickey) que ha hecho su fortuna experimentando con animales. Y la tercera, "Lover's Vow", narra la peripecia de un pintor (James Remar) que logra salvar su vida tras su encuentro con un monstruo al prometerle no revelar su existencia y que tras faltar a esa promesa descubre que su idílica vida no es lo que parece. Tras contar la última historia, el niño utiliza una estratagema para acabar con su captora, revelando una personalidad igualmente diabólica.

El gaton infernal proponía tres sketches inspirados en la serie de televisión *Relatos desde la oscuridad.*

El gato infernal sirvió de debut para el realizador John Harrison, que había dirigido diversos capítulos de *Relatos desde la oscuridad* y fue ayudante de dirección de George A. Romero en **Creepshow**. Como argumento se escogieron fuentes variadas: una historia clásica de Arthur Conan Doyle, otra de un escritor moderno como Stephen King y un relato original de Michael McDowell, guionista de *Monsters* y **Bitelchús** (*Beetlejuice*, Tim Burton, 1988). Cada fragmento tenía una duración similar a un capítulo de la serie, por lo que la única alteración relevante era la existencia de una historia que las unificaba y la aparición de un narrador-introductor en el relato. Como suele ser habitual, el resultado final era irregular y sólo la única historia original, la escrita por Michael McDowell, se merecía pasar a la historia del género con su calculada combinación de terror, romanticismo y un memorable golpe de efecto final. Aunque "Lot 249" también destaca por la aparición de tres actores entonces desconocidos que en pocos años se harían más famosos, Christian Slater, Steve Buscemi y Julianne Moore. **El gato infernal** se convirtió en un rentable título de culto en vídeo y se anunció la producción de una secuela que reuniría a su principal equipo creativo, pero el proyecto no llegó nunca a fructificar.

VEREDICTO: Una película de serie B con ambiciones equivalentes a su presupuesto, **El gato infernal** logró su objetivo convirtiéndose en una película de culto para los aficionados al terror. Aún así, resulta decepcionante el escaso partido que se sacó a las historias de Conan Doyle y Stephen King frente al nivel alcanzado por la historia original de Michael McDowell.

EL SHOW DE LOS TELEÑECOS (SEGUNDA ETAPA)

Los teleñecos en Cuentos de Navidad (*The Muppet Christmas Carol*),
Walt Disney Pictures, 1992. Dirigida por Brian Henson.
Escrita por Jerry Juhl basándose en la novela corta de Charles Dickens.

La década de los noventa marcó un antes y un después para los teleñecos. En mayo de 1990 Jim Henson moría con tan solo cincuenta y tres años debido a una infección bacteriana que no había sido tratada a tiempo. Los teleñecos se quedaban huérfanos, pero The Jim Henson Company debía continuar bajo el control de la familia de Henson. Su primera decisión fue seguir estrechando los lazos de colaboración con Disney, que antes de la muerte de Henson se había planteado comprar la compañía. Para entonces Henson estaba preparando la vuelta de los personajes al cine en un proyecto titulado *The Muppet Cheaper Movie Ever Made* (La película de los teleñecos más barata jamás realizada), una parodia cinematográfica. Sin embargo, su hijo Brian decidió en su lugar realizar una adaptación más accesible que retomara la tradición de los especiales de televisión de los años setenta *Tales from Muppetland*, en los que los teleñecos se introducían en relatos clásicos como "Los músicos de Bremen". En este caso se iba a tomar como referencia un texto adaptado en infinidad de ocasiones, la novela corta de Charles Dickens "Cuento de Navidad". En **Los teleñecos en Cuentos de Navidad** (una traducción extraña del título teniendo en cuenta que sólo hay un relato) Brian Henson debutó como realizador contando con un guión del veterano de *El show de los teleñecos* y *Fraggle Rock* Jerry Juhl. Se recuperó la tradición de incluir canciones, pero no las apariciones de famosos, sustituidas aquí por el protagonismo de Michael Caine como Ebenezer Scrooge. En la película los actores de carne y hueso dan vida a los personajes directamente relacionados con Scrooge, como su sobrino Fred (Steve Mackintosh) y su amor de juventud Bella (Meredith Braun), pero el resto de los personajes están interpretados por los teleñecos.

Los teleñecos en Cuentos de Navidad iba a seguir de forma bastante fiel la novela de Charles Dickens, que aparecía como narrador interpretado por Gonzo. Rizzo, su inseparable compañero, realizaba ácidos comentarios, mientras que Gustavo, privado aquí de la centralidad que ocupaba en anteriores adaptaciones, era Bob Cratchit y Peggy su esposa. Waldorf y Statler eran los hermanos Marley, los fantasmas de las Navidades pasadas, mientras que los de las Navidades presentes y futuras eran encarnados por personajes originales. Éste último, como el fragmento en su conjunto (que incluye el funeral de Scrooge), tenía una notable influencia de **Cristal Oscuro**. El resultado final permitía integrar a la perfección el hilarante humor de los teleñecos con la seriedad del relato literario, incluyendo las escenas en las que aparece el hijo enfermo de Bob Cratchit. De nuevo regresan las referencias metatextuales. Rizzo y Gonzo se permiten recordar el carácter de ficción de la historia e incluso discuten sobre sí el fragmento dedicado a las Navidades futuras no es demasiado tenebroso para los niños (Gonzo dice que no porque es cultura). A pesar de estar rodada exclusivamente en platós, Brian Henson opta por un tratamiento muy cinematográfico de la historia que evita la sombra del especial para televisión patente en las películas anteriores. Y esta vez Paul Williams (el compositor habitual de las películas de los teleñecos) ofrece unas canciones de mucha calidad puestas en escena con inventivas coreografías.

VEREDICTO: **Los teleñecos en Cuentos de Navidad** se convirtió en un aceptable éxito internacional que puso de moda de nuevo a los teleñecos y restituyó su prestigio entre los críticos. Aprendiendo de los errores de las películas anteriores, Brian Henson realizó un brillante homenaje a su padre tomando un clásico literario mil veces adaptado para realizar una versión repleta de ironía pero también de respeto que iluminó el futuro de los teleñecos.

Los teleñecos en la isla del tesoro (*Muppet Treasure Island*), Walt Disney Pictures, 1996. Dirigida por Brian Henson. Escrita por Jerry Juhl, Kirk R. Thatcher y James V. Hart basándose en la novela de Robert Louis Stevenson.

La buena repercusión lograda por **Los teleñecos en Cuentos de Navidad** permitió que cuatro años después se realizara una nueva adaptación ajustándose a su esquema, es decir, tomar una obra clásica de la literatura y reinterpretarla al estilo de los teleñecos. En este caso la elegida fue "La isla del tesoro" de Robert Louis Stevenson, la historia de la búsqueda de un tesoro por un joven llamado Jim Hawkins, que debe decidir si quiere seguir el camino del recto Capitán Smollet o del pirata Long John Silver. **Los teleñecos en la isla del tesoro** repitió el esquema también con la aparición frecuente de canciones y la utilización de actores humanos para algunos de los personajes, mientras que el resto eran asumidos por los teleñecos. Tim Curry prestó todo su talento histriónico a Long John Silver, Billy Connolly interpretó al Capitán Billy Bones, que entrega a Jim Hawkins el mapa del tesoro antes de morir, y el actor infantil Kevin Bishop dio vida a Jim Hawkins. Gonzo y Rizzo acompañaban a Jim Hawkins en sus peripecias como unos personajes de nueva creación, mientras que Gustavo era el Capitán Abraham Smollet, Sam el Aguila su segundo de mando Samuel Erroll y Peggy una versión femenina de Ben Gunn, Benjamina.

Teniendo en cuenta que la complejidad de la obra literaria era mayor, Jerry Juhl contó para el guión con la colaboración de James V. Hart, un experto adaptador responsable de los guiones de **Hook** (Steven Spielberg, 1991) y **Drácula de Bram Stoker** (*Bram Stoker's Dracula*, Francis Ford Coppola, 1992). El argumento de la película es a grandes rasgos una adaptación fiel, aunque con las lógicas adaptaciones. Además de chistes a costa de Disney y *Star Trek*, se añade una de las mejores situaciones cómicas en la historia de los personajes, las escenas protagonizadas por ratas que creen que su viaje en La Española es un crucero de lujo. Las canciones, compuestas por el matrimonio de compositores formado por Barry Mann y Cynthia Weil, se mantienen a la altura. Quizás el único elemento cuestionable de la película es la elección un actor infantil para interpretar a Jim Hawkins en vez de un teleñeco, un guiño al público objetivo de la película.

VEREDICTO: **Los teleñecos en la isla del tesoro** repitió los buenos resultados críticos y económicos de su precedente, consolidando el renacimiento de los teleñecos. Anacrónica y delirante, la película debía mucho de su éxito a la presencia de Tim Curry como Long John Silver y a la inteligente decisión de dar más protagonismo a la hilarante rata Rizzo.

Los teleñecos con... (*Muppets Tonight!*), ABC: 1996, The Disney Channel: 1997-1998.
Los teleñecos en el espacio (*Muppets from Space*), Walt Disney Pictures, 1999. Dirigida por Tim Hill. Escrita por Jerry Juhl, Joseph Mazzarino y Ken Kaufman.

La buena recepción lograda por **Los teleñecos en Cuentos de Navidad** y **Los teleñecos en la isla del tesoro** puso a los personajes de moda y permitió a The Jim Henson Company proyectar su regreso a la televisión. Contando de nuevo con el apoyo de Disney, *Los teleñecos con...* se produjo para la cadena ABC. El programa se inspiraba en una de las secciones de *The Jim Henson Hour* (NBC: 1990), el último proyecto realizado por Jim Henson antes de morir. Se trataba de un contenedor en el que aparecían multitud de sus creaciones, desde capítulos de *El cuentacuentos* (*The Storyteller*, Sindicación: 1988) a *MuppeTelevision*, una nueva versión de *El show de los teleñecos* en la que los personajes dirigían una cadena de televisión. Adaptando esta idea, en *Los teleñecos con...* Gustavo dirige un programa de entrevistas, un talk-show, con personajes famosos como invitados que se parodiaban a sí mismos. En este punto Brian Henson y Brian G. Baker, un colaborador de su padre con el que compartía la dirección de la empresa, decidieron revitalizar la franquicia creando nuevos personajes y recuperando otros poco conocidos. Entre ellos estaban Clifford, un teleñeco de apariencia rasta que presentaba el talk-show (una herencia de *The Jim Henson Hour*), Johnny Fiamma, un crooner al estilo de Frank Sinatra, Andy y Randy, los descerebrados sobrinos de Peggy, y el chulo langostino Pepe. Pero a pesar de contar como invitados con celebridades como Garth Brooks, Tony Bennett y Michelle Pfeiffer, la audiencia fue pobre y la ABC canceló el programa. Un año después se emitió en The Disney Channel una nueva tanda de episodios en donde aparecieron Pierce Brosnan, Prince y Heather Locklear, pero los resultados no fueron mucho mejores.

A pesar de este fracaso, los teleñecos seguían siendo lo suficientemente populares para saltar de nuevo al cine, en este caso contando con las incorporaciones de *Los teleñecos con...*. Esta vez no se tomaría un referente literario, sino que se volvería a los orígenes realizando una parodia del género de la ciencia-ficción. Pero, por primera vez, no se trataría de un musical. En la película, Gonzo comienza a recibir señales que responden a su ansia por saber su origen. Después un rayo lo transporta al espacio, donde unos peces cósmicos le dicen que es un extraterrestre. Ello provoca que su comportamiento se haga más extraño a cada momento y finalmente desvele su origen en un programa de televisión, lo que alerta al oficial gubernamental Ed Singer (Jeffrey Tambor), que decide secuestrarlo para demostrar la existencia de los alienígenas. Tras ser rescatado por sus amigos, Gonzo decide declinar la invitación de su familia biológica de regresar con ellos al espacio para quedarse en la Tierra con su verdadera familia.

Quizás la mayor novedad de **Los teleñecos en el espacio**, además de la ausencia casi total de canciones, es la representación de los teleñecos como una gran familia con Gustavo a modo de patriarca. El argumento está repleto de parodias de películas de ciencia-ficción como **Encuentros en la tercera fase** (*Close Encounters of the Third Kind*, Steven Spielberg, 1977), **Independence Day** (Roland Emmerich, 1996), **Contact** (Robert Zemeckis, 1997) y **Men in Black (Hombres de negro)** (*Men in Black*, Barry Sonnenfeld, 1997). La hilarante

Los muñecos creados por el malogrado Jim Henson parodian la ciencia-ficción en *Los teleñecos en el espacio.*

secuencia protagonizada por Rizzo y un puñado de ratas de laboratorio también parodia **Cadena perpetua** (*The Shawshank Redemption*, Frank Darabont, 1994) y **Birdy** (Alan Parker, 1984). Incluso se atreven con un texto religioso en el prólogo, en donde Gonzo tiene un sueño en el que Noé no le deja entrar en su arca. Lo que sí se recupera es la aparición anecdótica de personajes famosos, entre ellos F. Murray Abraham, Ray Liotta, Hulk Hogan, Andie MacDowell, Rob Schneider, David Arquette, Joshua Jackson y Katie Holmes. Una producción más ambiciosa que las películas anteriores, **Los teleñecos en el espacio** fue un notable fracaso comercial que concluyó las aventuras cinematográficas de los teleñecos, ahora centrados en los especiales para televisión. En 2004, Disney culminó casi dos décadas de colaboración entre las dos compañías adquiriendo The Jim Henson Company.

> VEREDICTO: A pesar de su fracaso económico, **Los teleñecos en el espacio** es una hilarante comedia que parodia con acidez el cine de ciencia-ficción. Presentando a los teleñecos no como artistas, sino simplemente como unos seres especiales, también se ofrece una enriquecedora revisión de su universo a pesar del lastre que suponen los cameos de famosos. Pero un argumento demasiado sofisticado le impidió llegar a la audiencia infantil.

TWIN PEAKS

Twin Peaks, ABC: 1990-1991. Creada por David Lynch y Mark Frost.
Twin Peaks: Fuego, camina conmigo / Twin Peaks: El diario secreto de Laura Palmer
(*Twin Peaks: Fire Walk With Me*), CiBy 2000 / New Line Cinema, 1992.
Dirigida por David Lynch. Escrita por Robert Engels.

Twin Peaks revolucionó la ficción televisiva como ningún otro programa de la historia. Tras una irregular carrera cinematográfica que incluía fracasos notables como **Dune** (1984) y obras maestras como **Terciopelo azul** (*Blue Velvet*, 1986), el director David Lynch decidió dar el salto a la televisión desarrollando junto con el guionista Mark Frost *Twin Peaks*, que combinaba la estética poética y surreal del director con el cine negro, el melodrama y el serial. Situada en una comunidad rural de idéntico nombre, *Twin Peaks* narraba la investigación por

David Lynch recreaba en *Twin Peaks: Fuego camina cinmigo* los últimos días de Laura Palmer, cuyo asesinato había sido el punto de partida de *Twin Peaks*, su propia serie y obra de culto de la televisión contemporánea.

parte del excéntrico agente del FBI Dale Cooper (Kyle MacLachlan) del asesinato de la joven Laura Palmer (Sheryl Lee). Cooper va atando cabos para descubrir al asesino, desenmarañando de paso una tupida red de relaciones personales marcadas por la avaricia y la hipocresía. El planteamiento de la serie era tan arriesgado que los ejecutivos de la ABC sólo le dieron luz verde como un repuesto de media temporada. Pero el público respondió de forma entusiasta al telefilme que introdujo la premisa del programa (dirigido por el propio Lynch) en abril de 1990 y los siete capítulos que le siguieron. Los críticos se maravillaron por la complejidad temática y estilística de *Twin Peaks*, a la vez un relato de misterio, una fábula sobrenatural y una sátira social. Pero la premisa central, el asesinato de Palmer, se convirtió también en el talón de Aquiles de la serie, ya que una vez que fue resuelto a mediados de la segunda temporada su existencia dejó de tener sentido y el público la abandonó. Finalmente, tras desaparecer de la programación en un par de ocasiones, los dos útimos capítulos se emitieron en junio de 1991.

Pero David Lynch no se quedó satisfecho con la resolución final de la serie y decidió volver a revisar su argumento para mostrar la última semana de vida de Laura Palmer en una precuela con el título de **Twin Peaks: Fuego camina conmigo** (también titulada **Twin Peaks: El diario secreto de Laura Palmer** en algunos pases televisivos). La principal inspiración del argumento fue "El diario secreto de Laura Palmer", un libro de acompañamiento escrito por Jennifer Lynch (la hija del director) en 1990. **Twin Peaks: Fuego camina conmigo** comenzaba en 1988 con el descubrimiento del cuerpo de la joven Teresa Banks (Pamela Gidley) en el pueblo de Deer Meadows y la posterior desaparición del agente del FBI encargado del caso, Chester Desmond (Chris Isaak). La historia se trasladaba varios meses en el futuro para mostrar la turbia existencia de Laura Palmer en la vecina Twin Peaks, que a pesar de los esfuerzos de su amiga Donna Hayward (Moira Kelly), no consigue superar unas tendencias autodestructivas que la llevan a prostituirse como forma de expresar el trauma de haber sido objeto de abusos por el extraño ente llamado Bob. Finalmente Laura se da cuenta con horror de que Bob es su propio padre Leland (Ray Wise), mientras que a muchos kilómetros de allí Dale Cooper tiene visiones que le muestran a la próxima víctima del asesino de Teresa Banks, la propia Laura. Finalmente, tras una orgía de violencia y sexo, Leland asesina a Laura y abandona su cuerpo envuelto en plástico.

Twin Peaks: Fuego camina conmigo fue un proyecto muy personal para Lynch, que consiguió reunir a buena parte del reparto de la serie con la excepción de Lara Flynn Boyle, que fue sustituida por Moira Kelly. El argumento mostraba la crítica última semana de vida de Laura Palmer y aclaraba su relación con el asesinato de Teresa Banks, que sólo se citaba de forma marginal en la serie. David Lynch había suavizado algo su carácter vanguardista en televisión, pero en el cine se encontraba en su medio natural. Por ello, **Twin Peaks: Fuego camina conmigo** es un siniestro relato que muestra con abundantes referencias oníricas el proceso de degradación de Laura, tan patente que su asesinato es casi una liberación. Lynch utilizaba el recurso de la fantasía para tocar un tema tabú, el de los abusos sexuales en el seno de la familia, convirtiendo a Bob menos en un ente sobrenatural y más en una excusa para que Leland Palmer actúe libremente con la complicidad de su esposa y de la comunidad en la que vive. En este sentido, **Twin Peaks: Fuego camina conmigo** es el mejor complemento a **Terciopelo azul**, otra visión del horror que se esconde tras las aparentemente idílicas existencias de clase media. Lynch da al filme una riqueza plástica muy notable, pero es cierto que el contenido es algo más irregular. Mark Frost no participó en el proyecto y su hueco fue cubierto por Robert Engels, guionista de diez capítulos de la serie. Tras su estreno en el Festival de Cannes de 1992, donde fue abucheada por el público, **Twin Peaks: Fuego camina conmigo** fue objeto de diversos remontajes y se estrenó con más pena que gloria a nivel internacional. Todavía hoy, conflictos entre las diversas productoras impiden que haya una versión definitiva de la película.

VEREDICTO: **Twin Peaks: Fuego camina conmigo** pasó desapercibida entre el público y la crítica, pero se ha ido convirtiendo en una película de culto. Con ella, Lynch consigue culminar su brillante fábula sobre la hipocresía social sin tener que claudicar ante el convencionalismo. Los que no conozcan *Twin Peaks* no entenderán demasiado su argumento, pero es una conclusión digna a una de las series más importantes de la historia de la televisión.

SATURDAY NIGHT LIVE (SEGUNDA ETAPA)

Wayne's World, ¡qué desparrame! (*Wayne's World*), Paramount Pictures, 1992. Dirigida por Penélope Spheeris. Escrita por Mike Myers, Bonnie Turner y Terry Turner.

Tras una etapa marcada por inestabilidad en el reparto y la pérdida de prestigio, Lorne Michaels regresó en 1985 a *Saturday Night Live* iniciando una nueva época de esplendor en la que resaltó el talento de intérpretes como Phil Hartman, Chris Farley, Jon Lovitz, Mike Myers y Dana Carvey. Fue entonces cuando nació la idea de crear una franquicia cinematográfica. Si durante los años ochenta se había demostrado que los cómicos del programa se podían convertir en grandes estrellas cinematográficas, Michaels pensó que la nueva generación podría intentarlo a través de personajes que ya eran populares en *Saturday Night Live*. El inicio de este nuevo proyecto comenzó con un acuerdo con Paramount Pictures para producir **Wayne's World, ¡qué desparrame!**, que recuperaba una popular pieza protagonizada por dos jóvenes que tienen un programa de entrevistas en un canal de acceso público. Brandon Tartikoff, presidente de entretenimiento de la NBC entre 1980 y 1990, había abandonado la cadena para dirigir el estudio y la buena relación entre Lorne Michaels y él favoreció el acuerdo. Penelope Spheeris se hizo cargo de la realización, mientras que el guión iba a ser obra de dos de los principales guionistas del programa en ese momento, Terry Turner y Bonnie Turner, y del actor Mike Myers, que originalmente había creado a su personaje Wayne Campbell para *It's Only Rock and Roll* (CBC: 1987). Aunque sin vinculación directa a nivel de producción, ese año también se estrenó **Ciudadano Bob Roberts** (*Bob Roberts*, Tim Robbins, 1992), cuyo protagonista había nacido en una versión muy preliminar en un sketch protagonizado por Tim Robbins emitido en *Saturday Night Live* en 1986.

Rob Lowe (en medio) interpreta a un productor televisivo que contrata el programa presentado por los alocados Wayne (Mike Myers) (izq.) y Garth (Dana Carvey) en *Wayne's World, ¡qué desparrame!*.

En **Wayne's World, ¡qué desparrame!** Wayne Campbell (Mike Myers) y su amigo Garth Algar (Dana Carvey) tienen un popular programa en el canal de acceso público de su ciudad titulado “El mundo de Wayne”. Pero de pronto la vida de Wayne empieza a experimentar muchos cambios. Un ejecutivo de televisión sin escrúpulos, Benjamin Oliver (Rob Lowe), compra “El mundo de Wayne” para producirlo de forma profesional y Wayne se enamora de la guapa cantante de rock Cassandra (Tia Carrere), a quien Oliver también se propone ayudar en su carrera. Después de pelearse con Cassandra y Garth y ser despedido de su propio programa, Wayne organiza un plan para vengarse de Oliver, recuperar a sus amigos y lograr que un magnate discográfico contrate a Cassandra. Como conclusión, Wayne y Garth proponen tres finales: uno triste, otro inspirado en *Scooby-Doo* y un tercero muy feliz que es el que escogen.

Wayne's World, ¡qué desparrame! era una elaborada parodia de la cultura popular en la que se combinaban las referencias televisivas, musicales y cinematográficas a toda velocidad, incluyendo la aparición del actor Robert Patrick en una recreación de su personaje en **Terminator 2: El juicio final** (*Terminator 2: Judgment Day*, James Cameron, 1991) y el cantante Alice Cooper. El simple argumento tiene como única utilidad engarzar los diferentes sketches que se van desarrollando sin parar, sin llegar a la fragmentanción de **Granujas a todo ritmo** (aunque en este caso también se incluyen varias actuaciones musicales) pero tampoco sin dar lugar a un relato cohesionado. En última instancia, la película funciona por la calidad de estos sketches, entre ellos uno en el que Wayne puntúa sus diálogos con frases publicitarias, el barroco final y la escena en la que Wayne, Garth y dos técnicos del programa realizan un karaoke en su coche del clásico de Queen “Bohemian Rhapsody”. Este sketch se emitió incesantemente como un vídeo musical en la cadena MTV a modo de promoción y logró su objetivo: **Wayne's World, ¡qué desparrame!**, una producción modesta, recaudó ciento veinte millones de dólares en los Estados Unidos.

> VEREDICTO: **Wayne's World, ¡qué desparrame!** fue un éxito sorpresa en su estreno que llenó las salas de cine y convenció a los críticos con un humor fresco que parodiaba sin cesar a la misma cultura popular de la que era parte. Aunque como película es a ratos desvalazada, un puñado de memorables sketches cómicos compensa cualquier defecto narrativo que pudiera tener.

Wayne's World 2, Paramount Pictures, 1993. Dirigida por Stephen Surjik. Escrita por Mike Myers, Bonnie Turner y Terry Turner.

Tras el éxito de **Wayne's World, ¡qué desparrame!**, parte de su equipo creativo se reunió para una secuela estrenada apenas un año y medio después. En **Wayne's World 2** Wayne está descontento con que Cassandra esté tan ocupada por su carrera profesional bajo la tutela del prepotente Bobby Cahn (Christopher Walken). Una noche Wayne tiene un sueño en el que Jim Morrison (Michael E. Nickles) le pide que organice un macroconcierto, para lo que debe ir a Londres y reclutar al promotor en decadencia Del Preston (Ralph Brown).

Garth inicia una tórrida relación con Honey Horneé (Kim Basinger), que le propone matar a su marido, mientras que Cassandra deja a Wayne por Bobby Cahn. Al final Wayne consigue recuperar a Cassandra antes de que se case con Bobby, pero el concierto parece ser un desastre hasta que Aerosmith se presenta para actuar gracias a que sus miembros tienen sueños con Jim Morrison. Como las referencias musicales toman un lugar central en **Wayne's World 2**, resulta más lamentable que una experta consumada en el tema como Penelope Spheeris declinara dirigir la película (al parecer, por sus conflictos con Mike Myers). La falta de protagonismo de Garth en la película anterior era aquí subsanada convirtiéndolo en el eje de una trama sacada de una película de cine negro que palidece antes parodias más logradas como la realizada a propósito de **El graduado** (*The Graduate*, Mike Nichols, 1967) o las ingeniosas apariciones de Charlton Heston y Drew Barrymore. Tim Meadows, otro miembro del reparto de *Saturday Night Live*, aparece brevemente interpretando a Sammy Davis Jr., una de sus parodias más celebradas en el programa.

> VEREDICTO: **Wayne's World 2** recaudó menos de la mitad que su precedente, poniendo fin a lo que parecía una prometedora franquicia. Decepcionante en muchos aspectos, la película fracasa en su empeño en realizar una sátira del mundo de la música y ofrece escasos momentos verdaderamente divertidos, probablemente como resultado de ser realizada de forma precipitada.

Los Caraconos (*Coneheads*), Paramount Pictures, 1993. Dirigida por Steven Barron.
Escrita por Tom Davis, Dan Aykroyd, Bonnie Turner y Terry Turner.

Los Caraconos es una adaptación de *Saturday Night Live* un tanto especial, ya que toma como referencia personajes de la primera etapa del programa, los Coneheads. Beldar (Dan Aykroyd), Prymatt (Jane Curtin) y su hija Connie (Laraine Newman) formaban una familia de extraterrestres con el craneo ovalado que vivían en un suburbio norteamericano haciéndose pasar por franceses. La mayor comicidad de los personajes era su tendencia a utilizar un lenguaje muy técnico, llamando a los padres unidad parentales y a la comida consumibles. Creados por Dan Aykroyd, los Coneheads aparecieron de forma regular en *Saturday Night Live* hasta que Aykroyd lo abandonó en 1979 (Curtin y Newman le siguieron un año después). Más tarde, Aykroyd decidió regresar a los personajes con una adaptación, convirtiéndose en el primer actor del programa en llevar dos de sus personajes al cine. En **Los Caraconos** Beldar y Prymaat son dos extraterrestres enviados a la Tierra como avanzadilla de una invasión que se quedan atrapados en el planeta y deciden hacerse pasar por humanos hasta ser rescatados. Perseguidos por un ambicioso agente de inmigración llamado Gorman (Michael McKean), los Conehead logran una existencia acomodada y crían a una hija, Connie (Michelle Burke). Gorman los encuentra cuando Connie es ya una adolescente, pero en ese momento son rescatados y llevados a su planeta de origen, Remulak. Allí Beldar consigue ocultar el hecho de que no ha conquistado la Tierra, pero no haberse arreglado los dientes, un delito imperdonable por el que es condenado a luchar contra un monstruo. Su victoria le permite comandar la próxima invasión del planeta, pero Beldar tiene otros planes: hacer creer que su nave es destruida por unas invencibles defensas para poder continuar su vida en la Tierra junto a su familia.

Los Caraconos son unos peculiares extraterrestres que Dan Aykroyd y Jane Curtin crearon para *Saturday Night Live*.

Los Caraconos es una modesta comedia con elementos de ciencia-ficción que logra liberarse del constreñido planteamiento televisivo con una buena realización y aceptables efectos especiales. Su humor es sencillo y fundamentalmente se centra en los confictos de adaptación de los Coneheads y su hipertécnico lenguaje, con Connie interpretada por una joven de verdad como guiño al perfil de público deseado. Pero lo más interesante de **Los Caraconos** es que se planteó como un homenaje a *Saturday Night Live* que iba a servir para unir a las varias generaciones de cómicos que habían pasado por sus filas. De la primera generación del programa aparecieron, además de Aykroyd y Curtin, Garrett Morris y Laraine Newman (que interpreta, apropiadamente, a una de las habitantes de Remulak), dejando a Chevy Chase como el único superviviente del reparto original que no participó en la película. Como representantes de generaciones intermedias estuvieron Peter Aykroyd, Tom Davis, Jan Hooks, Jon Lovitz y Kevin Nealon. Del entonces reparto actual participaron Phil Hartman, Tim Meadows, Adam Sandler, David Spade, Chris Farley y Julia Sweeney. El equipo de guionistas también reflejó este acercamiento intergeneracional y estuvo formado por Dan Aykroyd, Tom Davis, Terry Turner y Bonnie Turner.

VEREDICTO: **Los Caraconos** pasó completamente desapercibida en su estreno, una recompensa a la altura de una comedia insustancial que explota las mismas bromas una y otra vez hasta provocar hastío. Su único interés es servir de escaparate del (entonces) talento pasado, presente y hasta futuro (en el caso de Michael McKean, que se incorporó en 1994) de *Saturday Night Live*.

Es Pat (*It's Pat*), Touchstone Pictures, 1994. Dirigida por Adam Bernstein. Escrita por Jim Emerson, Stephen Hibbert y Julia Sweeney.

Es Pat tiene el mérito de ser, junto a **Granujas a todo ritmo** y su secuela, la única adaptación de *Saturday Night Live* que no ha contado con la supervisión de Lorne Michaels. Julia Sweeney estuvo en el reparto del programa entre 1990 y 1994, pero nunca fue una de sus intérpretes más populares. De hecho, la actriz se sintió durante buena parte de esos cuatro años marginada (el ambiente de *Saturday Night Live* es extremadamente competitivo) y finalmente decidió abandonarlo. Sweeney recibió una oferta de Touchstone Pictures para llevar al cine su personaje más conocido, un ser andrógino llamado Pat que despierta curiosidad por donde pasa y cuya mayor comicidad residía en que nunca se revelaba cuál era su sexo. Lorne Michaels no pensaba que el personaje pudiera dar para una película, pero aun así no ejerció su derecho de veto sobre el proyecto. **Es Pat** presenta a Pat Riley (Julia Sweeney) como un ser tímido de sexo indeterminado. Siempre que se está a punto de revelar el género de Pat, algo pasa algo que lo frusta. Un día Pat conoce a otro ser de género indeterminado, Chris (Dave Foley), y los dos se enamoran el uno el otro. Sin embargo, Pat no tiene nada claro qué hacer con su vida y ser despedido una y otra vez de todos los trabajos tampoco ayuda. Además, el vecino de Pat, Kyle (Charles Rocket), desarrolla una obsesión tan fuerte por conocer su sexo que destruye toda su vida en el empeño. Después de muchas aventuras, Pat consigue alcanzar la fama con su propio programa de radio y comprometerse con Chris.

Aunque las adaptaciones de *Saturday Night Live* no han destacado por su calidad, **Es Pat** demuestra que pese todo Lorne Michaels ha mantenido su buen olfato intacto sobre lo que puede o no puede funcionar en pantalla. El misterio de la sexualidad de Pat podía dar para un sketch más o menos afortunado, pero no para sostener una película por mucho que se hicieran infinidad de variaciones de la misma broma. O se le diera un reverso con la creación de otro personaje de sexualidad ambigua interpretado por Dave Foley, actor y guionista de *The Kids in the Hall.* En este sentido, la espiral psicótica en la que cae el personaje de Charles Rocket, miembro del reparto de *Saturday Night Live* entre 1980 y 1981, es lo único que proporciona algo de comicidad a una película con una ínfima puesta en escena.

VEREDICTO: Con apenas sesenta mil dólares de recaudación, **Es Pat** es la adaptación de *Saturday Night Live* que de forma más rotunda ha fracasado en taquilla. Dándose cuenta del bodrio que tenía sus manos (al que no redimía ni su mensaje sobre la tolerancia), Touchstone decidió darle una distribución mínima. Aún así, **Es Pat** ha logrado la popularidad suficiente como para aparecer de forma habitual en listas de los peores filmes de todos los tiempos.

Rescate familiar (*Stuart Saves His Family*), Paramount Pictures, 1995.
Dirigida por Harold Ramis. Escrita por Al Franken.

Al Franken se incorporó a plantel de guionistas de *Saturday Night Live* a comienzos de su existencia y lo abandonó en 1980 para regresar cinco años más tarde. Franken siempre fue más un escritor que un actor (de hecho, en esa capacidad ha ganado cuatro premios Emmy), pero de vez en cuando aparecía en el programa participando en sátiras políticas, su especialidad. Su personaje original más conocido fue Stuart Smalley, una parodia de los gurús de la autoayuda que presentaba un programa en un canal de acceso público con el que intentaba superar sus propios traumas familiares. Stuart Smalley comenzó a aparecer de forma regular en 1991 y al año siguiente Franken publicó con gran éxito el libro "I'm Good Enough, I'm Smart Enough, and Doggone it, People Like Me!: Daily Affirmations by Stuart Smalley", una parodia sobre los libros de autoayuda que no dejaba de ser, precisamente, un libro de autoayuda. **Rescate familiar** era una adaptación del libro que contó como director con Harold Ramis, actor en SCTV y frecuente colaborador de otros actores de *Saturday Night Live* como Bill Murray, Dan Aykroyd y Chevy Chase en películas como **El club de los chalados** (*Caddyshack*, 1980) y **Los cazafantasmas** (*Ghostbusters*, Ivan Reitman, 1984). En **Rescate familiar** Stuart Smalley se queda sin trabajo cuando su programa es cancelado y poco después el fallecimiento de su tía le hace regresar a casa de sus padres. Su familia tiene tantos problemas que Stuart va a tener trabajo de sobra: su padre (Harris Yulin) es alcohólico, su hermana Jodie (Lesley Boone) es anoréxica, su hermano Donnie (Vincent D'Onofrio) toma drogas y su madre (Shirley Knight) se niega a aceptar la realidad. Mientras intenta solucionar los conflictos en los que parecen hundirse sin parar, Stuart va recordando su dolorosa infancia. Al final, gracias a su fiel amiga Julia, consigue un nuevo programa en la televisión por cable y se da cuenta de que no puede salvar a su familia, sino tan solo a sí mismo y, con suerte, a su hermano Donnie, que lo acompaña en su nueva vida.

Probablemente la mayor razón del fracaso comercial de **Rescate familiar** sea en que no es en ningún caso una comedia al estilo del resto de adaptaciones de *Saturday Night Live*, sino una tragicomedia que rehuye hasta de un final feliz convencional. **Rescate familiar** buscaba la comicidad explotando la peculiar personalidad de Stuart, un hombre afeminado con el pelo teñido de rubio siempre superado por las circunstancias que no deja de repetir una y otra vez las mismas frases simplonas sacadas de un manual de autoayuda. Pero en cuanto el relato se centraba en la familia de Stuart, el tono era mucho más dramático, exagerando su disfuncionalidad pero también ofreciendo una visión muy honesta de una dinámica vital que ha traumatizado a todos sus miembros. Este agudo retrato de la familia era incómodamente realista y era lógico que no llegara a la misma audiencia que había convertido a **Wayne's World** en un éxito comercial. A pesar de su larga trayectoria en el programa, Franken no contó con otros miembros de su reparto con la excepción de Julia Sweeney, que interpreta a una secretaria a la que Stuart intenta ayudar en una de las mejores escenas de la película. Tras abandonar el programa en 1995, Al Franken sólo ha regresado a él muy ocasionalmente, prefiriendo centrarse en escribir best-sellers de sátira política donde ataca frecuentemente al Partido Republicano.

VEREDICTO: **Rescate familiar** dividió a los críticos y logró unas recaudaciones ridículas en taquilla, un destino inmerecido para una estimable tragicomedia que ofrece una visión sin concesiones de una familia disfuncional. Probablemente el resultado final hubiera sido superior si hubiera estado liberado de los manierismos de Stuart Smalley, pero continúa siendo notable.

Movida en el Roxbury (*A Night at the Roxbury*). 1998, Paramount Pictures.
Dirigida por John Fortenberry. Escrita por Steve Koren, Will Ferrell y Chris Kattan.

Tras una sucesión de fracasos, Lorne Michaels decidió dar un descanso a las adaptaciones cinematográficas de *Saturday Night Live*. En ese mismo periodo Chris Rock y Adam Sandler estaban saltando al estrellato y el propio Michaels lograba un aceptable éxito con Chris Farley y David Spade en **Tommy Boy** (David Segal, 1995) y **Oveja negra** (*Black Sheep*, Penelope Spheeris, 1996), películas escritas por guionistas de *Saturday Night Live* en las que los actores se veían liberados de los personajes televisivos. En 1997 se creó dentro de la NBC la división SNL Studios, una unidad de producción dirigida por Lorne Michaels cuyo objetivo era crear programación para la cadena y poner en marcha nuevas adaptaciones de *Saturday Night Live* junto a Paramount. El primer resultado de esta nueva fase de producción fue **Movida en el Roxbury**, basada en un popular sketch protagonizado por Chris Kattan y Will Ferrell. Siguiendo el modelo habitual, los creadores de los personajes, los propios Kattan y Ferrell, escribieron el guión junto a un veterano escritor de *Saturday Night Live*, Steve Koren. **Movida en el Roxbury** tenía como protagonista a los hermanos Steve (Will Ferrell) y Doug Butabi (Chris Kattan), cuyo único objetivo en la vida es ir a las mejores discotecas y ligar. Una noche, gracias a un encontronazo con el actor Richard Grieco, consiguen entrar en el Roxbury, el local de moda, y contarle su gran idea para una discoteca al dueño, el señor Zadir (Chazz Palminteri). Al día siguiente no consiguen reunirse con Zadir y los hermanos acaban peleados. Doug decide dejar el trabajo en la tienda de su padre (Dan Hedaya) y Steve comienza a salir con la posesiva Emily (Molly Shannon). Pero Doug convence a Steve de dejar a Emily en el altar y poco después el señor Zadir les pide que sean sus socios en el Roxbury.

Movida en el Roxbury se vio beneficiada notablemente por contar con dos de los mejores talentos que habían pasado por el programa, Molly Shannon y Will Ferrell. Pero el reto de adaptar los sketches recurrentes conocidos como The Roxbury Boys era notable, ya que los personajes carecían de nombres y ni siquiera tenían diálogos más allá de unas cuantas frases cortas. Su comicidad residía en su ridículo vestuario, en las diferencias físicas entre Chris Kattan y Will Ferrell y en sus extravagantes bailes, con los que acababan golpeando a las chicas con las que pretendían ligar. La participación de apreciados secundarios como Dan Hedaya, Chazz Palminteri y Michael Clark Duncan daba cierto empaque a un argumento simple pero efectivo que también se beneficiaba de la hilarante auto-parodia del antiguo ídolo juvenil Richard Grieco, uno de los protagonistas de *Nuevos policías* (*21 Jump Street*, Fox: 1987-1990).

VEREDICTO: **Movida en el Roxbury** inició una nueva etapa en las adaptaciones cinematográficas de *Saturday Night Live* y, aunque se quedó fuera del radar de los críticos, logró unas aceptables recaudaciones y una buena difusión internacional. El contraste físico y de carácter entre Chris Kattan y Will Ferrell sostenía un endeble argumento sobre el amor fraternal que funcionaba por razones similares a las de **Wayne's World, ¡qué desparrame!**, la presencia de un puñado de gags muy afortunados.

Blues Brothers 2000 (*Blues Brothers 2000*), Universal Pictures, 1998.
Dirigida por John Landis. Escrita por John Landis y Dan Aykroyd.

Tras algunos años intentando poner en pie el proyecto, Dan Aykroyd y John Landis consiguieron por fin hacer realidad su sueño de dar una secuela a **Granujas a todo ritmo**. La mayor complicación era superar el hueco dejado por John Belushi, por lo que se optó por crear un nuevo personaje sin relación familiar con Elwood al que iba a dar vida otro cómico televisivo aficionado a la música, John Goodman. Aunque Goodman nunca había pertenecido al reparto de *Saturday Night Live*, había aparecido como presentador invitado en nueve ocasiones y como invitado musical en una entre 1989 y 1998. En **Blues Brothers 2000** Elwood Blues sale de la cárcel después de varios años y descubre que su hermano Jake y Curtis han muerto. Elwood decide contar para su nueva banda con el agente de policía Cabel (Joe Morton), el hijo secreto de Curtis. Mientras espera convencerlo, Elwood reúne a su antigua banda, a los que se unen Mack (John Goodman), un camarero, y Buster (J. Evan Bonifant), un niño huérfano. Cabel persigue a Elwood creyendo que ha secuestrado a Buster, pero lo que se encuentra es con una visión divina que le revela que su camino es la música. Huyendo de la mafia rusa y un grupo de ultraderecha, la banda llega a la mansión de la reina Mousatta (Eryka Badu) para participar en una competición que les puede devolver al candelero. Al final no vencen a la impresionante banda con la que se enfrentan, pero Elwood consigue escapar para educar a Buster como un auténtico Blues Brother.

Como en el caso de **Granujas a todo ritmo**, **Blues Brothers 2000** es una mera acumulación de persecuciones en coche y actuaciones musicales de artistas de renombre de la música soul. Algunos de ellos ya participaron en la película anterior, como B.B. King, James Brown, Aretha Franklin y The Blues Brothers Band, mientras que otros, como Eric Clapton, Steve Winwood y Junior Wells, eran nuevas incorporaciones. Y es que **Blues Brothers 2000**, a pesar del fallecimiento de algunos de los participantes originales, muestra unos vínculos muy estrechos con **Granujas a todo ritmo**, desde la reaparición de Kathleen Freeman como la madre Mary Stigmata a la recuperación de Frank Oz y Walter Levine como guardias de la prisión. Aykroyd, que ha seguido apareciendo de manera esporádica en *Saturday Night Live*, también reclutó a uno de los miembros del reparto actual, Darrell Hammond.

VEREDICTO: Un notable fracaso comercial y crítico, **Blues Brothers 2000** cuenta con las mismas actuaciones de calidad y espectaculares persecuciones en coche.

Pero carece de la energía y peculiar humor que John Belushi imprimió al proyecto. Como ejemplo de la domesticación sufrida, la inclusión de un innecesario protagonista infantil, algo insólito teniendo en cuenta que el rodaje de la película original fue un oasis de drogas y sexo.

Superstar (*Superstar*), Paramount Pictures, 1999.
Dirigida por Bruce McCulloch. Escrita por Steve Koren.

Tras la buena acogida de **Movida en el Roxbury**, Lorne Michaels decidió que había llegado el momento de ceder el protagonismo a una intérprete femenina, Molly Shannon. Y es que, aunque no exactamente un programa machista, lo cierto es que *Saturday Night Live* no había conseguido lanzar a ninguna de sus actrices como estrella de la comedia con la excepción de Gilda Radner, que murió tempranamente a causa de un cáncer, y Jane Curtin, que había trabajado sobre todo en televisión. Molly Shannon recuperaba a uno de sus personajes más celebrados del programa, Mary Kate Gallagher, mientras que Will Ferrell la acompañaba en un personaje de nueva creación. Steve Koren se encargó, esta vez en solitario, del guión, aunque lo más sobresaliente de la película fue la interesante fusión entre los equipos de *Saturday Night Live* y *The Kids in the Hall*. Mark McKinney, uno de los miembros de *The Kids in the Hall*, apareció como actor de nuevo tras su participación en **Movida en el Roxbury**, mientras que otro miembro del grupo, Bruce McCulloch, fue el director de **Superstar**. En la película se presenta a Mary Kate Gallagher (Molly Shannon) como una joven huérfana con necesidades especiales y un ferviente catolicismo que es el patito feo de su instituto. Mary Kate sólo tiene un deseo en la vida: que un chico, Sky Corrigan (Will Ferrell), la bese como se hace en las películas. Pero Corrigan ya es novio de la espectacular animadora Evian Graham (Elaine Hendrix) y Mary Kate decide que para que él le quiera dar un beso así, ella antes debe convertirse en una superestrella del cine. Su oportunidad llega con un concurso de talentos cuyo premio es ser extra en una película. Con la ayuda de los consejos del mismo Jesucristo (Will Ferrell), Mary Kate se da cuenta de que debe dejar de prestar atención a los demás y consigue su beso de película, pero no con Sky sino con Eric Slater (Harland Williams), un joven al que todos temen pero que resulta ser encantador.

Superstar dejó en evidencia que era imposible presentar una historia desarrollada en un instituto con actores más cercanos a los cuarenta que a la graduación. Unos años más tarde **Chicas malas** (*Mean Girls*, Mark Waters, 2004), escrita por Tina Fey, una de las principales guionistas e intérpretes de *Saturday Night Live* desde 2000, se convirtió en un notable éxito comercial. En **Chicas malas** se planteaban historias parecidas a las de **Superstar**, con la salvedad de que en esta ocasión actrices que en realidad eran adolescentes interpretaban a las protagonistas. Era posible realizar películas con el espíritu del programa, pero utilizar personajes nacidos para sketches de cinco minutos era un lastre demasiado grande. Sobre todo, cuando como en el caso de Mary Kate su comicidad se limitaba a la torpeza y una patente frustración sexual que la llevaba a besar a los árboles mientras recita monólogos eróticos.

VEREDICTO: **Superstar** logró unos resultados muy similares a los de **Movida en el Roxbury**, pero en este caso las limitaciones impuestas por el programa evitan que la película sea la inteligente sátira escolar que hubiera podido ser. Sólo destaca Will Ferrell, hilarante en su doble papel de adolescente descerebrado y un modernizado Jesucristo.

El terror de las chicas (*The Ladies Man*), Paramount Pictures, 2000. Dirigida por Reginald Hudlin. Escrita por Tim Meadows, Dennis McNicholas y Andrew Steele.

Para la siguiente adaptación de *Saturday Night Live*, Lorne Michaels buscó de nuevo un toque de variedad eligiendo a uno de los integrantes afroamericanos del reparto, Tim Meadows, que con nueve años (1991-2000) en el programa también ha sido de los más longevos. Como es tradicional, uno de los escritores de *Saturday Night Live*, en este caso Dennis McNicholas, se encargó del guión, mientras que la realización se cedió al también afroamericano Reginald Hudlin, director de **House Party** (1990) y **Boomerang, el príncipe de las mujeres** (*Boomerang*, 1992). En **El terror de las chicas** Leon Phelps (Tim Meadows) es un locutor de radio que entretiene a sus oyentes con relatos de sus múltiples aventuras amorosas y consejos, a menudo muy soeces, sobre sexualidad. Un día llega demasiado lejos en sus comentarios y es despedido. Sus intentos de encontrar trabajo junto a su productora Julie (Karyn Parsons) fracasan mientras un grupo de hombres cuyas esposas han sido infieles con Phelps lo buscan por toda la ciudad para vengarse. Leon recibe una carta anónima que le promete sexo y dinero y debe visitar a todas sus amantes para descubrir de quién se trata. Una noche acaba en la cama con Julie, que está enamorada de él, pero después la deja cuando descubre que la autora de la carta es Honey DeLune (Tiffani Thiessen). Honey quiere utilizar a Leon para que mate a su marido Lance (Will Ferrell), que resulta ser uno de sus perseguidores. Al final se libra convenciendo a los maridos de que sean más atentos con sus esposas, vuelve a conquistar a Julie y recupera su programa de radio.

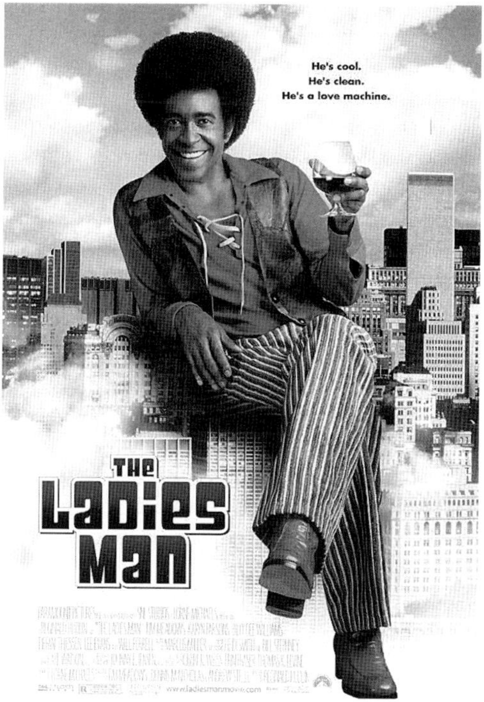

Tim Meadows recuperó uno de sus personajes de *Saturday Night Live* para *El terror de las chicas*.

El terror de las chicas es una de las

adaptaciones que más abusa del sexo y la escatología e incluso llega a plagiar sin rubor una de las subtramas de **Wayne's World 2**, la de la esposa insatisfecha que intenta seducir al protagonista para que mate a su marido. No es que tampoco fuera muy original en primer lugar, pero su reutilización muestra carencia de ideas. Sobre todo cuando **El terror de las chicas** cuenta con un excelente reparto en el que sobresalen Will Ferrell, Lee Evans y Eugene Levy. Julianne Moore también aparece brevemente como una de las antiguas conquistas de Leon, cuyo repaso sirve de eje a un argumento muy fragmentado en el que, como suele ser habitual, al final todos los problemas del protagonista se resuelven como por arte de magia.

> VEREDICTO: **El terror de las chicas** fracasó en las salas de cine, incluso teniendo en cuenta lo bajo que es el umbral de éxito de las adaptaciones de *Saturday Night Live*. Y es que hay muy poco que destacar en esta grotesca fábula sexual que de momento ha puesto fin a la franquicia cinematográfica del programa.

STAR TREK: LA NUEVA GENERACIÓN

Star Trek: La nueva generación (*Star Trek: The Next Generation*),
sindicación: 1987-1994. Creada por Gene Roddenberry.
Star Trek: La próxima generación (*Star Trek: Generations*), Paramount Pictures, 1994.
Dirigida por David Carson. Escrita por Brannon Braga y Ronald D. Moore
basándose en una historia de Braga, Moore y Rick Berman.

A mediados de los años ochenta *Star Trek* ya era un auténtico fenómeno cultural que, lejos de apagarse con el tiempo, se reforzaba cada día con nuevas novelas, tebeos y convenciones de fans. Finalmente Paramount decidió apostar por crear una nueva serie de televisión con un nuevo reparto, pero en vez de vender la idea a una cadena, el proyecto se orientó al mercado de la sindicación. Desde luego los costes de la serie no darían para efectos especiales demasiado espectaculares, pero Paramount se permitió contratar a Industries Light & Magic, la compañía de George Lucas, para realizar los efectos especiales del piloto, que después serían usados de nuevo en otros capítulos. Gene Roddenberry se encargó de dar forma al proyecto, que se situaría un siglo más tarde que la serie original. El protagonista era Jean-Luc Picard (Patrick Stewart), un veterano oficial de la Flota Estelar que capitanea la nave Enterprise D. Pero el nuevo Spock no iba a ser un extraterrestre, sino un androide llamado Data (Brent Spiner) con un gran ímpetu por desarrollar sus emociones. El segundo de abordo de Picard era el Comandante Riker (Jonathan Frakes), un émulo del Capitán Kirk. Pero quizás la incorporación más interesante para el universo de *Star Trek* era la de un oficial klingon, el Teniente Worf, por cuanto los klingon habían sido los principales enemigos en la serie original. En el reparto había varias mujeres y hasta un adolescente, Wesley (Wil Wheaton), para atraer a ese perfil de público. Cuando *Star Trek: La nueva generación* vio la luz en octubre de 1987, el éxito fue inmediato y progresivo, al igual que la calidad general del programa.

No pasó mucho tiempo hasta que se empezó a considerar que *Star Trek: La nueva generación* era muy superior a la serie original, fundamentalmente por la libertad para desarrollar

El acierto de *Star Trek: La próxima generación* fue el reunir a los protagonistas de *Star Trek: La nueva generación* con los de la serie original. En la foto vemos al Capitán Picard (Patrick Stewart) junto al Capitan Kirk (William Shatner).

una mitología más compleja que tenía un notable plantel de guionistas encabezado por Rick Berman y Michael Piller, que se hicieron cargo del programa en la segunda temporada. Mostrando un gran respeto al reparto de *Star Trek* (Leonard Nimoy, DeForest Kelley, Mark Lenard y James Doohan aparecieron en diferentes capítulos), *Star Trek: La nueva generación* también consiguió ganarse a los espectadores disconformes con el nuevo reparto. Pero en el momento de mayor popularidad del programa y con una serie clónica, *Star Trek: Espacio Profundo Nueve* (*Star Trek: Deep Space Nine*, Sindicación: 1993-1999), en producción, Paramount lo canceló para comenzar una franquicia cinematográfica. El estudio dotó al proyecto de treinta y cinco millones de dólares y lo dejó en manos del principal equipo creativo de la serie, incluyendo al realizador del capítulo final, David Carson, como director. **Star Trek: La próxima generación** comenzaba en el siglo XX, con James T. Kirk, Chekov y

Scotty invitados al viaje inaugural de la nave Enterrpise B. Pero tras participar en una misión de rescate en la que son salvados Guinan (Whoopi Goldberg) y el Dr. Soran (Malcom McDowell), Kirk es dado por muerto. En ese momento la historia se traslada al siglo XXIV y a la nave Enterprise, que acude al socorro de una estación espacial donde se encuentra Soren culminando un trabajo científico. Ayudado por unos klingon, Soren está dispuesto a destruir un planeta para desviar la trayectoria del Nexus, un campo de fuerza donde todos los deseos se hacen realidad, y poder entrar en él. Picard no tiene tiene tiempo de detener a Soran y acaba dentro del Nexus tras la destrucción del planeta y el Enterprise. Tras darse cuenta de que es todo una fantasía, una visión de Guinan lo lleva hasta Kirk, que en su percepción acaba de llegar. Juntos utilizan el Nexus para retroceder en el tiempo y evitar que Soran logre su propósito, aunque Kirk pierde la vida en el empeño.

Lo más destacado de **Star Trek: La próxima generación** era su carácter de transición entre la primera serie cinematográfica de *Star Trek* y la segunda. Teniendo en cuenta los cruces que se habían producido entre los dos universos, era una opción con la que el espectador ya estaba familiarizado. William Shatner también tenía la oportunidad de morir heroicamente en pantalla como el Comandante Kirk. De hecho, la primera muerte filmada, en la que era disparado por la espalda, fue rehecha después de que en los pases de prueba fuera considerada poco heroica. La destrucción del Enterprise D también permitía poner punto y final a la serie de una forma especialmente simbólica. Paramount deseó una película que consiguiera atraer a una nueva audiencia sin alienar a los espectadores del programa y logró un buen resultado. La recuperación del reparto principal, Kirk y Guinan, más un par de referencias al pasado de Picard y los empeños por ser más humano de Data, eran buenas referencias al universo televisivo. Pero se opta por reutilizar como villanos a los klingon, que, aunque fácilmente reconocibles por el público general, ejercieron esa función de forma marginal en *Star Trek: La nueva generación*. El actor Malcolm McDowell nunca participó en la serie, pero tenía una relación de parentesco con la franquicia: su sobrino carnal Alexander Siddig fue uno de los protagonistas de *Star Trek: Espacio Profundo Nueve*.

> VEREDICTO: **Star Trek: La próxima generación** no apasionó a los críticos, pero logró unas más que notables recaudaciones a nivel internacional. Es cierto que mostraba las limitaciones de ser una película de transición, pero también las virtudes de una historia entretenida que permitía escenas de acción y momentos de dramatismo. El resultado final permitió a Paramount crear una nueva franquicia de películas basadas en uno de sus programas de televisión.

Star Trek: Primer contacto (*Star Trek: First Contact*), Paramount Pictures, 1996.
Dirigida por Jonathan Frakes. Escrita por Brannon Braga y
Ronald D. Moore basándose en una historia de Braga, Moore y Rick Berman.

Después del buen resultado de taquilla logrado por **Star Trek: La próxima generación**, se comenzó a trabajar en una continuación, que esta vez tendría la particularidad de estar dirigida por el actor que daba vida al comandante Riker, Jonathan Frakes, una opción lógica para una nueva entrega cinematográfica mucho más cercana al universo de la serie. En el doble episodio "The Best of Two Worlds" (3.26. / 4.1.) Picard era asimilado por los Borg y se producía una masacre de naves de la Federación en una zona próxima a la estrella Lobo 359. **Star Trek: Primer contacto** comenzaba con una masacre más o menos similar cuando los Borg intentan un nuevo ataque sobre la Tierra. Contraviniendo las órdenes de sus superiores, Picard incorpora al nuevo Enterprise al combate, al que se une Worf cuando no puede salvar su nave, el USS Defiant. Pero antes de ser destruida, la nave Borg dispara un cilindro que desaparece en un campo de fuerza. Dándose cuenta de que ha viajado en el tiempo y que ahora la Tierra se encuentra invadida por los Borg, el Enterprise entra en el campo de fuerza. El Enterprise destruye el cilindro Borg después de que éste lance un ataque y al consultar la fecha Picard descubre que un día después el científico Zefram Cochrane (James Cromwell) realizará su primer viaje a la velocidad de luz, llamando la atención de una nave de Vulcano e iniciando una nueva era en la historia de la Humanidad. Riker se traslada a la superficie del planeta para asegurarse de que Cochrane consigue completar su experimento, mientras que en el espacio Picard se enfrenta a una invasión Borg. Con la ayuda de los consejos de Lily (Alfre Woodard), una colaboradora de Cochrane, Picard decide acabar con los Borg destruyendo la nave, pero Data finge ser seducido por la reina Borg (Alice Krige) y consigue acabar con ellos.

Star Trek: Primer contacto mantenía unos estrechos vínculos con el universo televisivo. Se recuperaba a los Borg, al ingeniero Barclay (Dwight Schultz) y a Worf, que tras su paso a *Star Trek: Espacio Profundo Nueve*, ya no pertenecía a la tripulación del Enterprise. De la serie original también se incluía a Zefram Cochrane, que había aparecido en el capítulo de *Star Trek* titulado "Metamorphosis" (2.9.). El viaje en el tiempo era uno de los motivos argumentales de la serie y también había sido el eje de **Star Trek IV: Misión salvar la Tierra**. Incluso hay un guiño a *Star Trek: Voyager* con la presencia del doctor holográfico (Robert Picardo). Sin embargo, a pesar de todas estas referencias, **Star Trek: Primer contacto** funciona como una película independiente por sus notables efectos especiales y grandes dosis de acción. Comprendiendo a la perfección las necesidades del relato cinematográfico, los artífices de la película convierten al pausado Picard en un hombre temperamental dispuesto a todo por vengarse de los Borg, un nuevo eco de Moby Dick en el universo *Star Trek*. Sin tiempo para el desarrollo de los personajes, la caracterización de Picard es una cierta contradicción que sin embargo eleva a la película a un gran nivel dramático.

VEREDICTO: **Star Trek: Primer contacto** se convirtió en un notable éxito comercial a nivel internacional, llevando a la franquicia cinematográfica a su momento de mayor popularidad. No sólo es una excelente adaptación de la serie, sino que es, sobre todo, buen cine con una historia con gancho, acción, terror, humor y buenos efectos especiales. No se puede pedir mucho más.

Star Trek: Insurrección (*Star Trek: Insurrection*), Paramount Pictures, 1998. Dirigida por Johnathan Frakes. Escrita por Michael Piller basándose en una historia de Rick Berman y Michael Piller.

Star Trek: Insurrección contó de nuevo con la dirección de Jonathan Frakes, pero esta vez Michael Piller se hizo cargo del guión. La película debía haber sido un camino de rosas para Paramount, pero se complicó por problemas con el guión, un presupuesto disparado, pases de prueba poco entusiastas y un resultado en taquilla algo decepcionante. **Star Trek: Insurrección** comenzaba con lo que parecía la vida idílica en un planeta cuyos habitantes no saben que están siendo observados por miembros de la Federación. Data empieza a funcionar anormalmente y el Enterprise acude al planeta Ba'ku para ayudarlo. Allí el Vice-Almirante Dougherty (Anthony Zerbe) está colaborando en un proyecto secreto junto a los So'na. El planeta Ba'ku tiene grandes propiedades regenerativas, pero sus habitantes se niegan a investigarlas a pesar de sus grandes conocimientos tecnológicos. Los So'na han desarrollado una máquina para extraer la energía del planeta y así poder salvarse de su cercana muerte. El plan de Dougherty es engañar a los Ba'ku para poder evacuarlos, pero Picard se niega a aceptar sus órdenes y pone en marcha una insurrección con la colaboración de la nativa Anij (Donna Murphy). Los So'na, que en realidad fueron habitantes del planeta expulsados tras una rebelión, están liderados por el malvado Ru'afo (F. Murray Abraham), pero su mano derecha Gallatin (Gregg Henry) ayuda a Picard a engañarlo para evitar que destruya el planeta.

Tras las altas dosis de acción de **Star Trek: Primer contacto**, **Star Trek: Insurrección** entroncaba mucho mejor con la serie de televisión, hasta el punto de que se la podía considerar un capítulo doble de alto presupuesto. En "Who Watches the Watchers" (3.4.) ya se había mostrado que la Federación utilizaba avanzadas técnicas de camuflaje para estudiar a las civilizaciones menos desarrolladas, mientras que "Journey's End" (7.20.) Picard había sido hostil a evacuar a la población nativa de un planeta como resultado de un tratado de paz. De nuevo el Enterprise ejercía una actividad exploratoria y el argumento giraba en torno a la Primera Directiva, que marca que la Federación no puede intervenir en el desarrollo de otras civilizaciones. Pero en comparación a los grandes peligros vividos en las dos películas anteriores, salvar la inmortalidad de los seiscientos habitantes de Ba'ku no tenía demasiado eco dramático, por mucho que en el camino Picard se rebelara contra sus superiores. La subtrama en la que el ingeniero LaForge (LeVar Burton) rechaza recuperar la vista a costa de los Ba'ku tiene un precedente similar en "Hide and Q" (1.10.). En **Star Trek: Insurrección** también son abundantes las referencias a *Star Trek: Espacio Profundo Nueve*. La presencia de Worf se justifica porque en ese momento se encuentra en misión diplomática. Picard también menciona los conflictos con los Dominion, entonces una de las tramas principales de la serie, mientras que en otro momento se habla de los Segundos Acuerdos de Khitomer entre los klingon y la Federación.

VEREDICTO: El mayor defecto de **Star Trek: Insurrección** es su falta de ambición y dramatismo, precisamente cuando esa había sido la razón del éxito de **Star**

Trek: Primer contacto. Por eso, aunque un título entretenido, la película fue una notable decepción económica y crítica.

Star Trek: Némesis (*Star Trek: Nemesis*), Paramount Pictures, 2002. Dirigida por Stuart Baird. Escrita por Joshua Logan basándose en una historia de Joshua Logan, Rick Berman y Brent Spiner.

La cuarta entrega de la franquicia cinematográfica se convirtió en la menos taquillera de toda la historia de *Star Trek*. Una espera demasiado larga, una fecha de estreno equivocada (una Navidades cargadas de grandes producciones) y un argumento que no gustó ni a los fans de la serie ni al público en general fueron algunos factores que explican el fracaso de **Star Trek: Némesis**, amplificado por un presupuesto de setenta millones de dólares. La película comenzaba con una masacre entre los senadores romulanos mientras debatían la propuesta de un ciudadano de la luna Remo llamado Shinzon (Tom Hardy). De camino a completar la boda entre Riker y la consejera Troi (Marina Sirtis), el Enterprise detecta una señal similar a la de Data en un planeta desierto y sus tripulantes encuentran a una versión anterior del robot al que llaman B4. El Enterprise debe acudir a una reunión con el consejo romulano ahora liderado por Schinzon, que afirma ser un clon de Picard. Schinzon trama utilizar una potente arma para derrotar a la Federación, comenzando por la destrucción de la Tierra. Sin embargo, es víctima de un envejecimiento prematuro y necesita la sangre de Picard. Aunque cuenta con la ayuda de aliados romulanos, Picard toma la decisión de sacrificarse para evitar que Schinzon complete sus planes, aunque finalmente Data ocupa su lugar. En los últimos momentos de la película, Picard descubre que Data trasmitió a B4 todos sus conocimientos antes de morir.

Star Trek: Némesis estuvo marcada por multitud de decisiones equivocadas delante y detrás de las cámaras, la principal de ellas la elección de dejar la dirección y el guión en manos de profesionales que nunca habían trabajado en la franquicia. El resultado es que, a pesar de contar con una larga lista de villanos sin explorar (como los cardasianos), se opta por la creación de unos nuevos antagonistas. Las circunstancias de la muerte de Data eran también casi una recreación de la de Spock en **Star Trek 2: La ira de Khan**: ambos se sacrificaban por un bien mayor y dejaban una copia de sí mismos. Y el paso del tiempo era demasiado patente en el rostro de un Brent Spiner con exceso de peso como para que resultara creíble como el robot Data. Aunque es una opinión no compartida por nadie, tanto Spiner como Patrick Stewart consideran a ésta la mejor adaptación, probablemente porque sus interferencias en el guión fueron muy conocidas. Planteada como una película de despedida, hay algunos guiños a todas las series del universo *Star Trek*. De la serie original se menciona la llamada maniobra Kirk, nombrada por el Capitán Kirk, de *Star Trek: Espacio Profundo Nueve* se cita una de sus tramas principales, las Guerras Dominion, de *Star Trek: Voyager* aparece la Capitán Janeway (Kate Mulgrew), y en referencia a la última serie, *Star Trek: Enterprise* (UPN: 2001-2005), se incluye una nave llamada USS Archer en honor al protagonista del programa, el Capitán Archer (Scott Bakula). De *Star Trek: La nueva generación* se recupera a Guinan y Wesley en la escena de la boda entre Riker y Troi, mientras que B4 tararea al final una canción que Picard enseñó a Data en el piloto de la serie.

VEREDICTO: **Star Trek: Némesis**, ignorada por el público y despreciada por los fans, es una triste despedida para una franquicia cinematográfica irregular pero a ratos notable. Desechando los mejores elementos de la serie en favor de una trama llena de agujeros lógicos, la película estaba condenada al fracaso, por mucho que en la parte final intentara redimirse apelando a la nostalgia.

HISTORIAS DE LA CRIPTA

Historias de la cripta (*Tales from the Crypt*), HBO: 1989-1996. Basada en los cómics "Tales from the Crypt" creados por William Gaines y publicados por EC Comics.
Caballero del diablo (*Tales from the Crypt Presents Demon Knight*), Universal Pictures, 1995.
Dirigida por Ernest Dickerson. Escrita por Ethan Reiff, Cyrus Voris y Mark Bishop.

"Tales from the Crypt" fue una celebrada serie de tebeos del género de terror editados por EC Comics bajo la dirección de William Gaines durante principios de los años cincuenta. La serie, como otra similar de título "Vault of Horror", era una antología con un elaborado tratamiento estético y grandes dosis de violencia. "Tales From the Crypt" contaba con un narrador, una criatura espectral de nombre el Guardián de la Cripta, que introducía cada historia con sus sardónicos comentarios, que auguraban el macabro destino que aguardaba a los personajes. Canceladas de forma temprana debido a las presiones gubernamentales, "Tales From the Crypt" y "Vault of Horror" se convirtieron en títulos de culto y hasta fueron objeto de sendas adaptaciones cinematográficas, **Condenados de ultratumba** (*Tales From the Crypt*, Freddie Francis, 1972) y **La bóveda de los horrores (***The Vault of Horror*, Roy Ward Baker, 1972). A finales de la década de los ochenta el canal de cable HBO empezó a potenciar la producción de contenidos originales, particularmente de antologías. Con la supervisión de un notable equipo de profesionales del cine formado por Richard Donner, Walter Hill, Robert Zemeckis y Joel Silver, *Historias de la cripta* destacó por un cuidado tratamiento visual que incluía a un animatronic para dar vida al sardónico Guardián de la Cripta (al que prestaba su voz el actor John Kassir). Contando con la presencia de populares actores y grandes dosis de humor negro, violencia y gore, *Historias de la cripta* destacó como una ingeniosa serie que cautivó a la crítica y el público en capítulos de media hora repletos de sorpresas y giros imprevistos.

Teniendo en cuenta su popularidad y la implicación de personalidades del mundo del cine en su producción, resulta lógico que la serie diera el salto a la pantalla grande en 1995, poco después de finalizar su sexta y penúltima temporada. Pero frente a la yuxtaposición de historias cortas de anteriores adaptaciones cinematográficas de antologías como *Dimensión desconocida* y *Relatos desde la oscuridad*, **Caballero del diablo** (en la traducción se perdía el antetítulo *Tales from the Crypt Presents*) se centraba en un único relato de noventa minutos. A pesar de contar con relevantes directores en su equipo de productores, estos cedieron la realización a Ernest Dickerson, un prestigioso director de fotografía que había colaborado habitualmente con Spike Lee. **Caballero del diablo** comienza con la llegada de un desconocido, Brayker (William Sadler), a un pueblo semiabandonado huyendo de un diabólico personaje llamado el Coleccionista (Billy Zane), que parece ser indestructible. Brayker es el encargado de custodiar un objeto mágico, una llave que guarda en su interior la sangre de Cristo y que, en caso de caer en las manos del Coleccionista y las fuerzas del mal, desataría el fin de la Humanidad. Atrincherados en un hotel, un grupo formado por desconocidos debe enfrentarse a un ejército de seres demoníacos resistiendo las tentaciones que el Coleccionista les propone para, a cambio de entregarle la llave, hacer realidad sus más íntimos deseos. Jeryline (Jada Pinkett) resiste a la tentación y recibe una recompensa agridulce: es la elegida para sustituir a Brayker como guardían de la llave hasta que llegue momento de pasarle el testigo a un nuevo protector.

El argumento de **Caballero del diablo** es algo diferente a las historias típicas de la serie original, fundamentalmente porque cuenta con un planteamiento mucho más elaborado que permite abundantes escenas de acción, escasas en *Historias de la cripta*. Como en un capítulo convencional, el Guardián de la Cripta aparece en un prólogo y un epílogo para realizar sardónicos comentarios sobre la historia. Sin embargo, en vez de aparecer desde una cripta, el Guardián aparece dirigiendo una película de terror, un irónico metarrelato. En el epílogo, el Guardián acude al estreno de la propia **Caballero del diablo**, pero es guillotinado por su productor. Un brillante guiño a la polémica que rodeó a EC Comics se inserta dentro de la historia cuando el Coleccionista logra que un demonio asesino posea al joven Danny (Ryan O'Donohue) a través de un cómic que comienza a reproducir sus brotes de violencia. **Caballero del diablo** mantiene otro vínculo con *Historias de la Cripta* además de la recuperación del Guardían de la Cripta y el tema musical de Danny Elfman: los actores Billy Zane, William Sadler y Sherrie Rose participaron en diversos capítulos del programa. Los guionistas Ethan Reiff y Cyrus Voris reutilizarían después algunas ideas de la película en una excelente (pero efímera) serie de terror, *El pacto* (*Brimstone*, Fox: 1998-1999).

> VEREDICTO: **Caballero del diablo** fue una pequeña decepción tras su estreno, tanto por las expectativas creadas por la serie como por unas modestas recaudaciones que apenas sirvieron para cubrir los costes de producción. A pesar de ello, es una aceptable cinta de terror con una premisa argumental muy atractiva, buenas interpretaciones de un plantel formado por habituales actores secundarios y una más que notable calidad visual.

El club de los vampiros (*Tales from the Crypt Presents Bordello of Blood*),
Universal Pictures, 1996. Dirigida por Gilbert Adler. Escrita por A.L. Katz y
Gilbert Adler basándose en una historia de Bob Gale y Robert Zemeckis.

Cuando **Caballero del diablo** se estrenó con escaso éxito, ya estaba en marcha una nueva adaptación de *Historias de la cripta*, que se estrenó apenas un año después. En **El club de los vampiros** (una traducción más fiel de su título original hubiera sido *Burdel de sangre*)

Cartel de *El club de los vampiros.*

Gilbert Adler, productor, guionista y realizador en la serie que se había encargado de las escenas del Guardían de la Cripta en **Caballero del diablo**, se hizo con la dirección. La película comenzaba con unos exploradores descubriendo en unas ruinas en la jungla el cadáver de Lillith (Angie Everhart), la reina de los vampiros, para resucitarla. Más tarde, el joven Caleb (Corey Feldman) es atacado por un grupo de vampiresas en un burdel y su hermana Catherine (Erika Eleniak), preocupada por su desaparición, contrata a un detective fracasado, Rafe Guttman (Dennis Miller), para que lo encuentre. Guttman cree que el jefe de Catherine, el reverendo Current (Chris Sarandon), puede estar involucrado. Después de descubrir toda la verdad, Guttman y Catherine vencen a Lillith, pero el destino les tiene guardada una sorpresa final que no esperan.

Al contrario que **Caballero del diablo**, la realización de **El club de los vampiros** era mucho más convencional y ajustada a los patrones de la serie B de terror. Además, el sexo, con escenas muy gráficas de desnudos femeninos, se convertía en un elemento fundamental de la trama, convirtiendo la película a ratos en un pseudo-porno. El prólogo y el epílogo del Guardian son una versión de los segmentos equivalentes del capítulo "The Assasin" (6.8.), en ambos casos con William Sadler interpretando al compañero del Guardián en un sangriento reto. Curiosamente, en ese mismo capítulo aparece uno de los actores de **El club de los vampiros**, Corey Feldman. El filme se estrenó coincidiendo con la emisión del último capítulo de *Historias de la cripta*, pero la pretensión de continuar con la franquicia cinematográfica se descartó cuando Joel Silver se negó a que viera la luz una nueva adaptación titulada *Fat Tuesday*, al parecer por el temor a ser acusado de racista (desarrollada en Nueva Orleans, la película tenía un reparto casi totalmente blanco). **Ritual** (*Ritual*, Avi Nesher, 2001), un remake de **Yo anduve con un zombie** (*I Walked with a Zombie*, Jacques Tourneur, 1943), también se proyectó como una adaptación, pero los vínculos con el programa fueron eliminados. Sin embargo, una reciente edición en DVD los recupera e incorpora las escenas filmadas con el Guardián de la Cripta.

VEREDICTO: **El club de los vampiros** pasó casi desaperciba en su estreno, lo que se puede decir que fue una suerte de todos los involucrados en ella. Cargada de un erotismo vulgar, unas interpretaciones sonrojantes, un argumento tópico y una dirección sin chispa, nadie diría que tiene algo que ver con una serie de la calidad de *Historias de la cripta.*

POWER RANGERS

Power Rangers (Mighty Morphin Power Rangers), Fox Kids: 1993-1996.
Power Rangers: La película (*Mighty Morphin Power Rangers: The Movie*), 20th Century Fox / Saban Entertainment, 1995. Dirigida por Bryan Spicer.
Escrita por Arne Olsen basándose en una historia de Arne Olsen y John Kamps.

Power Rangers es una de las más longevas e insólitas franquicias infantiles surgidas en las últimas dos décadas. Su origen se encuentra en el programa japonés *Super Sentai*, que lleva emitiéndose ininterrupidamente desde 1975. Realizadas con escasos medios materiales, las diferentes etapas de *Super Sentai* han estado protagonizadas por grupos de cuatro o cinco adolescentes que reciben superpoderes ninja y que vestidos con unos trajes identificativos de diferentes colores protegen a la Tierra de diversos monstruos, a menudo utilizando robots gigantes resultado de la unión de los miembros del grupo. A principios de la década de los noventa, Saban Entertainment, una compañía especializada en importar a los Estados Unidos programas japoneses y franceses, decidió versionar una de las series de *Super Sentai*, *Kyoryuu Sentai ZyuRanger* (1992-1993). *Power Rangers* iba a contar con actores y tramas nuevas, pero iba a reciclar las escenas de lucha de los protagonistas con los monstruos para ahorrar costes. En el primer capítulo, un ente interdimensional llamado Zordon (David Fielding) daba superpoderes a los adolescentes Kimberly (Amy Jo Johnson), Trini (Thuy Trang), Jason (Austin St. John), Zack (Walter Jones) y Billy (David Yost) para luchar contra la malvada Rita Repulsa (Machiko Soga). La calidad del programa era ínfima, pero su éxito fue muy notorio e inició una fiebre de mechardising.

Buscando rentabilizar el éxito internacional de *Power Rangers*, Saban Entertainment llegó a un acuerdo con 20th Century Fox (filial del canal de cable que distribuía el programa) para producir una adaptación cinematográfica. **Power Rangers: La película** era un filme de bajo presupuesto que, en comparación a la serie, era casi una producción de lujo. La película comenzaba mostrando cómo Zordon (Nicholas Bell) recluta y da superpoderes ninja a un grupo de jóvenes de la localidad californiana de Angel Grove llamados Aisha (Karan Ashley), Adam (Johnny Yong Bosch), Rocky (Steve Cardenas), Tommy (Jason David Frank), Kimberly y Billy. El malvado Lord Zedd (Mark Ginther) libera al poderoso Ivan Ooze (Paul Freeman), que entra en la base de Zordon y lo hiere antes de privar a los Power Rangers de sus poderes y esclavizar a los habitantes de Angel Grove. Los chicos deben viajar hasta el planeta Phaedos, donde Dulcea (Gabrielle Fitzpatrick) les devuelve sus poderes. Cuando Ivan se transforma en un poderoso Titán, los chicos combinan sus poderes en el Ninja Mega Falconzord y logran derrotarlo.

Power Rangers: La película era una recreación más lujosa de la serie original, pero complamente fiel a su espíritu de crear un entretenimiento infantil en clave fantástica. Pero no era tanto una continuación como una reinvención que volvía a contar el origen de los personajes con un reparto casi completamente nuevo en el que sólo repetían dos de los Power Rangers originales y los secundarios Skull (Jason Narvy) y Bulk (Paul Schrier). Walter Jones, Austin St. Jones y Thuy Trang, cansados de los sueldos miserables pagados por Saban, decidieron abandonar la serie y no participar en la película, siendo sustituidos a mitad de la segunda temporada por los nuevos actores que iban a protagonizar la adaptación cinematográfica.

> VEREDICTO: A pesar de su pobreza a todos los niveles, **Power Rangers: La película** se convirtió en un notable éxito comercial internacional. El filme es lo que pretende ser y triunfó en su propósito de llegar al público que seguía las aventuras televisivas de sus personajes. Es por ello que, aunque su interés es nulo, como adaptación es modélica.

Turbo Power Rangers (*Turbo: A Power Rangers Movie*), 20th Century Fox / Saban Entertainment, 1997. Dirigida por Shuki Levy y David Winning. Escrita por Shuki Levy y Shell Danielson.

Tras **Power Rangers: La película**, *Power Rangers* continuó su éxito internacional, hasta el punto de que, en contra de los planes iniciales, se prolongó durante tres temporadas y más de ciento cincuenta capítulos. Pero a partir de 1996 el programa siguió la senda establecida por el referente japonés *Super Sentai*, en la que anualmente se cambiaba el nombre y parte del reparto para ofrecer nuevos villanos y temáticas. Aunque en principio estas tandas tenían en torno a los cincuenta capítulos, en la actualidad esa cifra ha descendido hasta los treinta, y siempre se inspiran en diferentes etapas de *Super Sentai*. Tras *Power Rangers Zeo* (1996), se produjo una película que debía servir como nexo de unión con la nueva tanda de capítulos, tituladas ambas en España, aunque sus títulos originales difieren, **Turbo Power Rangers**. En la película los Power Rangers Tommy, Adam, Catherine (Catherine Sutherland), Tanya (Nakia Burrise) y Justin (Blake Foster), que sustituye al lesionado Rocky, deben enfrentarse a la pirata galáctica Divatox (Hilary Shepard), que desea liberar a su amante Maligore (Michael Deak) utilizando al mago Lerigot (Jon Simanton). Lerigot consigue protección de los Power Rangers, pero estos no pueden evitar que su familia sea secuestrada junto a Kimberly y Jason, que son convertidos al mal utilizando la magia. Finalmente, los Power Rangers, ahora dotados de poderes Turbo, rescatan a sus amigos y destruyen a Maligore.

Power Rangers: La película fue un acontecimiento especial dentro de la franquicia televisiva, pero **Turbo Power Rangers** era simplemente una forma de promocionar una nueva etapa de la serie. Por eso sus medios materiales son más pobres que en el caso anterior y sus ambiciones mucho menores. Únicamente sirvió para mostrar un nuevo cambio generacional en la franquicia, ya que su fracaso comercial llevó a que cualquier intencionalidad promocional fuera anulada. En cualquier caso, tras algunos baches y la compra por parte de Disney de Saban Entertainment en 2001, la franquicia sigue en marcha, habiendo producido hasta 2006 nueve tandas de capítulos.

VEREDICTO: La escasa ambición de **Turbo Power Rangers** le llevó a ser un notable fracaso comercial que seguramente no costó mucho dinero a la productora. Y es que para llevar al público a la salas hay que ofrecer siempre algo de interés, por mucho que el criterio de exigencia de los espectadores del programa de televisión no sea muy elevado.

MISTERIO EN EL ESPACIO

Mystery Science Theatre 3000, KTMA-TV: 1988-1989, Comedy Central: 1989-1996, The Sci-Fi Channel: 1997-1999. Creada por Joel Hodgson.
Misterio en el espacio: La película (*Mystery Science Theatre 3000: The movie*), Universal Pictures, 1996. Dirigida por Bill Mallon. Escrita por Michael J. Nelson, Trace Beaulieu, Jim Mallon, Kevin Murphy, Mary Jo Pehl, Paul Chaplin y Bridget Jones.

Tras una irregular carrera como cómico, Joel Hodgson decidió regresar a su ciudad natal de Minneapolis para alejarse del mundo del espectáculo. A punto de cumplir los treinta, a Hodgson se le ocurrió una idea para un programa de televisión: llevar a la pequeña pantalla esa costumbre de algunos fanáticos de ver películas malas y comentar en voz alta todo lo que se les pasa por la cabeza junto a un grupo de amigos. A una emisora local, la KTMA-TV, le interesó la idea y Hodgson reunió a un pequeño equipo de colaboradores formado por Jim Mallon, Kevin Murphy y Trace Beaulieu, que participarían en *Mystery Science Theatre 3000* como actores y guionistas. El protagonista del programa era Joel Robinson (Joel Hodgson), un bedel en el Instituto Gizmonic que es engañado para ser puesto en órbita dentro del Satélite del Amor. Acompañado por los robots Gipsy, Tom Servo y Cuervo, su misión allí es formar parte de un despiadado experimento de los doctores Forrester (Trace Beaulieu) y Erhardt (J. Elvis Weinstein), que lo obligan a ver las peores películas imaginables. Tras una primera temporada prometedora, Hodgson consiguió vender el programa al canal de cable The Comedy Channel (el precursor de Comedy Central), pero en 1993 decidió abandonar *Mystery Science Theatre 3000* en su momento de mayor popularidad, siendo sustituido por el guionista Michael Nelson como el nuevo habitante del Satélite del Amor.

Desde 1992 ya se había comenzado a barajar la idea de llevar el programa al cine y llegó a haber contactos con Paramount, pero el proyecto no llegó a fructificar porque el estudio deseaba una película sobre el universo del programa (Gizmonic, el Satélite del Amor y compañía), mientras que Mallon y Hodgson querían mantener los comentarios sobre una película como elemento central. Después del abandono de Hodgson, Jim Mallon siguió apostando por el proyecto animado por la trayectoria ascendente de *Mystery Science Theatre 3000*, que incluso llegó a ganar un prestigio premio Peabody por su originalidad. Ese mismo año se celebró una convención de admiradores en Minneapolis donde el equipo comentó la película **Retorno a la Tierra** (*This Island Earth*, Joseph M. Newman, 1955). Esa exhibición convenció a los ejecutivos de Gramercy Pictures (una filial de Universal) de producir una adaptación de bajo presupuesto. **Misterio en el espacio: La película** incluía sólo a los personajes que se encontraban en ese momento en el programa y comenzaba con un prólogo en el que Forrester contaba la intencionalidad del proyecto. Entre los comentarios de **Retorno a la Tierra**, una película de serie B sobre una invasión extraterrestre, había otros fragmentos en los que Mike, Tom Servo, Cuervo y Gipsy tienen diversos problemas en el Satélite del Amor. Al contrario de lo que ocurría en *Mystery Science Theatre 3000*, en este caso la película no aparece en su totalidad, sino con algunos cortes para reducir su duración. Pero teniendo en cuenta que los episodios de *Mystery Science Theatre 3000* eran mejores conforme peor era la película objeto de mofa, la elección de **Retorno a la Tierra** es muy discutible. Aunque como a casi todas las películas del género, el tiempo la ha tratado mal, también tenía un planteamiento argumental interesante y bastante inventiva visual. Por ello, a pesar de algunos chistes afortunados, los comentarios son a ratos poco ingeniosos. Pero el mayor inconveniente era que, aunque interesante en televisión, el concepto de *Mystery Science Theatre 3000* no era atractivo en el cine. Tras darse cuenta de ello en los desastrosos pases de prueba, Gramercy estrenó la película con escasa promoción. Justo en ese momento el programa fue cancelado por Comedy Central y se trasladó a The Sci-Fi Channel, donde se mantuvo en producción hasta 1999.

> VEREDICTO: **Misterio en el espacio: La película** no merece pasar a la historia del cine, pero es indiscutible que se trata de un filme original, quizás demasiado original para funcionar comercialmente. Es un experimento fallido que tiene sus mejores momentos cuando la película en sí ha acabado y los personajes se dedican a reírse de los títulos de crédito.

THE KIDS IN THE HALL

The Kids in the Hall, CBC: 1988-1994. Creado por The Kids in the Hall.
Kids in the Hall: Brain Candy, Paramount Pictures, 1996. Dirigida por Kelly Makin. Escrita por Kevin McDonald, Mark McKinney, Scott Thompson, Norm Hiscock y Bruce McCulloch.

The Kids in the Hall fue un nuevo programa producido por Lorne Michaels al amparo del éxito de *Saturday Night Live*. Pero en esta ocasión los protagonistas eran una troupe ya establecida con cinco únicos integrantes: David Foley, Scott Thompson, Kevin McDonald, Bruce McCulloch y Mark McKinney. La mayor particularidad del programa era que los cinco interpretaban a todos los personajes, tanto hombres como mujeres. Aunque el grupo era originario de Canadá, *The Kids in the Hall* se realizó pensando en una doble explotación a los dos lados de la frontera, con una versión más suave para la cadena pública canadiense CBC y otra más explícita para el canal norteamericano de cable HBO. Considerada una variación más ácida y menos comercial de *Saturday Night Live* (sin invitados famosos ni actuaciones musicales), el programa se hizo tan popular que acabó siendo emitido en el late-night de la CBS. *The Kids in the Hall* fue comparado a menudo con *Monty Python's Flying Circus* (BBC:

1969-1974), especialmente por su tendencia al surrealismo. A menudo, en algunas piezas los actores se interpretaban a sí mismos para reflexionar sobre las inquietudes de poner en pie el programa y su cada vez mayor popularidad mientras que las parodias de la cultura popular o las imitaciones de famosos se reducían al mínimo.

Los cinco miembros del grupo decidieron finalizar la producción de *The Kids in the Hall* en 1994 agotados por el fuerte ritmo creativo impuesto por el programa. Lorne Michaels llegó a un acuerdo con Paramount para producir una película protagonizada por el grupo, que sus componentes escribirían junto a su guionista habitual Norm Hiscock. Kelly Makin, realizador de *The Kids in the Hall*, se hizo cargo de la dirección. Sin embargo, las tensiones en el grupo se hicieron más patentes y el guión tardó más de un año en estar listo. Para entonces Dave Foley, que estaba triunfando en la comedia *News Radio* (NBC: 1995-1999), intentó desvincularse mientras que otros miembros del grupo atravesaban graves problemas personales: Kevin McDonald fue abandonado por su mujer y un hermano de Scott Thompson se suicidó poco antes del rodaje. El resultado final es que **Kids in the Hall: Brain Candy** acabó convertida en una sátira sobre la industria farmaceutica con referencias a la depresión, el suicidio, la negación de la homosexualidad y hasta el cáncer. En la trama principal, el Dr. Chris Cooper (Kevin McDonald) inventa un medicamento llamado Gleemonex que cura inmediatamente la depresión, pero el presidente de la compañía, Don Roritor (Mark McKinney), decide comercializarla inmediatamente sin esperar a terminar los ensayos clínicos. La pastilla es un éxito rotundo y eleva a Cooper a la celebridad. Pero seis meses después algunos pacientes empiezan a caer en un coma en el que reviven sus momentos más felices una y otra vez. Cooper se niega a mantener el asunto en secreto y finalmente desarrolla un medicamento con un efecto opuesto al Gleemonex que saca a los pacientes del coma y los sume en la depresión.

Kids in the Hall: Brain Candy es un tour de force para los cinco miembros del grupo, que interpretan a alrededor de treinta personajes diferentes, tanto masculinos como femeninos. De esta forma se importó no sólo la fragmentación narrativa de *The Kids in the Hall*, sino también el gusto de los actores por interpretar a múltiples personajes en fragmentos breves, algo que nunca había ocurrido en una adaptación cinematográfica de un programa de variedades (Will Ferrell realizaría después algo parecido en **Superstar**). Por una necesidad práctica, hay algunas actrices interpretando personajes femeninos muy secundarios. Para marcar distancias con el programa de televisión, sólo aparecen algunos personajes ya conocidos en tramas laterales, como una imitación de la Reina de Inglaterra (Scott Thompson), los pijos Raj y Lacey (Scott Thompson y Kevin McDonald), un conductor de taxi extranjero (Mark McKinney), la presentadora de televisión sensacionalista Nina Bedford (Mark McKinney), apellidada Spudkneeyak en el programa, una pareja de torpes policías (Mark McKinney y Bruce McCulloch), la pareja de basura blanca formada por Sid (Bruce McCulloch) y Sharisse (Mark McKinney), la groupie Melanie (Mark McKinney) y el Chico del Cáncer (Bruce McCulloch). Sin embargo, los mejores momentos están protagonizados por personajes originales. Scott Thompson juega con su conocida orientación sexual interpretando a un hombre que tiene que tomar el Gleemonex para reconocerse como gay (un sinónimo de alegre). Y Bruce McCulloch da vida a un cantante underground que alcanza la fama tras componer la canción "Happiness Pie". Tras la experiencia de **Brain Candy**, *The Kids in the Hall* se disolvió y sus miembros siguieron caminos separados. Pero en 2006 se han vuelto a reunir para algunos espectáculos en directo.

> VEREDICTO: **Kids in the Hall: Brain Candy** fue un notable fracaso comercial que dividió a los críticos entre los que admiraron su inteligencia y los que aborrecieron su lento ritmo narrativo. Las peculiares características del grupo lo convierten en un producto exclusivo para sus seguidores, que se limitan a Estados Unidos y Canadá. Pero también es una original sátira experimental y poco correcta políticamente que se ha ido convirtiendo en un título de culto.

ALL THAT

All That, Nickelodeon: 1994-2006. Creado por Brian Robbins y Dan Schneider.
Good Burger, Paramount Pictures / Nickelodeon Movies, 1997. Dirigida por Brian Robbins.
Escrita por Dan Schneider, Kevin Kopelow y Heath Seifert.

Brian Robbins comenzó su carrera como actor infantil en los años ochenta, llegando a ser uno de los protagonistas de *El primero de la clase* (*Head of the Class*, ABC: 1986-1991). Pero al entrar en la vida adulta, decidió ponerse detrás de las cámaras como creador, productor y realizador. Junto a *Smallville* (WB: 2001-), su mayor éxito hasta el momento ha sido *All That*, una versión rejuvenecida de *Saturday Night Live* en donde la acidez es sustituida por un atemperado inconformismo juvenil. Pero en ambos casos hay artistas invitados, un plantel estable de actores, imitaciones de famosos y personajes recurrentes. *All That*, aunque con más modestia, también se ha convertido en una cantera para jóvenes cómicos. Los dos mayores talentos que ha producido hasta el momento son Kel Mitchell y Kenan Thompson, que se mantuvieron en el programa entre 1995 y 1999. La química entre los dos actores fue tan evidente que los productores de *All That* desarrollaron para ellos su propia telecomedia, *Kenan y Kel* (Nickelodeon: 1996-1999), en donde daban vida a nuevas versiones del arquetipo de *The Honeymooners*: Kenan era el adolescente obeso que siempre estaba tramando planes que salían mal, mientras que Kel era el flacucho poco espabilado. Kel Mitchell era especialmente apto interpretando ese arquetipo, como había demostrado en el sketch recurrente "Good Burger", cuyo título refería al establecimiento de comida rápida donde trabajaba Ed. Torpe y bastante limitado, la principal comicidad de Ed es que solía tomar lo que le decían demasiado literalmente.

Pensando en las posibilidades de repetir el modelo de *Saturday Night Live* también en el terreno de las adaptaciones cinematográficas, Brian Robbins desarrolló una versión para el cine de "Good Burger" contando con un guión realizado por los guionistas habituales del programa, incluyendo el co-creador Dan Schneider. En **Good Burger** el adolescente Dexter (Kenan Thompson) se mete en un lío cuando tiene un accidente y destroza el vehículo del Sr. Wheat (Sinbad). Para pagar los daños, Dexter comienza a trabajar en Mondo Burger, de donde es rápidamente despedido por el malvado Kurt (Jan Schweiterman), pero con la ayuda de Ed consigue trabajo en Good Burger. Mondo Burger vende unas gigantescas hamburguesas y roba toda la clientela a Good Burger hasta que Dexter decide utilizar una rica salsa elaborada por Ed, cuyo éxito es inmediato. Kurt intenta robar sin éxito la receta de la salsa, mientras que Dexter y Ed descubren que el secreto de las hamburguesas de Mondo Burger es que Kurt utiliza una sustancia ilegal. Ed logra que la sustancia destruya todo Mondo Burger y Kurt es detenido. Con la deuda pagada, Dexter también puede disfrutar de su renovada amistad con Ed.

Good Burger, como ocurre con las películas basadas en *Saturday Night Live*, es una acumulación de situaciones cómicas unidas por una insustancial trama argumental que sacan partido a la comicidad de un personaje, en este caso Ed y sus torpezas. Pero la presencia de Dexter, un personaje de nueva creación más sobrio, sirve de contrapeso. Si tras las cámaras la película recupera al principal equipo creativo del programa, lo mismo ocurre delante de ellas con la reaparición de Fizz (Josh Server), otro empleado de Good Burger, el Sr. Baily (Dan Schneider), el dueño del establecimiento, y Connie Muldoon (Lori Beth Denberg), una de las clientas habituales. Sinbad también apareció en *All That* en un sketch junto a Kenan Thompson, mientras que también aquí hay invitados famosos como George Clinton y Shaquille O'Neill. Aunque los resultados económicos de **Good Burger** no fueron negativos (los costes de producción se cubrieron con la explotación en salas), Nickelodeon decidió repensar su idea inicial y volcar sus recursos en producir series protagonizadas por los actores del programa, como la propia *Kenan y Kel*, *The Amanda Show* (1999-2002) y *The Nick Cannon Show* (2002-2003).

> VEREDICTO: **Good Burger** tuvo una aceptable carrera comercial, aunque era evidente desde el principio que no se contaba con la aprobación de los críticos. El resultado es una comedia caricaturesca e insustancial que, aunque beneficiada por el talento cómico y la irresistible química entre Kenan Thompson y Kel Mitchell, se olvida como mucha rapidez.

EXPEDIENTE X

Expediente X (*The X-Files*), Fox: 1993-2002. Creada por Chris Carter.
Expediente X: La película (*The X-Files*), 20th Century Fox, 1998.
Dirigida por Rob Bowman. Escrita por Chris Carter.

Pocas series en la historia de la televisión han tenido un éxito tan fulgurante como *Expediente X*, un fenómeno socio-cultural que puso de moda lo paranormal y las teorías conspirativas. Creada por un oscuro guionista llamado Chris Carter y claramente inspirada por *Kolchak: Cazador de vampiros* (*Kolchak. The Night Stalker*, ABC: 1974-1975) y *Cazadores de sombras* (*Shadow Chasers*, ABC: 1985-1986), *Expediente X* estaba protagonizada por dos agentes del FBI, Fox Mulder (David Duchovny), pasional e ingenuo, y Dana Scully (Gillian Anderson), cerebral y escéptica. Con su relación caracterizada por la tensión sexual no resuelta más lograda desde *Los vengadores*, ambos investigaban todo tipo de fenómenos para-

En *Expediente X: La película* Mulder deberá viajar hasta la Antártida para rescatar a Scully.

normales mientras intentaban desentrañar una conspiración para ocultar una futura invasión extraterrestre. *Expediente X* supo sacar partido a las inquietudes de un público cada vez más desconfiado de las verdades oficiales. No en vano, el principal villano era un oficial gubernamental conocido como El Fumador (William B. Davis). También se aprovechó del interés por los fenómenos paranormales en una sociedad a la vez más descreída pero más necesitada de espiritualidad, apostando por finales abiertos que formulaban más preguntas que ofrecían respuestas. La ambigüedad del programa también estaba favorecida por un elaborado tratamiento visual que sacaba partido hasta a sus deficiencias presupuestarias. A pesar de unos inicios modestos, *Expediente X* experimentó una imparable trayectoria ascendente que incluyó cinco Globos de Oro, un Emmy para Gillian Anderson y un resonante éxito internacional.

Dada la buena acogida de la serie y su ambición estética y temática, la idea de llevarla al cine comenzó a rondar la cabeza de Chris Carter muy pronto. Pero el proyecto era complicado porque había que armonizar el rodaje con el de la serie, algo logísticamente bastante complicado. Finalmente Fox dio luz verde al proyecto y Chris Carter se encargó en solitario de escribir el guión, mientras que Rob Bowman, que había dirigido más de una veintena de capítulos durante las cinco primeras temporadas de *Expediente X*, se encargó de la realización. **Expediente X: La película** comenzaba poco tiempo después de la finalización de la quinta temporada, en la que los Expediente X habían sido cerrados. Una explosión en un edificio federal de Houston mata a tres bomberos y un niño infectados por una extraña sustancia y Mulder comienza a recibir información del Dr. Alvin Kurtzweil (Martin Landau).

Mientras, Strughold (Armin Mueller-Stahl), el lider de un grupo de hombres poderosos conocidos como el Sindicato, apuesta por seguir colaborando con los extraterrestres a pesar de las sospechas sobre sus verdaderas intenciones. Tras descubrir una inmensa plantación de maiz trasgénico utilizado para propagar un virus que da lugar a un híbrido de extraterrestre y humano, Scully es infectada y secuestrada. Pero Mulder logra la ayuda del Hombre de las Manos Cuidadas (John Neville) antes de que éste sea asesinado y localiza a Scully en la Antártida. De vuelta a Washington, Scully no consigue probar nada de forma concluyente ante una comisión gubernamental, pero logra que los Expediente X sean reabiertos. Mientras, el Fumador y Strughold continúan sus actividades en el desierto.

Estrenada un mes después del final de la quinta temporada de la serie, **Expediente X: La película** es un relato de transición más que un acontecimiento especial. De hecho, el misterio de la Gran Conspiración no se resolvería hasta mediados la sexta temporada en un capítulo ("Un hijo", 6.12.) dirigido por el propio Bowman. El motivo principal fue que una película que hubiera concluido demasiadas tramas hubiera restado interés a la serie en su momento de mayor popularidad. El encaje entre *Expediente X* y la película, rodada un año antes de su estreno y escrita desde al menos otro año atrás, se logra eliminando las referencias a los personajes más recientemente creados, como el agente Spender (Chris Owens) y la agente Fowley (Mimi Rogers). La película también está orientada a los espectadores que nunca han visto la serie y por ello la presencia de Fumador está totalmente desdibujada. En el comentario de la edición en DVD Chris Carter reconoce que su presencia fue disminuida tras los pases de prueba porque la mayor parte de los espectadores no entendían su familiaridad con Mulder y Scully. Pero el resultado final plantea una incoherencia con la mitología de la serie, ya que Strughold no había aparecido antes ni volverá a aparecer, al igual que Alvin Kurtzweil, un heredero de los personajes de *Expediente X* Garganta Profunda (Jerry Hardin) y el señor X (Steven Williams). Ambos personajes parecen diseñados únicamente para dar cierto caché al relato con la incorporación de los dos veteranos actores que les dan vida, Martin Landau y Armir Mueller-Stahl respectivamente. Aunque sí se cuenta con los Pistoleros Solitarios (Tom Braidwood, Dean Haglund y Bruce Harwood), ayudantes habituales de Mulder. *Expediente X* se mantuvo en producción hasta una novena temporada, en la que Robert Patrick sustituyó definitivamente a David Duchovny como acompañante de Scully. Sin embargo, el actor regresó para el capítulo final, en el que de nuevo una invasión extraterrestre amenazaba el futuro de la Tierra.

VEREDICTO: **Expediente X: La película** fue una notable decepción comercial y crítica, principalmente por una falta de ambición argumental que convierte al relato en un doble capítulo con un presupuesto disparado. No aporta nada sustancial al universo de la serie, pero tampoco lo traiciona. El resultado es una película simplemente entretenida que desperdicia la oportunidad de elevarse por encima de la mediocridad.

BARRIO SÉSAMO (SEGUNDA ETAPA)

Elmo en el país de los gruñones (*The adventures of Elmo in Grouchland*), Columbia Pictures, 1999. Dirigida por Gary Halvorson. Escrita por Mitchell Kriegman y Joel Mazzarino basándose en una historia de Kriegman.

La segunda adaptación cinematográfica de *Barrio Sésamo* tuvo como protagonista a Elmo, cuya importancia en el programa era tan pequeña en 1985 que en *Sesame Street Presents Follow That Bird* ni siquiera tuvo una línea de diálogo. Pero con el paso de los años el personaje fue ganando popularidad hasta convertirse en una de las estrellas de *Sesame Street.* Diseñado para apelar al público de preescolar, Elmo tiene sólo tres años y habla, como los monarcas, en tercera persona. Tras protagonizar con éxito especiales como *Elmo Saves Christmas* (1996), Children's Television Workshop comenzó a trabajar en una película protagonizada por Elmo junto a Columbia Pictures y Jim Henson Productions. En **Elmo en el país de los gruñones** Elmo pierde durante una discusión con Zoe su manta en el cubo de la basura de Oscar y acaba transportado a Gruñolandia, cuyos habitantes son unas criaturas sucias que siempre están de mal humor. Allí el malvado Huxley (Mandy Patinkin) se niega a devolverle a Elmo su manta. De camino al castillo de Huxley, una chinche y un grupo de ratas se dedican a despistar a Elmo. Mientras, en el barrio, la desaparición de Elmo ha causado preocupación y Gordon (Roscoe Orman), María (Sonia Manzano), Caponata, Zoe, el monstruo de las galletas y Oscar deciden ir a buscarlo, aunque todos acaban en la cárcel. Elmo llega al territorio de la reina de la basura (Vanessa L. Williams) y ésta le da su permiso para ir al castillo de Huxley y recuperar su manta. Pero Elmo no logra derrotarlo hasta que sus amigos no se presentan para ayudarlo. Elmo ha aprendido la lección sobre lo importante que es compartir, así que lo primero que hace es dejar a Zoe su manta para que pueda jugar con ella.

Elmo en el país de los gruñones se dirige exactamente al mismo público al que apela el propio Elmo, los niños de corta edad. Sin embargo, la película apuesta por un planteamiento algo arriesgado en las partes desarrolladas en Gruñolandia. Y es que Oscar, con su mala leche y cierto egoísmo, siempre fue un personaje especial dentro del universo de *Sesame Street.* Gruñolandía es un poco como la antítesis de Barrio Sésamo, un lugar lleno hostilidad donde está prohibido sonreír y en el que te pueden meter en la cárcel por pedir ayuda a un policía. El argumento de la película es bastante convencional y tiene una fuerte carga didáctica que enseña las virtudes de la generosidad. Elmo también mantiene un diálogo continuo con la audiencia, a la que piede ayuda en algunas ocasiones para superar los retos propuestos, una forma de reproducir la falsa pero eficaz interactividad del programa. La película también tiene en cuenta la limitada capacidad de atención del público objetivo e incluye una pausa cada diez minutos en la que Epi y Blas hablan sobre distintos aspectos del argumento.

> VEREDICTO: **Elmo en el país de los gruñones** fue un fracaso de taquilla cuando se estrenó en los cines en el otoño de 1999 debido a su incapacidad para conectar con un público que fuera más allá de los preescolares. A pesar de sus limitaciones, es un apreciable producto infantil cuya banda sonora ganó un Grammy como mejor disco infantil del año.

CAPÍTULO 6

LA EXPLOSIÓN DE LOS NOVENTA LAS REELABORACIONES

Probablemente nadie se hubiera podido imaginar que el estreno de **Los Intocables de Eliot Ness** y **Dos sabuesos despistados** iba a desatar una fiebre de adaptaciones tan extraordinaria en la década de los noventa, con casi dos decenas de adaptaciones en un periodo de diez años. La mayor parte de ellas fracasaron con mayor o menor estrépito, pero también dieron lugar a algunos éxitos de taquilla y unos pocos títulos muy notables como **El fugitivo** o **Maverick**. Es difícil poder señalar un criterio que explique cada adaptación, ya que algunos referentes continuaban siendo muy populares y otros habían caído casi en el olvido. Había grandes éxitos de probada longevidad y también series de culto. Tampoco se puede apreciar una predominancia de géneros, combinándose las comedias domésticas, los westerns, la ciencia-ficción, el espionaje y el policiaco. En el número total, drama y comedia se distribuyen casi al cincuenta por ciento. Las series de partida tampoco se centraron en una época en concreto, con adaptaciones que tomaban programas de los cincuenta, los sesenta y en menor medida los setenta. También hubo un par de adaptaciones de series británicas que lograron en Estados Unidos una notable visibilidad. Las series de partida simplemente tenían planteamientos que los productores cinematográficos pensaban que podrían llegar al gran público actual y a veces daban pie a utilizar efectos especiales. Las reelaboraciones, aprovechando la nostalgia, también consiguieron poner a la televisión de moda en este periodo junto a la reflexión sobre los años cincuenta **Pleasantville** (Gary Ross, 1998), la sátira del fenómeno *Star Trek* titulada **Héroes fuera de órbita** (*Galaxy Quest*, Dean Parisot, 1999), la revisión de la comedia en los setenta **Man on the Moon** (Milos Forman, 1999) y la crónica del famoso fraude de los concursos **Quiz Show: El dilema** (*Quiz Show*, Robert Redford, 1994), entre una larga serie de títulos.

En los 90 películas como *Quiz Show: El dilema* pusieron de moda el mundo de la televisión. En este caso abordaba un famoso caso de fraude en un concurso de finales de los 50.

LA FAMILIA ADDAMS

La familia Addams (*The Addams Family*), ABC: 1964-1966.
Creada por Charles Addams y David Levy.
La familia Addams (*The Addams Family*), Orion Pictures, 1991. Dirigida por Barry Sonnenfeld.
Escrita por Caroline Thompson y Larry Wilson.

La familia Addams nació en 1938 de la algo perversa mente del dibujante norteamericano Charles Addams, un ilustrador de la revista New Yorker con fascinación por el género de terror. Addams empezó a dibujar ilustraciones en donde aparecían diferentes miembros de una siniestra familia. Los Addams (como fueron conocidos a falta de nombre oficial) vivían en una destartalada mansión y, aunque provocaban pavor a los que se atrevía a acercarse por allí, eran unos seres encantadores. Años más tarde el guionista y productor David Levy, de la compañía independiente Filmways, propuso a Addams convertir a sus personajes en los protagonistas de una comedia familiar. El dibujante aceptó encantado y ayudó en el desarrollo del proyecto. Los protagonistas eran Gómez (John Astin), el latino padre y amante esposo con cierto gusto por destruir cosas, y su esposa Morticia (Carolyn Jones), una elegante y casi etérea mujer. Los hijos eran el regordete Pugsley (Ken Weatherwax) y Miércoles (Lisa Loring), que tenía por mascota a la viuda negra Homer y una muñeca sin cabeza llamada María Antonieta. Además estaban la abuela Addams (Blossom Rock) y el tío Fétido (Jackie Coogan), al que gustaba encender bombillas utilizando su cuerpo como conductor de la electricidad. Lurch (Ted Cassidy) era el mayordomo con apariencia de cadáver mientras que Cosa era una mano con personalidad propia que vivía en una caja. *La familia Addams* empezó a emitirse casi a la vez que *La familia Munster*, pero destacó por ser más mácabra e incluir a menudo insinuaciones sexuales entre Gómez y Morticia. Pero la suerte de las dos series estuvo ligada: ambas se estrenaron con gran éxito pero fueron canceladas tras una segunda temporada en la que, perdido el elemento de novedad, fueron ignoradas por el público.

La familia Addams televisiva.

Pero como otros programas adelantados a su tiempo, *La familia Addams* aumentó su popularidad con los años e incluso dio lugar a la serie de animación *The Addams Family* (NBC: 1973-1975) y el telefilme de reunión **Halloween with the New Addams Family** (CBS: 1977). Así que era un programa perfecto para

La familia Addams cinematográfica.

servir como referente de una comedia con toques de terror. La adaptación cinematográfica pasó por una complicada peripecia cuando quebró el estudio Orion Pictures y fue vendida a última hora a Paramount, que gracias a una inteligente estrategia promocional hizo de ella un gran éxito comercial. El director de fotografía Barry Sonnenfeld, colaborador de los hermanos Coen, debutó en la realización de cine con la película, cuyo guión fue escrito por dos colaboradores de Tim Burton, Caroline Thompson y Larry Wilson. En **La familia Addams** Gómez (Raúl Julia) y Morticia (Anjelica Huston) reciben encantados al largamente perdido y ahora amnésico tío Fétido (Christopher Lloyd) sin saber que éste es en realidad un impostor que está siendo utilizado por el abogado Tully Alford (Dan Hedaya) para hacerse con su fortuna escondida. Sólo Miércoles (Christina Ricci) sospecha de Fétido, que aunque va cogiendo cariño a la familia, no puede evitar que Tully consiga una orden judicial para expulsarlos de la mansión. Finalmente Fétido se alía con los Addams y, tras ser sacudido por un rayo, descubre que es el verdadero Fétido. Morticia también tiene una novedad: está embarazada.

La familia Addams sorprendió gratamente en el momento de su estreno por su gran calidad estética, lo mínimo que se podía esperar de un director de fotografía del talento de Sonnenfeld. La única alteración reseñable respecto a la serie es hacer de Fétido un hermano de Gómez en vez de un tío de Morticia, aunque en última instancia esto sirve para aprovechar la química entre Raúl Julia y Christopher Loyd. En **La familia Addams** también se recupera a Cosa, que gracias a los efectos especiales consigue liberarse de las limitaciones del original para convertirse en la protagonista de algunas secuencias hilarantes. En la película se usan para algunos chistes visuales ilustraciones originales de Addams especialmente macabras, como la escena en la que Miércoles y Pugsley (Jimmy Workman) venden limonada envenenada y el prólogo en el que Morticia y Gómez tiran el contenido de un caldero ardiendo a un grupo que canta canciones de Navidad. Aunque los vínculos con la serie son muy patentes e incluso se llega a usar su conocida sintonia, en los títulos de crédito no se acredita al programa, sólo a Charles Addams. Esto demuestra el esfuerzo realizado por Paramount para esconder el referente televisivo como algo de lo que **La familia Addams** tendría que avergonzarse, una práctica común para el estudio. Tras el estreno de la película, Hanna-Barbera produjo una efímera serie animación, *La familia Addams* (ABC: 1992-1993).

> VEREDICTO: **La familia Addams** fue un gran éxito comercial que sirvió de espaldarazo definitivo para las reelaboraciones de series de televisión clásicas. La película se beneficiaba de un reparto perfecto (con Christina Ricci como gran revelación) y un diseño visual extraordinario, muy por encima de un argumento convencional. Y es que a ratos **La familia Addams** parece poco más que un puñado de divertidas ilustraciones yuxtapuestas.

La familia Addams: La tradición continúa (*Addams Family Values*), Paramount Pictures, 1993.
Dirigida por Barry Sonnenfeld. Escrita por Paul Rudnick.

El éxito a nivel internacional de **La familia Addams** posibilitó la producción de una continuación con bastante rapidez que se benefició de contar como guionista con el dramaturgo y crítico cinematográfico Paul Rudnick, que ya había pulido el texto de la película anterior sin lograr acreditación. Y es que, como iban a notar los críticos inmediatamente, en este caso la continuación iba a superar al original gracias a un guión ingenioso y bastante malvado en el que estaban presentes ampliadas todas las virtudes de **La familia Addams** y casi ninguno de sus defectos. En **La familia Addams: La tradición continúa** la llegada del nuevo bebé, el bigotudo Pubis (Kaitlyn y Kristin Hopper), obliga a Morticia y Gómez a contratar una niñera, Debbie Jellinsky (Joan Cusack), que los niños descubren es en realidad una cazafortunas y asesina en serie. Como la llegada del bebé ha exacerbado los instintos homicidas de Pugsley y Miércoles, Debbie convence a sus padres para mandarlos al lugar más tenebroso posible: un campamento de verano. Allí los niños deben sobrevivir a sus repelentes compañeros y empalagosos cuidadores, pero más tarde montan una revuelta. En casa Debbie consigue engatusar a Fétido y casarse con él, pero sus intentos de matarlo en la luna de miel fracasan estrepitosamente. Desesperada, Debbie decide secuestrar y matar a todos los Addams, pero la intervención de Pubis provoca que sea ella la electrocutada.

El humor de Paul Rudnick, que escribe crónicas cinematográficas en la revista Premiere con el pseudónimo de Libby Gelman-Waxner, se ajusta como un guante al universo de los Addams y, liberado de los convencionalismos de la película anterior, da lugar a una cruel disección de una sociedad que trata con desprecio todo lo que es diferente. Frente a ella, los excéntricos Addams no dejan que nadie perturbe su felicidad con prejuicios. De paso, también se parodia el morbo que la sociedad y los medios de comunicación sienten por los psicópatas, convertidos en verdaderos iconos populares. Aunque las referencias directas a la serie son escasas, hay un guiño con el nombre de Pubis Addams (Pubert en el original), que fue el inicialmente previsto para Pugsley pero fue desechado por ser demasiado explícito. A pesar de que los resultados de taquilla de **La familia Addams: La tradición continúa** fueron algo decepcionantes, se planteó una nueva continuación que fue desechada tras la muerte de Raúl Julia en octubre de 1994. Pero se produjeron con nuevos repartos una película orientada al mercado del vídeo, **La familia Addams: Reunión familiar** (*Addams Family Reunion*, Dave Painey, 1998), y una versión actualizada de la serie original, *La nueva familia Addams* (*The New Addams Family*, Fox Family Channel: 1998-1999).

> VEREDICTO: **La familia Addams: La tradición continúa** no terminó de convencer al público, pero fue adorada por los críticos que supieron apreciar el guión macabro y ácido de Paul Rudnick. En esta segunda ocasión se apostó por mantener la calidad estética de la primera entrega pero incorporarla a un contenido más cohesionado e interesante que el de su precedente.

EL FUGITIVO

El fugitivo (*The Fugitive*), ABC: 1963-1967. Creada por Roy Huggins.
El fugitivo (*The Fugitive*), Warner Bros., 1993. Dirigida por Andrew Davis.
Escrita por Jeb Stuart y David Twohy.

Cuando Roy Huggins desarrolló el concepto inicial de *El fugitivo*, muy pocos lo tomaron en serio. Una serie en la que el héroe era un convicto que debe huir de la justicia para poder demostrar su inocencia era tan subversiva a finales de los cincuenta que un ejecutivo de la ABC le llegó a decir que era anti-americana. Así que Huggins, consolidado por su trabajo en *Cheyenne* (ABC: 1955-1963) y *Maverick*, aprovechó para tomarse un descanso del medio y dejar que el productor de *Los Intocables* Quinn Martin desarrollara el programa cuando años después entró en producción. Aunque fue algo publicitado por los abogados de Sam Sheppard, un médico condenado por el asesinato de su mujer y después absuelto, Huggins no se inspiró en ese caso sino en "Los miserables" de Victor Hugo para realizar una actualización del formato clásico del antihéroe itinerante, sólo que esta vez es perseguido por la ley acusado de un crimen que no ha cometido y ayuda a los inocentes que encuentra en su camino. Este antihéroe era el Doctor Richard Kimble (David Janssen), del que de forma sucinta en el piloto se contaba que habia sido condenado por matar a su mujer. Tras huir cuando el tren que lo traslada a prisión descarrila, Kimble es perseguido sin tregua por el Teniente Philip Gerard (Barry Morse) mientras intenta encontrar al verdadero asesino, un hombre manco (Bill Raisch). Contando con un tratamiento visual casi docudramático y las narraciones vocalizadas por William Conrad que reflejaban la ansiedad sufrida por Kimble, *El fugitivo* se colocó en su segunda temporada en la lista de los cinco programas más vistos

Cartel de *El fugitivo.*

y ganó el Emmy como mejor drama en la tercera. Pero tras el cuarto año, David Jenssen decidió abandonar la serie por agotamiento y Quinn Martin decidió aprovechar la existencia de una trama serial, algo que no solía ser habitual en la televisión de la época, para realizar un especial de despedida. La noche de agosto de 1967 en la que se emitió la segunda parte de "The Judgment" (4.29 / 4.30.) la mitad de los norteamericanos que estaban viendo la televisión sintonizaron para ver cómo Kimble encontraba al hombre manco y demostraba al fin su inocencia.

Veinticinco años después de la cancelación de la serie, *El fugitivo* regresó en forma de película con su creador Roy Huggins como productor ejecutivo. Pero la idea no era trasladar de forma literal la propuesta de la serie, sino actualizarla de forma muy libre. De esta forma se muestra resumidamente cómo el Doctor Richard Kimble (Harrison Ford) fue condenado a muerte por el asesinato de su mujer. Pero un accidente del autobús que lo traslada a prisión le permite escapar. Mientras es perseguido sin tregua por el marshal Sam Gerard (Tommy Lee Jones), Kimble va encontrando pistas sobre el hombre manco con el que luchó la noche que encontró a su esposa muerta, el antiguo policía Sykes (Andreas Katsulas). Kimble también descubre que Sykes trabaja para su amigo Charles Nichols (Jeroen Krabbé), que en realidad pretendió matar a Kimble para impedir que éste revelara que un medicamento era un fraude. Tras convencer a Gerard, Kimble logra demostrar su inocencia. Así **El fugitivo** logra comprimir la premisa central de la serie de televisión mostrando que, en lugar de huir lo más lejos posible, Kimble regresa inmediatamente a Chicago para descubrir al verdadero asesino. Y es que, salvo momentos muy contados, Kimble no tiene tiempo de ejercer de buen samaritano. La pasividad del personaje original permitía extender el argumento casi indefinidamente, pero aquí el protagonista debe ser más activo para demostrar su inocencia dentro de un relato de dos horas de duración que fuera satisfactorio por sí mismo.

Y eso es algo que **El fugitivo** consigue gracias a un guión con mucha intriga que prescinde de tramas artificialmente complicadas y el gran pulso narrativo del director Andrew Davis, hasta entonces considerado un artesano menor del género de la acción. En un mundo donde las instancias del poder son cada vez más cuestionadas y sometidas a mayor escrutinio, la visión de la policía local es especialmente siniestra, mostrándola como ineficaz y, en la parte final, casi criminal. Pero frente a ello, se presenta al marshal Gerard, un representante del gobierno federal, como un agente más eficaz y justo. En este sentido, la película es muy coherente con la serie, en donde la policía de las pequeñas comunidades visitadas por Kimble era a veces el brazo armado de un sistema social opresivo y corrupto. Entre los guiños a la serie original, se encuentra la presencia de la madre y la hermana de David Janssen en la secuencia del juicio y el hecho de que en ambos casos Kimble se enfrenta al responsable de su desgracia en una azotea. La secuencia de la persecución en el centro de detención en donde se encuentra un hombre manco en la que finalmente las medidas de protección del edifico permiten a Kimble escapar está tomada del doble capítulo "Never Wave Goodbye" (1.4. / 1.5.). **El fugitivo** se convirtió tras su estreno en la tercera película más taquillera del año a nivel internacional y logró siete nominaciones a los Oscar, incluyendo una como mejor película y el premio a Tommy Lee Jones como mejor actor secundario.

> VEREDICTO: **El fugitivo** puede considerarse la más exitosa adaptación de una serie de televisiva realizada por la industria norteamericana en los años noventa, tanto a nivel de repercusión comercial, acogida crítica e influencia posterior. La razón de este éxito se debe a que no se ha pretendido realizar un homenaje a la serie original, sino tomar su brillante planteamiento argumental y actualizarlo para una audiencia contemporánea con acción, suspense y un ajustado reparto encabezado por una de las mayores estrellas de Hollywood.

U.S. Marshals (*U.S. Marshals)*, Warner Bros., 1998.
Dirigida por Stuart Baird. Escrita por John Pogue.

El éxito de **El fugitivo** propició una algo forzada continuación, **U.S. Marshals**, en la que el marshal Sam Gerard, dotado ahora de mayor protagonismo, tenía que dar caza a otro falso culpable. Gerard está custodiando a varios convictos cuando el avión el que viajan se estrella y Mark Sheridan (Wesley Snipes) consigue escapar. Sheridan está acusado de robo y asesinato, pero en realidad es un antiguo agente secreto que tras huir comienza a investigar con la ayuda de su novia Marie (Irène Jacob) quién ha falsificado las pruebas que lo acusan. Tras ser asignado a su equipo el agente especial John Royce (Robert Downey Jr.), Gerard comienza a sospechar que Sheridan no es un acusado corriente. Cuando Royce mata a uno de los marshals se revela que fue él quien conspiró contra Sheridan para evitar que éste descubriera que estaba vendiendo secretos a los chinos. Gerard se convence de su inocencia y acaba con Royce antes de que éste mate a Sheridan.

Contando con un nuevo director y guionista, **U.S. Marshals** intenta combinar el planteamiento de la película original con un argumento más volcado en la acción. Si Richard Kimble era un hombre corriente con quien todo el mundo puede identificarse, Mark Sheridan es un héroe prototípico de un género del que Wesley Snipes es una de sus mayores estrellas. Pero ello no encubre que la nueva película casi reedita el argumento de la anterior: un falso culpable que consigue huir tras un rocambolesco accidente que descubre que

Tommy Lee Jones encarnó de nuevo al marshal Sam Gerard en *U.S. Marshals.*

fue víctima de una conspiración. Aunque en una muestra de coherencia con **El fugitivo** notable, Joe Pantoliano, Daniel Roebuck, Tom Wood y Johnny Lee Davenport vuelven a interpretar a los miembros del equipo de marshals de Gerard. El fracaso de **U.S. Marshals** cerró la posibilidad a nuevas continuaciones, pero abrió la puerta a que John McNamara, al que se ofreció escribir la película original, pusiera en marcha *El fugitivo* (*The Fugitive*, CBS: 2000-2001), que actualizaba la serie original pero añadía muchos elementos de la adaptación cinematográfica como la existencia de una conspiración. El productor de **El fugitivo** Arnold Kopelson y Roy Huggins figuraron como productores ejecutivos de la nueva serie, en la que Tim Daly y Mylketi Williamson interpretaron a Kimble y Gerard respectivamente. Pero a pesar de las altas expectativas creadas, *El fugitivo* no logró una audiencia aceptable y fue cancelada tras una única temporada.

> VEREDICTO: **U.S. Marshals** tenía ante sí el reto de mantenerse a la altura de una de las películas más notables de la década y fracasó miserablemente en ese empeño con un argumento innecesariamente complicado repleto de tópicos. En cualquier caso, es un entretenido vehículo de lucimiento para Tommy Lee Jones, a quien **El fugitivo** permitió pasar de ser un secundario característico a uno de los protagonistas menos convencionales del cine norteamericano.

LOS NUEVOS RICOS

Los nuevos ricos (*The Beverly Hillbillies*), CBS: 1962-1971. Creada por Paul Henning.
Rústicos en Dinerolandia (*The Beverly Hillbillies*), 20th Century Fox, 1993.
Dirigida por Penélope Spheeris. Escrita por Lawrence Konner,
Mark Rosenthal, Jim Fisher y Jim Staahl.

Los nuevos ricos fue durante los años sesenta un auténtico fenómeno social y en la actualidad se la considera la comedia de más éxito de la historia de la televisión norteamericana. El creador de la serie, Paul Hennings, pretendió con ella hacer pasar a Steinbeck y "Las uvas de la ira" por un filtro de humor absurdo. Los protagonistas de la serie eran los Clampett, una familia rural que de la noche a la mañana se convierte en millonaria y acaba viviendo en Beverly Hills. Jed Clampett (Buddy Ebsen) era el patriarca, Elly May (Donna Douglas) su

Los nuevos ricos contrastaba las costumbres de la América rural y pobre con la urbana y rica.

escultural hija, Jethro (Max Baer Jr.) su poco espabilado sobrino y la abuela Daisy (Irene Ryan) la matriarca tan testaruda que para llevarla a California la tienen que llevar atada a su mecedora. El comportamiento de los Clampett mantendrá en estado de permanente desconcierto a Milburn Drysdale (Raymond Bailey), el banquero encargado de gestionar su gran fortuna, y su secretaria, la señorita Hathaway (Nancy Kulp). *Los nuevos ricos* se colocó tras una primera temporada en antena como el programa más visto y se mantuvo entre los veinte más populares durante seis años más. Pero no compartieron ese entusiasmo los críticos, que consideraban el humor de la serie demasiado facilón. Pero *Los nuevos ricos* gustaba al público rural porque mostraba que la vida en el campo era mucho mejor que en la ciudad, en donde todo parecía girar en torno al consumismo, la avaricia y el lujo innecesario. Paul Henning produjo después *Expreso Petticoat* (*Petticoat Junction*, CBS: 1963-1970) y *Granjero último modelo* (*Green Acres*, CBS: 1965-1971), que lograron niveles notables de éxito. Pero cuando Robert Wood se hizo cargo de la CBS en 1969, decidió modernizar la cadena y empezar a cortejar a un público más joven y urbano, por lo que en apenas dos años canceló todos los programas de Paul Henning. Una década después, algunos de los actores se reunieron para un fracasado telefilme de reunión, **The Return of the Beverly Hillbillies** (CBS: 1981).

La adaptación cinematográfica de *Los nuevos ricos* fue realizada por una Penelope Spheeris todavía fresca de **Wayne's World, ¡qué desparrame!**. Aunque en el original se mantuvo el título de la serie, en España se utilizó la curiosa traducción **Rústicos en Dinerolandia**, no se sabe si por un ataque de creatividad de la distribuidora o simplemente porque no recordaban, como la práctica totalidad de los espectadores, que la serie había sido emitida aquí. La película era una narrativa de origen que actualizaba el planteamiento argumental. La historia comenzaba con Jed Clampett (Jim Varney) encontrando por casualidad una veta de petróleo en una charca y decidiendo mudarse Beverly Hills junto a Jethro (Diedrich Bader), Elly May (Erika Eleniak) y la abuela (Cloris Leachman). Allí son recibidos por Miburn Drysdale (Dabney Coleman) y la señorita Hathaway (Lily Tomlin), que al principio los confunden por ladrones. Jed se propone encontrar una esposa que pueda educar como una señorita a la bruta Elly May, pero cae en manos de la cazafortunas Laura Jackson (Lea Thompson), que se hace pasar por una institutriz francesa llamada Laurette. Después de que

Rústicos en Dinerolandia fue la adaptación cinematográfica de *Los nuevos ricos.*

la Abuela sea internada en un sanatorio por descubrir los planes de Laura, la señorita Hathaway interviene para impedir la boda y dar a Laura su merecido.

Rústicos en Dinerolandia pretendía ser un homenaje a la serie original, pero también una pequeña reflexión sobre cómo ha cambiado la sociedad desde que *Los nuevos ricos* dejó de estar en emisión. Por eso se buscó un humor sencillo muy parecido al de la serie, con sus inocentes e incultos protagonistas metiendo constantemente la pata en una sociedad que no comprenden, a lo que se añaden un buen puñado de chistes escatológicos. En este sentido, la película es más coherente con la serie de televisión en la primera mitad, la peripecia de los Clampett desde su pobre entorno hasta adaptarse a Beverly Hills, que en la segunda, con una trama poco original sobre una cazafortunas. Pero el tono de la serie se recupera en la parte final con la presencia de Jethrine, la hermana gemela de Jethro (de nuevo con el mismo actor interpretando a ambos), y una escena en la que los familiares de los Clampett montan una celebración en pleno vuelo. Uno de los momentos más ingeniosos de la película es la aparición de Buddy Ebsen, el Jed original, como su otro personaje más conocido, el detective protagonista de *Barnaby Jones* (CBS: 1973-1980).

> VEREDICTO: **Rústicos en Dinerolandia** logró un respetable éxito comercial, pero los críticos fueron más remisos ante una película que comenzaba bien pero se diluía rápidamente en un argumento repleto de clichés y escatología. En sus mejores momentos es una parodia-homenaje que pretende reírse tanto de unos personajes como resaltar en parte que los valores que defendían siguen estando vigentes. Pero también es una comedia facilona e intrascendente.

PATRULLA 54

Patrulla 54 (*Car 54*, Where Are You?), NBC: 1961-1963. Creada por Nat Hiken.
Coche 54, ¿dónde estás? (*Car 54, Where Are You?*), Orion Pictures, 1994. Dirigida por Bill Fishman. Escrita por Eric Tarloff, Ebbe Roe Smith, Peter McCarthy y Peter Crabbe.

A pesar de ser cancelada tempranamente tras sólo dos años en antena, *Patrulla 54* es considerada hoy una de las mejores comedias de los años sesenta. Tras triunfar con una telecomedia situada en el ejército como *The Phil Silvers Show*, Nat Hiken comenzó a trabajar en una nueva serie que iba a mostrar desde una perspectiva delirante la vida en un ambiente que todo el mundo asociaba con el orden y la rectitud. *Patrulla 54* se desarrollaba en un idealizado distrito del Bronx donde patrullaban en el coche número 54 los oficiales Gunther Toody (Joe E. Ross) y Francis Muldoon (Fred Gwynne), dos policías que no podían ser más diferentes. Toody era bajito, testarudo y bastante pesado, mientras que Muldoon era alto, espigado y un poco intelectual. El argumento no se centraba en cómo resolvían casos, sino en la vida cotidiana de una comisaría tranquila. Allí también trabajaban diversos oficiales de policía, entre los que destacaban el histérico Leo Schnauser (Al Lewis) y el serio Capitán Block (Paul Reed). *Patrulla 54* se rodó en Nueva York e hizo frecuente uso de los exteriores, algo poco habitual en el género. En muchos aspectos *Patrulla 54* fue una continuación de *The Phil Silvers Show* y no sólo porque muchos actores trabajaran en ambos programas. También tenían un tipo de comicidad muy similar que incluía unos toques de sátira sobre el funcionamiento de las instituciones en las que se desarrollaban. En una época en la que la televisión norteamericana era excluyente étnicamente, Nat Hiken tampoco olvidó que el Bronx es un barrio habitado mayoritariamente por afroamericanos e italianos, así que, con toda naturalidad, los oficiales Wallace (Frederick O'Neal) y Anderson (Nipsey Russell) eran negros. Tras una primera temporada de éxito en la que se colocó entre los veinte programas más vistos y ganó un Emmy como mejor dirección de comedia, *Patrulla 54* se enfrentó en su segundo año a mayor competencia y los índices de audiencia descendieron. Tras un conflicto entre la CBS y Nat Hiken por la dirección creativa de la serie, la cadena decidió finalmente cancelarla.

La versión cinematográfica de *Patrulla 54*, titulada en nuestro país **Coche 54, ¿dónde estás?**, fue un proyecto gafado desde el principio y se la puede considerar fácilmente como una de las peores adaptaciones de una serie de televisión. Robert H. Solo, productor de películas de ambiente policial como **Colors - Colores de guerra** (*Colors*, Dennis Hopper, 1988), compró los derechos para una adaptación tomando como refe-

David Johansen (der.) encarnó al oficial Gunther Toody en *Coche 54, ¿dónde estás?*, filme que recuperaba a uno de los intérpretes de la serie original, Al Lewis (izq.)

rencia **Dos sabuesos despistados**. Pero en ese momento Orion Pictures estaba al borde de la bancarrota y sus ejecutivos sólo deseaban realizar con toda rapidez una película de bajo presupuesto que pudiera dar beneficios inmediatos. Esa precipitación dio lugar a un producto de muy baja calidad que tras la quiebra del estudio no vio la luz hasta 1994, cuatro años después de su rodaje. En **Coche 54, ¿dónde estás?** el desastroso patrullero Gunther Toody (David Johansen) es emparejado con un nuevo compañero, el serio y recto Francis Muldoon (John C. McGinley), después de que el veterano agente Leo Schnauzer (Al Lewis) se retire. Toody decide encontrar novia a Muldoon, mientras éste instala en la comisaria un superordenador llamado Edna para reordenar el trabajo con la aprobación del Capitán Anderson (Nipsey Russell). Pero también tienen que proteger al contable Hortz (Jeremy Piven), que va a testificar contra el mafioso Don Motti (Daniel Baldwin). Hortz es secuestrado, pero tras una rocambolesca persecución todo termina bien: Motti es detenido, Muldoon se declara a su amada Velma (Fran Drescher) y Toody se reconcilia con su esposa Lucille (Rosie O'Donnell).

Los problemas de **Coche 54, ¿dónde estás?** parten del hecho de que más que adaptar la serie de televisión original, lo que se intenta es realizar una copia del planteamiento de **Dos sabuesos despistados**, aunque con más palabras malsonantes y situaciones soeces que desperdician a un reparto repleto de talentosos comediantes. Toody ahora no es un idiota, sino un tipo inconformista como Streebeck. Y Muldoon tampoco un intelectual, sino un niño de mamá que como Joe Friday esconde bajo su afán por el orden su frustración sexual. Sin embargo, sí se rinde homenaje a la serie con la recuperación de dos actores interpretando a los mismos personajes, Al Lewis y Nipsey Russell, lo que es incoherente en el conjunto de la historia, que actualiza el precedente. Al Lewis aparece en una escena viendo un capítulo de *La familia Munster*, la otra serie que protagonizó junto a Fred Gwynne.

> VEREDICTO: **Coche 54, ¿dónde estás?** tuvo que esperar casi cuatro años en la nevera antes de lograr ser estrenada en cine, aunque para los críticos, el público y los actores involucrados hubiera sido mejor que hubiese permanecido inédita para siempre. Y es que la película era un desastre de grandes proporciones, un plagio burdo de **Dos sabuesos despistados** con todos sus defectos y ninguna de sus virtudes, lo que era especialmente sangrante teniendo en cuenta la notable calidad del material del que se partía.

MAVERICK

Maverick, ABC: 1957-1962. Creada por Roy Huggins.
Maverick, Warner Bros., 1994. Dirigida por Richard Donner.
Escrita por William Goldman.

Tras lograr un gran éxito con el western *Cheyenne*, uno de los programas más recordados del periodo, Roy Huggins se planteó la manera de transgredir las reglas del género. Por ello, el protagonista de *Maverick* no iba a ser un aguerrido héroe capaz de poner en riesgo su vida

Mel Gibson hizo una convincente actuación como un pícaro simpático e ingenioso en *Maverick*

por salvaguardar la justicia, sino un simpático canalla dispuesto a todo con tal de conseguir dinero fácil. La serie apostaba por un tono desmitificador y un fuerte componente de ironía con los que incluso Huggins se tomaba la libertad de parodiar westerns como el propio *Cheyenne* y *La ley del revolver*. Debido al fuerte ritmo de producción, Maverick contó con dos protagonistas rotatorios, James Garner como Bret Maverick y Jack Kelly como Bart Maverick, aunque de vez en cuando protagonizaban capítulos juntos. Estos se escribían sin tener en cuenta al actor, pero James Garner siempre elegía los capítulos más humorísticos, por lo que es el intérprete más recordado del programa a pesar de que los episodios de Kelly, westerns más tradicionales, consiguieron en su momento mayor audiencia. En la segunda temporada *Maverick* se convirtió en el sexto programa más visto y ganó el Emmy al mejor western, una categoría entregada por única vez. Pero entonces Huggins abandonó la serie y un año después seguiría sus pasos James Garner, ambos cansados del tratamiento abusivo de Warner Bros. en cuanto a remuneración económica. En la cuarta temporada Roger Moore interpretó al primo inglés Beau Maverick, pero fue sustituido rápidamente por Robert Colbert como Brent Maverick, mientras que en la quinta y última temporada Jack Kelly fue el único protagonista. En los años siguientes la serie fue revivida de diferentes formas, primero en el telefilme de reunión **The New Maverick** (ABC: 1978), después en *Young Maverick* (CBS: 1979-1980), con Charles Frank como Ben Maverick, y finalmente con *Bret Maverick* (NBC: 1981-1982), en donde Garner interpretaba a una versión envejecida del personaje original.

Cuando en los años noventa se pusieron de moda las adaptaciones de series de televisión, *Maverick* se convirtió en un referente atractivo porque permitía aprovechar el revival del western que **Bailando con lobos** (*Dances with Wolves*, Kevin Costner, 1990) y **Sin perdón** (*Unforgiven*, Clint Eastwood, 1992) habían propiciado. Tras el proyecto estuvo el actor y productor Mel Gibson, un admirador de la serie que decidió contratar como director a Richard Donner, con quien había trabajado en la franquicia **Arma letal** (a la que se hace un divertido guiño con la aparición de Danny Glover como un ladrón de bancos) y que a comienzos de su carrera dirigió capítulos de westerns como *El hombre del rifle* (*The Rifleman*, ABC: 1958-1963) y *Jim West*. William Goldman, el oscarizado guionista de **Dos hombres y un destino** (*Butch Cassidy and the Sundance Kid*, George Roy Hill, 1969), se hizo cargo de la adaptación. En **Maverick**, el pícaro Bret Maverick (Mel Gibson) debe conseguir los veinticinco mil dólares necesarios para inscribirse en la mayor competición de póquer nunca celebrada. Por el camino mantendrá una relación de amor/odio con la estafadora Anabelle Bransford (Jodie Foster) y una de simplemente odio con el recto marshal Zane Cooper (James Garner). Tras múltiples aventuras, Bret gana la competición y ve cómo Cooper, compinchado con el organizador, el Comodoro Duvall (James Coburn), le roba el premio. Pero después se revela que Cooper es en realidad el padre de Maverick y todo se trató desde el principio de una mascarada.

Este argumento no era adaptación de ningún capítulo, pero sí mostraba que Goldman tenía un conocimiento profundo de la serie. Para empezar, había elegido comenzar la historia como un episodio más, a mitad del relato con el protagonista en una situación difícil, para a continuación volver al principio. Y aunque aparece con otro nombre, Annabelle Brandsford está claramente modelada en Samantha Crawford (Diane Brewster), el persona-

Jodie Foster acompañó a Mel Gibson en la versión cinematográfica de *Maverick* encarnando a Annabelle Brandsford, un personaje inspirado en otro, recurrente en la serie, el de Samantha Crawford.

je con el que Huggins probó el concepto en un capítulo de *Cheyenne* y después hizo recurrente en *Maverick*. También había ecos de episodios como "The Seventh Hand" (1.23.), en donde aparecía una competición de póquer de alto nivel en un barco de vapor. Pero el elemento más brillante es la aparición de James Garner dando vida al padre de su personaje, al que ya interpretó en el capítulo "Pappy" (3.1.). Y es que, aunque al principio parecía lo contrario, en la película también iba a haber dos Maverick compartiendo protagonismo. Que Papá Maverick, al que sus hijos siempre rememoraban a través de sus frases repletas de filosofía oportunista, engañara a todos los personajes hasta el final era coherente con su experiencia como patriarca de toda una estirpe de pícaros. De hecho, al no existir actualización debido a la importancia de las coordenadas temporales en el western, la película es completamente coherente con el universo de la serie. En **Maverick**, que es casi un catálogo de todos los elementos prototípicos del género (hay un salón de juego, un robo a un banco, un encuentro con pistoleros, una diligencia, unos misioneros, una tribu de indios y hasta un barco de vapor), Richard Donner también homenajea al western televisivo de los años cincuenta con la aparición durante la competición de póquer de varios actores protagonistas de series de la época, como Doug McClure de *El Virginiano* (*The Virginian*, NBC, 1962-71), Robert Fuller de *Laramie* (NBC, 1959-63), William Smith de *Laredo* (NBC, 1965-67) y Will Hutchins de *Sugarfoot* (ABC, 1957-61), entre otros. **Maverick** también fue la primera ocasión en la que Roy Huggins fue acreditado como creador del programa, un reconocimiento del que fue privado por Warner Bros. para evitar tener que pagarle mayores ingresos.

VEREDICTO: **Maverick** es una de las más notables adaptaciones de una serie de televisión realizadas hasta el momento y también una de las más exitosas. A su favor contó con un reparto perfecto y el brillante guión escrito por William Goldman. La película funciona perfectamente como fina parodia de un género entonces de moda e inteligente homenaje a una serie de televisión, pero también como un texto autónomo que equilibra el humor, la acción, el romance y los golpes de efecto.

LA TRIBU DE LOS BRADY

La tribu de los Brady / Segundo matrimonio (*The Brady Bunch*), ABC: 1969-1974.
Creada por Sherwood Schwartz.
La tribu de los Brady (*The Brady Bunch Movie*), Paramount Pictures, 1995. Dirigida por Betty Thomas. Escrita por Laurice Elehwany, Rick Copp, Bonnie Turner y Terry Turner.

La tribu de los Brady (también emitida en España como *Segundo matrimonio*) es una de esas series que lograron más éxito después de su cancelación que durante el tiempo que estuvieron en antena. El programa fue creado por el productor y guionista Sherwood Schwartz, que se inspiró en un artículo en prensa que contaba cómo en un tercio de los matrimonios alguno de los cónyuges aportaba al menos un hijo de una relación anterior. Aunque sólo después del éxito de **Tuyos, míos, nuestros** (*Yours, Mine and Ours*, Melville Shavelson, 1968), la serie recibió luz verde. El piloto de *La tribu de los Brady* estaba dedicado a presentar como recién casados a Mike (Robert Reed) y Carol Brady (Florence Henderson). Los hijos de Mike eran Greg (Barry Williams), Peter (Christopher Knight) y Bobby (Mike Lookinland) y las hijas de Carol Marcia (Maureen McCormick), Jan (Eve Plumb) y Cindy (Susan Olsen). Para completar el grupo estaba Alice (Ann B. Davis), la asistenta de la casa. *La tribu de los Brady* fue una serie moralista e ingenua, pero la crisis de la institución de la familia durante los setenta convirtió al programa en una fantasía popular entre determinados espectadores, algo que se acentuó con los años. Por ello tomó las formas más insospechadas, como la serie de animación *The Brady Kids* (ABC: 1972-1974), el programa de variedades *The Brady Bunch Hour* (ABC: 1977), el spin-off *The Brady Girls* (NBC: 1981), el telefilme de reunión **The Very Brady Christmas** (CBS: 1988) y el drama *The Bradys* (CBS: 1990).

La idea de llevar al cine *La tribu de los Brady* rondó la mente de Sherwood Schwartz durante muchos años e incluso llegó a escribir un guión junto a su hijo Lloyd. Sin embargo, la verdadera inspiración para la adaptación provino del éxito cosechado por el espectáculo teatral "The Real Live Brady Bunch". Creado por Faith Soloway y Jill Soloway, la obra pretendía jugar con la relación de amor-odio que *La tribu de los Brady* tuvo con toda una generación de espectadores representando guiones de la serie en un ejercicio de parodia y nostalgia. Básicamente lo que los guionistas de **La tribu de los Brady** plantearon, entre ellos los veteranos de *Saturday Night Live* Bonnie Turner y Terry Turner, fue reutilizar esa idea llevando el planteamiento de **Dos sabuesos despistados** hasta el extremo: los Brady viviendo en los noventa pero conservando su psicología y caracterizaciones. En **La tribu de los Brady** se presentaba a Mike (Gary Cole) y Carol Brady (Shelley Long) enfrentados a una crisis cuando por culpa de unos recibos impagados su casa va a ser subastada para caer en manos de su vecino, el especulador inmobiliario Larry Dittmeyer (Michael McKean). Para evitarlo, sus hijos Greg (Christopher Daniel Barnes), Peter (Paul Sutera), Bobby (Jesse Lee), Marcia (Christine Taylor), Jan (Jennifer Elise Cox) y Cindy (Olivia Hack) participan en un concurso de jóvenes talentos y logran ganar el premio con el que salvar el hogar familiar.

La tribu de los Brady proponía una idílica familia norteamericana en plena crisis de la institución a principios de los 70.

El argumento de **La tribu de los Brady** era una amalgama de capítulos de la serie como "Will the Real Jan Brady Please Stand Up?" (2.18.), en donde Jan utilizaba una peluca negra, "Her Sister's Shadow" (3.7.), sobre los celos de Jan por su hermana mayor, "The Not-So-Rose-Colored glasses" (3.13.), que trataba el trauma que le suponía a Jan llevar gafas, "Getting Davy Jones" (3.15.), en el que apareció el cantante de The Monkees, "The Subject Was Noses" (4.19.), en donde Marcia tenía una doble cita, "Amateur Nite" (4.21.), del que se sacaba la idea del concurso de talentos y la canción que cantan, y "Adios, Johnny Bravo" (5.4.), en el que Greg quería triunfar en la música. La comicidad en la película partía del contraste entre los Brady y el resto del mundo, como cuando un par de vecinos se preguntan por qué nunca han visto dónde está el cuarto de baño en casa de los Brady, una duda común entre los espectadores de la serie. Y es que la traslación del universo de la serie es tan literal que la casa de los protagonistas se reproduce con tanto detallismo que hasta transmite la misma sensación de falsedad. En una memorable secuencia, Cindy Brady pasa varias veces del patio de su casa al de los vecinos revelando un fuerte contraste entre el acartonado plató que sirve de espacio al primero y el escenario naturalista en donde se encuentra el segundo. Pero la película también juega con elementos supuestos en el original, como las conversaciones sexuales entre Carol y Mike y la asistenta Alice (Henriette Mandel) y su novio Sam (David Graf). En **La tribu de los Brady** también aparecen dos actrices del programa original, Florence Henderson como, apropiadamente, la madre de Carol y Ann B. Davis como una camionera que recoge a Jan cuando ésta escapa de casa. En una de las mejores frases de la película, el personaje de Davis, la asistenta de la serie original, afirma que se alegra de no haberse casado porque seguramente hubiera tenido tres hijos y tres hijas que la habrían tratado como su criada.

> VEREDICTO: **La tribu de los Brady** es una de las películas más inteligentes e infravaloradas de la década de los noventa. Más divertida conforme mejor se conoce la serie, es una elaborada parodia que cuestiona a su referente, pero en su parte final también rinde tributo a su optimismo. Decidamente, un título a reivindicar.

La vuelta de los Brady (*A Very Brady Sequel*), Paramount Pictures, 1996. Dirigida por Arlene Sanford. Escrita por Harry Elfont, Deborah Kaplan, James Berg y Stan Zimmerman basándose en una historia de Elfont y Kaplan.

El éxito de **La tribu de los Brady** animó a la rápida producción de una secuela realizada por un nuevo equipo creativo formado, entre otros, por los futuros guionistas de **Los Picapiedra en Viva Rock Vegas** y **Josie y las Melódicas**. En esta ocasión los Brady no eran vistos en comparación con el resto del mundo, sino a través de los ojos de un extraño que se infiltra en su familia. Éste es Trevor Thomas (Tim Matheson), un estafador que se hace pasar por Roy Martin, el primer marido de Carol Brady, para recuperar una valiosa figura que Martin, un arqueólogo, encontró antes de que Thomas saboteara su barco y éste desapareciera. Aunque eso coloca en una situación incómoda al matrimonio entre Mike y Carol, los niños lo reciben de forma entusiasta. Ellos también tienen sus propios problemas: Jan se inventa un novio y Greg y Marcia empiezan a sentir una irresistible atracción el uno por el otro. Finalmente Trevor roba la figura en una subasta benéfica y secuestra a Carol para llevársela a Hawai, donde pretende vender la figura al millonario Whitehead (John Hillerman). Sin embargo, los Brady llegan a tiempo para salvarla y descubrir que el hijo de Whitehead, Gilligan, también estaba en el barco con el Profesor Martin. Carol y Brady renuevan sus votos matrimoniales, pero la ceremonia se interrumpe por la llegada de Jeannie, que afirma ser la esposa de Mike.

Como en la primera película, el argumento de **La vuelta de los Brady** es una amalgama de capítulos de la serie, de la que se retoman elementos tan variados como el viaje a Hawai (incluyendo a Whitehead), los conflictos de Greg y Marcia por una buhardilla, el novio inventado de Jan (George Glass), la pérdida de la muñeca de Cindy, el diario de Marcia que casi acaba en la subasta benéfica, la aparición de Warren Mulaney (Brian Van Holt) y Kathy Lawrence (Jennifer Aspen), la actividad de detective de Bobby y hasta las canciones que cantan los Brady. Cuando Trevor toma unas setas alucinógenas, en su fantasía aparecen los animales que acompañaban a los protagonistas en la serie de animación *The Brady Kids*. Sin embargo, en esta ocasión se incluyen guiños a otras series de televisión, la más notable de todas al otro gran éxito de Sherwood Schwartz, *Gilligan's Island* (CBS: 1964-1967). La conversación con Whitehead revela que su hijo Gilligan era el navegante del barco naufragado, el S.S. Minow. En la serie el Profesor se llamaba Roy Hinkley, no Roy Martin, pero la sorprendente referencia está mejor lograda que la aparición final de Barbara Eden retomando su personaje de *I Dream of Jeannie* (NBC: 1965-1970), serie que tuvo un productor común con *La tribu de los Brady*, Herb Wallerstein. Tampoco hay que pasar por alto que John Hillerman, que interpreta a Whitehead, se hizo famoso por una serie desarrollada en Hawai, *Magnum* (CBS: 1980-1988). El fracaso de **La vuelta de los Brady** impidió nuevas secuelas para cine, pero se realizó una tardía en forma de telefilme, **The Brady Bunch in the White House** (Fox: 2002).

> VEREDICTO: **La vuelta de los Brady** es una continuación digna de su referente, pero no puede superar la inevitable pérdida de frescura. Fue realizada y estrenada con demasiada celeridad sin dejar asimilar la original, lo que le llevó a pasar casi completamente desapercibida entre el público. Pero cuenta con algunos ingeniosos hallazgos y es un complemento perfecto para los que se dejen llevar por el inventivo planteamiento de la primera película.

MISIÓN: IMPOSIBLE

Misión: Imposible (*Mission: Imposible*), CBS: 1966-1973. Creada por Bruce Geller.
Misión: Imposible (*Mission: Impossible*), Paramount Pictures, 1996. Dirigida por Brian De Palma.
Escrita por David Koepp y Robert Towne basándose en una historia de Koepp y Steven Zaillian.

Bruce Geller desarrolló *Misión: Imposible* inspirado por **Topkapi** (Jules Dassin, 1964) y de hecho llegó a pensar en darle forma cinematográfica ante de llevar el proyecto a la productora Desilu. Al comienzo de cada capítulo Daniel Briggs (Steven Hill) era informado de las características de su misión, habitualmente relacionada con cuestiones de seguridad y política internacional. En cada misión Briggs seleccionaba a un grupo de agentes para crear un equipo perfectamente coordinado que ponía en marcha una pantomima con la que engañar a algún villano. Entre ellos se encontraban la guapa Cinnamon Carter (Barbara Bain), el maestro del disfraz Rollin Hand (Martin Landau), el genio de la tecnología Barney Collier (Greg Morris) y el musculoso Willy Armitage (Peter Lupus). Las audiencias de *Misión: Imposible* nunca pasaron de aceptables y sólo se colocó en una temporada (la tercera) entre los veinte programas más vistos. Pero su calidad maravilló a los críticos y le proporcionó seis premios Emmy durante sus tres primeros años de existencia (tres para Barbara Bain como mejor actriz, dos como mejor drama y uno como mejor guión para Bruce Geller). A pesar de ello, *Misión: Imposible* se tuvo que enfrentar tras la primera temporada al abandono de Steve Hill, sustituido por Peter Graves como Jim Phelps, el nuevo líder del equipo. Al final de la tercera, fue el turno del entonces matrimonio formado por Barbara Bain y Martin Landau, lo que propició la llegada de Leonard Nimoy como Paris, el nuevo maestro del disfraz. Muy lejos ya de sus mejores momentos, el programa llegó a completar siete temporadas. Años más tarde Peter Graves volvió a interpretar a Phelps en *Misión: Imposible* (*Mission: Impossible*, ABC: 1988-1990), donde era el tutor de un grupo de jóvenes agentes.

La adaptación cinematográfica de *Misión: Imposible* fue un proyecto personal del actor Tom Cruise, un admirador de la serie que con este proyecto comenzaba su carrera como

Barbara Bain y Martin Landau fueron dos de los protagonistas principales de la serie *Mision: Imposible*.

productor con un proyecto internacional de setenta y cinco millones de dólares. Brian De Palma se encargó de dirigir un guión del oscarizado Robert Towne y David Koepp, éste último autor también del guión de **Parque Jurásico** (*Jurassic Park*, Steven Spielberg, 1993). **Misión: Imposible** comienza con el agente Ethan Hunt (Tom Cruise) culminando un trabajo rutinario en Kiev y trasladándose a Praga, donde va a participar en una misión junto al líder del equipo Jim Phelps (Jon Voight). Sin embargo, los miembros del equipo, incluyendo Phelps y Sarah (Kristin Scott-Thomas), son asesinados y sólo Hunt y la esposa de Phelps, Clara (Emmanuelle Béart), escapan con vida. Acusado de ser el responsable de la tragedia, Hunt llega a la conclusión de que la única manera de demostrar su inocencia es encontrar al traidor, así que recluta a otros dos agentes caídos en desgracia, Luther (Ving Rhames) y Kriege (Jean Reno), para robar una lista con las identidades de todos los espías norteamericanos y vendérsela a Max (Vanessa Redgrave) a cambio de que le revele la identidad de su contacto. El intercambio se produce en el trayecto del TGV entre Paris y Londres y allí Ethan descubre que Phelps, que había reaparecido con vida poco antes, es el traidor. Tras ser declarado inocente, Ethan recibe una nueva misión, esta vez como jefe de equipo.

Misión: Imposible recuperaba los elementos icónicos de la serie original (las cintas que se autodestruyen, las mascaras de latex), pero también escenificaba la sustitución de su planteamiento coral por uno nuevo con un protagonista único, el propio Tom Cruise. La película comienza con lo que podría haber sido una misión más de la serie, a la que sigue una secuencia de créditos que reelabora la original añadiendo algo común en los créditos televisivos, imágenes del relato. Jim Phelps recibe de manera convencional la misión, pero el asesinato del equipo altera el planteamiento. Es cierto que Hunt reúne un nuevo equipo, pero éste nunca llega a funcionar como tal debido a la fuerte desconfianza entre sus miembros, que tras asaltar la sede de la CIA en busca de la lista de espías se comportan más como una banda de vulgares atracadores que como un grupo de agentes gubernamentales. Al final el éxito de la misión reside en manos de Hunt, que derrota a los villanos en solitario. El relevo en el actor que interpreta a Phelps impide que la película sea una continuación directa del

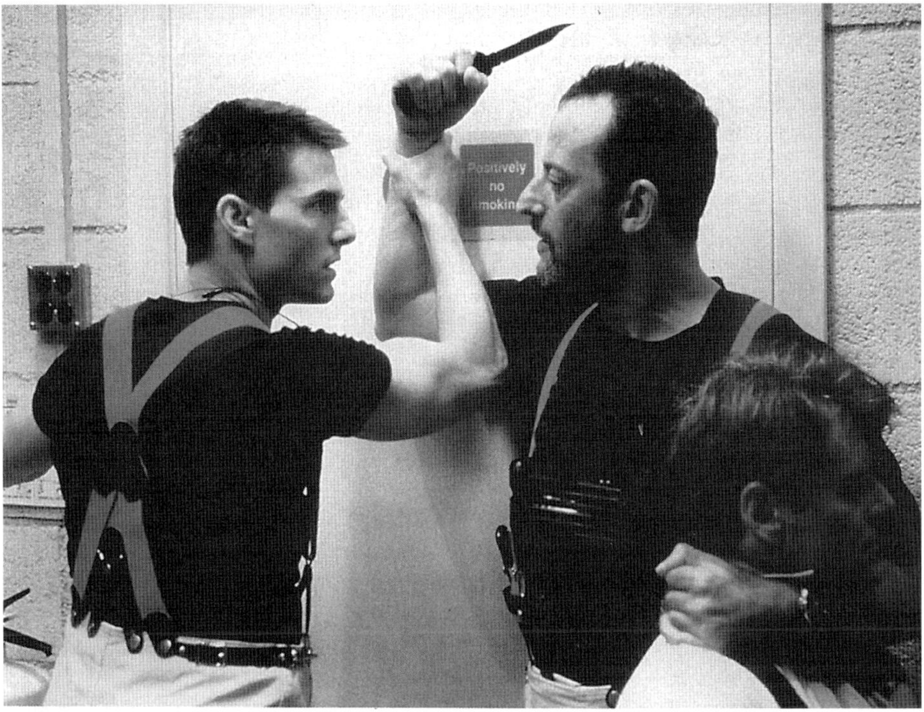

Tom Cruise (izq.) fue el mayor impulsor de la adaptación cinematográfica de *Misión: Imposible*. El francés, de padres gaditanos, Jean Reno (der.) obtuvo con esta película uno de sus primeros papeles en Hollywood.

programa de televisión, pero la reaparición del personaje expone otro cambio esencial. Mientras que la serie era un ejemplo del New Frontier del Presidente Kennedy donde el éxito llega a través de trabajo en equipo, la película refleja cómo la desconfianza y la ambigüedad moral se han convertido en valores dominantes de la sociedad actual. Phelps, el mentor, no sólo es un traidor (lo que es ya un cliché del cine norteamericano), sino que también los superiores de Hunt no dudan en culpar con falsos delitos a su familia para obligarlo a entregarse.

VEREDICTO: **Misión: Imposible** fue un gran éxito de taquilla internacional gracias al poder de estrella de Tom Cruise, las lujosas localizaciones europeas y secuencias tan espectaculares como la de la persecución en los exteriores del TGV. También se convirtió en una favorita los críticos, que supieron admirar un vigoroso estilo narrativo que se elevó por encima de un guión eficaz pero poco original. Y es que, a pesar de cambiar el planteamiento de la serie original, como actualización es sencillamente brillante.

Misión: Imposible 2 (*Mission Impossible II*), Paramount Pictures, 2000. Dirigida por John Woo. Escrita por Robert Towne basándose en una historia de Brannon Braga y Ronald D. Moore.

La secuela de **Misión: Imposible** tardó cuatro años en llegar y cuando lo hizo el resultado final estuvo lastrado por los retrasos provocados por la vinculación de Tom Cruise con **Eyes Wide Shut** (Stanley Kubrick, 1999). Ello provocó el abandono del director inicial, Olver Stone, y su sustitución por el realizador asiático John Woo, que imprimió al proyecto su característica impronta visual basándose en el argumento básico de Ronald D. Moore y Brannon Braga, dos veteranos de *Star Trek: La nueva generación.* **Misión: Imposible 2** comenzaba con el científico ruso Nekhorvich (Rade Serbedzija) mandando un mensaje a Ethan Hunt avisándole de que se dirige a los Estados Unidos con Quimera, un virus muy potente que ha creado. Pero en el avión es interceptado por el agente corrupto Sean Ambrose (Dougray Scott), que lo mata y roba el virus. Tras recibir la misión de su superior Swanbeck (Anthony Hopkins), Hunt se dirige a España para reclutar a la ladrona Nyah Nordoff (Thandie Newton), una antigua amante de Ambrose. Hunt y Nyah se enamoran, pero mientras ella intenta engañar a Ambrose en Australia, él utiliza al nuevo equipo formado por Luther y Billy Baird (John Polson) para sacar información a John McCloy (Brenda Gleeson), el dueño del laboratorio para el que trabajaba Nekhorvich y que ahora participa en la puja por el virus. Después de que Ambrose descubra los planes de Ethan, éste debe desbaratar la venta del virus y lograr el antídoto que salve la vida de Nyah. Si **Misión imposible** causó estupor entre los aficionados de la serie original por su nuevo planteamiento, **Misión: Imposible 2** no hizo sino agudizar esa impresión. La prescindible aparición de Anthony Hopkins también rompió la tradición de no mostrar a los superiores del equipo. Aunque para los espectadores españoles, la película destaca por la hilarante forma en la que confude la Semana Santa sevillana con las Fallas de Valencia.

VEREDICTO: Un éxito de taquilla internacional que dejó ambivalente a los críticos, **Misión: Imposible 2** supuso un cambio de tercio radical que sustituyó el suspense de Brian De Palma por el barroquismo visual de Joss Woo. El resultado es una película con un guión lleno de incoherencias que se construye en torno a lo más importante que la película tiene que ofrecer, elaboradas secuencias de acción.

Misión: Imposible 3 (*Mission: Impossible 3*), Paramount Pictures, 2006. Dirigida por J.J. Abrams. Escrita por Alex Kurtzman, Roberto Orci y J.J. Abrams.

Como en el caso anterior, la tercera entrega de **Misión: Imposible** se hizo de rogar. Tom Cruise y Paula Wagner quisieron dar un cambio de rumbo buscando un director contemporáneo especializado en el suspense, pero el realizador inicial, David Fincher, dejó el proyecto un año después. Su lugar fue cubierto por Joe Carnahan, a quien Cruise había conocido a través de su ópera prima, **Narc** (2002). Pero finalmente Carnahan fue despedido y cuando Tom Cruise vio en DVD las dos primeras temporadas de la serie *Alias* (ABC:

2001-2006) decidió contratar a su creador y productor J. J. Abrams, que aceptó a cambio de desechar el guión inicial de Frank Darabont y poder escribir uno nuevo junto a dos de los escritores habituales de *Alias*, Alex Kurtzman y Roberto Orci. En **Misión: Imposible 3** Ethan Hunt se encuentra destinado al adiestramiento de nuevos agentes y a punto de casarse con la enfermera Julia (Michelle Monaghan) cuando su superior John Musgrave (Billy Crudup) le encarga rescatar a su antigua alumna Lindsey Ferris (Keri Russell). Aunque el equipo formado por Ethan, Luther, Declan (Jonathan Rhys Meyers) y Zhen (Maggie Q) logra liberarla, Lindsey muere cuando estalla un dispositivo insertado en su cabeza. Lindsey estaba investigando al conocido delincuente Owen Davian (Phillip Seymour Hoffman), que va a vender una misteriosa arma llamada la Pata de Conejo. El equipo logra capturar a Davian, pero Ethan descubre un mensaje de Lindsey en el que ésta le alerta de que su superior Brassel (Laurence Fishburne) está colaborando con el villano, cuyos secuaces consiguen liberarlo y secuestrar a Julia. Ethan apenas cuenta con unas horas para hacerse con la Pata de Conejo y dársela a Davian antes de que Julia sea asesinada, aunque en el enfrentamiento final descubrirá quién es el verdadero traidor y cómo el mundo se verá sacudido si logra su objetivo.

Es difícil poder encontrar en la historia moderna de Hollywood un caso como el de J.J. Abrams, que a pesar de ser un director novel logró un nivel de libertad insólito en una superproducción de estas características. Abrams recuperó en un pequeño papel a su actriz predilecta Keri Russell, la protagonista de la serie *Felicity* (WB: 1998-2002), y hasta incluyó un cameo de su actor fetiche Greg Grunberg. Pero lo que es más importante, si Tom Cruise lo contrató con *Alias* en mente, J. J. Abrams y sus colaboradores le ofrecieron lo que esencialmente es un capítulo de la serie de dos horas en forma de superproducción de doscientos millones de dólares, sólo que en este caso con Ethan Hunt sustituyendo a Sydney Bristow (Jennifer Garner). Abrams era especialmente propicio para realizar esta adaptación porque la serie original había sido una directa inspiración para *Alias*, en donde incluso se incorporaron en algunos capítulos las máscaras de látex con las que los personajes escondían sus identidades. Pero a Abrams también le interesaba el desarrollo dramático, por ello cada capítulo se ocupaba tanto de las misiones que había que desempeñar como de las relaciones personales de los espías protagonistas. Incluso el conflicto que experimenta Ethan en la película no es tan diferente al de Sydney a lo largo de la serie, que comienza con el asesinato de su prometido y continúa con su relación amorosa con otro espía. La Pata de Conejo, el motivo central del argumento, es también un MacGuffin muy similar a los que aparecen casi en cada capítulo de *Alias*.

VEREDICTO: Perjudicada en gran medida por el excesivo protagonismo mediático de Tom Cruise por cuestiones personales durante los meses anteriores a su estreno, **Misión: Imposible 3** ha sido una cierta decepción comercial. Sin embargo, es un vehículo de lujo para J. J. Abrams, que da a la película su sello personal añadiendo conflicto dramático y humor a una franquicia cinematográfica diversa como pocas.

SARGENTO BILKO

The Phil Silvers Show / You'll Never Get Rich / Sgt. Bilko, CBS: 1955-1959. Creada por Nat Hiken.
Sargento Bilko (*Sgt. Bilko*), Universal Pictures, 1996.
Dirigida por Johnathan Lynn. Escrita por Andy Breckman.

The Phil Silvers Show (también emitida con los títulos de *You'll Never Get Rich* y *Sgt. Bilko*) fue creada al alimón por el actor Phil Silvers, un veterano artista de vodevil en Broadway, y el guionista Nat Hiken. Se trataba de una comedia en un contexto militar, lo que suponía un irónico contraste con las delirantes aventuras de sus personajes a la vez que era un ambiente reconocible para toda una generación de espectadores que habían luchado en la Segunda Guerra Mundial. Phil Silvers daba vida al Sargento Ernest Bilko, un soldado destinado en Fort Baxter (una base militar situada en Kansas) con escaso sentido del deber que intenta todo tipo de timos y estratagemas para hacerse rico, pero siempre acaba metido en unos líos tremendos de los que sale utilizando su extraordinaria labia para convencer a su superior, el Coronel Hall (Paul Ford), de la bondad de sus propósitos. Sin llegar a estar muy acentuada, la serie también era una sátira sobre el ejército, cuya estructura burocrática era mostrada con ácidez en un capítulo en el que Bilko montaba un consejo de guerra a un mono. Tras su primera temporada *The Phil Silvers Show* se colocó entre los treinta programas más vistos y logró cuatro premios Emmy, entre ellos mejor comedia y mejor actor para Phil Silvers. A partir de la tercera temporada Nat Hiken cedió la dirección creativa a Edward Montagne y al final del cuarto año la CBS lo canceló para comenzar su explotación en sindicación.

La adaptación cinematográfica de la serie, **Sargento Bilko**, fue una especie de reunión de algunos de los mayores talentos que han pasado por el programa *Saturday Night Live*, como los actores Dan Aykroyd, Phil Hartman y Steve Martin y el guionista Andy Breckman. A ellos se sumó el director Jonathan Lynn, el creador de la comedia británica *Sí, ministro* (*Yes, Minister*, BBC: 1980-1984) y experto en sátiras como **Su distinguida señoría** (*The Distinguished Gentleman*, 1992). Sargento Bilko comenzaba con la llegada a la base militar Fort Baxter del soldado Wally Holbrook (Daryl Mitchell), que descubre un poco atónito que lo que parece un estacionamiento militar convencional es en realidad el marco de operaciones de un jugador y timador sin igual, el Sargento Ernest Bilko (Steve Martin). Pero su idílica existencia se trastoca con la llegada del Mayor Thorn (Phil Hartman), que viene a supervisar el ambicioso proyecto de un tanque experimental sin saber que en realidad es un desastre. Thorn, que tiene cuentas pendientes con Bilko, comienza a cortejar a su ex-novia Rita (Glenne Headley) y propone una demostración del tanque para dejarlo en ridículo delante del Coronel Hall (Dan Aykroyd). Pero los hombres de Bilko ponen en marcha una mascarada para hacer creer que el tanque funciona y Thorn se pone en evidencia delante de sus superiores. Thorn acaba en Alaska y Bilko lleva al altar a Rita.

Sargento Bilko recupera el ambiente y el estilo de humor de *The Phil Silvers Show*, pero lo actualiza tanto a un marco temporal actual como a las peculiaridades como cómico de Steve Martin. *La marina de McHale*, *M*A*S*H* o **El pelotón chiflado** (*Stripes*, Ivan Reitman, 1981) han quitado al planteamiento parte de su originalidad, pero aún así la visión de la vida militar en la película es tan ácida que en los titulos de crédito se agradece al ejército norteamericano

Steve Martin (izq.) retomó el papel que Phil Silver encarnó para la televisión en *Sargento Bilko*. En ella se reencontró con algunos colegas del *Saturday Night Live* como Dan Aykroyd (der.)

su absoluta falta de colaboración en el proyecto. **Sargento Bilko** se separa un poco del esquema de la serie de televisión, en donde no había nunca la figura de un villano, pero es una alteración lógica para crear un relato cinematográfico más efectivo. Ni Thorn ni Rita Robbins aparecían en la serie, pero, como la Sargento Joan Hogan (Elisabeth Fraser), el interés romántico de Bilko en la serie, Rita es una consumada jugadora de cartas. Aunque no aparece ningún actor de la serie original, hay un pequeño guiño con la presencia de la hija de Phil Silvers, la actriz Cathy Silvers, interpretando a la Teniente Monday, una de las ayudantes de Thorn.

> VEREDICTO: **Sargento Bilko** obtuvo una decepcionante carrera comercial y dividió a los críticos entre los que resaltaban sus cualidades como sátira militar y los que pensaban que no estaba a la altura de la serie. Steve Martin, cuyo estilo cómico provoca tanta admiración como rechazo, no es una mala elección, pero probablemente Phil Hartman hubiera sido un mejor heredero de Phil Silvers.

EL SANTO

El Santo (*The Saint*), ITV: 1962-1969. Creada por Leslie Charteris.
El Santo (*The Saint*), Paramount Pictures, 1997. Dirigida por Phillip Noyce.
Escrita por Jonathan Hensleigh y Wesley Strick.

El Santo es una de esas franquicias que parecen no agotarse con el tiempo. Simon Templar, el personaje que se hace llamar el Santo, fue creado por el escritor de misterio Leslie Charteris hacia 1928. Templar es un vividor al que gusta vestir ropa cara, conducir coches rápidos y relacionarse con mujeres atractivas, pero debajo de esa fachada se esconde un Robin Hood moderno, un hombre que ayuda, de ahí su apodo, a los desafortunados. Aunque para su principal enemigo, el Inspector Teal, no pasa de ser un vulgar ladrón. A finales de los años treinta Hollywood se interesó por El Santo y Charteris accedió a que su personaje se convirtiera en el protagonista de ocho películas entre 1938 y 1943. Pero la consagración definitiva del personaje llegó con la versión televisiva realizada en Gran Bretaña en los años sesenta protagonizada por Roger Moore como Simon Templar e Ivor Dean como el Inspector Teal. Producida por Lew Grade contando con el asesoramiento de Leslie Charteris, *El Santo* comenzó a emitirse en Gran Bretaña en otoño de 1962 en la cadena ITV mientras en Estados Unidos se estrenaba en el mercado de la sindicación. Para la cuarta temporada Grade consiguió atraer el interés de la NBC y el programa empezó a producirse en color contando con Roger Moore como co-productor. Las aventuras internacionales continuaron, pero desaparecieron las introducciones en las que Templar hablaba directamente a cámara. Tras el fin de la serie en 1969, el personaje fue adaptado de nuevo en *Return of the Saint* (ITV: 1978-1979), el piloto *The Saint in Manhattan* (CBS: 1987) y seis telefilmes producidos en Australia en 1989.

Roger Moore, antes de ser James Bond, alcanzó gran popularidad gracias a la serie de TV *El Santo*.

Con la adaptación cinematográfica de *El Santo* Paramount intentó crear, como con **Misión: Imposible**, un producto de sabor internacional que pudiera ser el punto de partida de una rentable franquicia. De hecho, en muchos aspectos **El Santo** iba a ser una combinación de la serie original, **Misión: Imposible** y James Bond. Paramount ni siquiera citó a Leslie Charteris en los títulos de créditos y dejó el guión en manos de un escritor especializado en la acción, Jonathan Hensleigh (**La jungla de cristal 3**), y otro más cercano al suspense, Wesley Strick (**El cabo del**

Elizabeth Shue y Val Kilmer protagonizaron una nueva versión de *El Santo*. Antes de popularizarse en la TV, ya habían encarnado al personaje en el cine Louis Hayward, George Sanders, Hugh Sinclair y Félix Marten.

miedo). **El Santo** comienza mostrando la miserable vida de un niño en un orfanato de Hong Kong cuya rebeldía tiene trágicas consecuencias. Ya en el presente, Simon Templar (Val Kilmer), como se hace llamar, es un ladrón internacional a sueldo que espera realizar un último gran golpe antes de retirarse. Tras robar al magnate y político ruso Ivan Tretiak (Rade Serbedzija), es contratado por el hijo de éste para sustraer la fórmula de la fusión fría a la científica de Oxford Emma Russell (Elisabeth Shue). Utilizando una más de sus múltiples falsas identidades, Templar seduce a Russell y roba parte de la fórmula, pero también se enamora de la científica. Templar es traicionado por Tretiak, cuyos sicarios lo persiguen hasta Moscú para matarlo. Mientras, Emma Russell trabaja junto al Inspector Teal (Alun Armstrong) para detenerlo sin saber que en Moscú va a caer en una trampa. Finalmente Templar consigue poner a Emma a salvo y engañar a Tretiak, que pretende derrocar al presidente democrático del país, para que se ponga en evidencia públicamente y sea detenido. De vuelta en Oxford, Simon se reencuentra con Emma y ésta decide legar su descubrimiento al mundo.

Como otras adaptaciones de series de televisión, **El Santo** decide mostrar el origen del personaje a pesar de que el halo de misterio que rodeaba a Simon Templar era una de las características esenciales del personaje y como tal nunca fue aclarado por Leslie Charteris. Este origen es similar al del protagonista de *Remington Steele* (NBC: 1982-1987), cuyo intérprete Pierce Brosnan (un futuro James Bond como Roger Moore) estuvo durante años ligado a una posible versión cinematográfica de *El Santo*. Pero en este caso también se añade que la caracterización del personaje original es notablemente transformada, pasando de ser un ladrón filántropo a un criminal a sueldo que de forma bastante súbita decide arrepentirse de sus pecados y comenzar una nueva vida. Si no hubiera sido por el hecho de que Emma Russell continúa con vida y que el futuro delictivo del personaje parece en cuestión en el ilógico final feliz, la película podría haber sido, tal y como era el proyecto inicial, una narrativa de origen. Pero en el resultado final, los vínculos con el material de partida son muy tenues. Y es que no sólo la caracterización es diferente, sino que las caricaturescas habilidades con el disfraz de Simon Templar parecen más propias de Rollin Hand en **Misión: Imposible**. La recuperación en una versión remozada del tema musical y que Templar conduce un Volvo (en este caso un C60 en vez del clásico 1800) son los únicos vínculos reales.

> VEREDICTO: **El Santo** nació con casi todo para triunfar: un director competente, unos guionistas solventes y una pareja de actores con evidente química. Pero fue despreciada por la crítica y obtuvo unos resultados en taquilla mediocres. Aunque entretenida, la película no puede sobreponerse al error de partida: Paramount no quiso en realidad hacer una versión de *El Santo*.

LA ARMADA DE McHALE

La armada de McHale (*McHale's Navy*), The Bubble Factory / Universal Pictures, 1997.
Dirigida por Bryan Spicer. Escrita por Peter Crabbe
basándose en una historia de Andy Rose y Peter Crabbe.

Tras **Dos sabuesos despistados**, **La armada de McHale** se convirtió en la segunda reelaboración de una serie clásica que ya había contando con una prolongación cinematográfica. Sin embargo, **La armada de McHale** no contaba con muy buenos augurios a su favor. Su protagonista era un discutido cómico como Tom Arnold conocido sobre todo por su tumultuoso matrimonio con la actriz Roseanne Barr. Su guionista Peter Crabbe había escrito también la desastrosa **Coche 54, ¿dónde estás?**. Y el único crédito cinematográfico anterior de su director Bryan Spicer fue **Powers Rangers: La película**. Así que el fracaso final fue previsible. En **La armada de McHale** el Teniente Comandante Quinton McHale (Tom Arnold) se encuentra retirado del ejército y vive una existencia idílica en la isla caribeña de San Moreno utilizando su antiguo PT-73 para transportar las bebidas y calendarios que vende a los militares de una base militar cercana. Pero su tranquilidad se ve perturbada cuando el Mayor Vladikov (Tim Curry), un antiguo enemigo de McHale y ahora el segundo mejor terrorista del mundo, se instala en la isla para preparar un gran ataque. McHale reorganiza a sus antiguos hombres, entre ellos el Alférez Charles Parker (David Alan Grier), para luchar contra Vladikov a pesar de las cortapisas que le pone el jefe de la base, el balbuceante Capitán Binghampton (Dean Stockwell). Finalmente, con la ayuda del Almirante Cobra (Ernest Borgnine), McHale logra derrotar a Vladikov y salvar a la isla.

La armada de McHale muestra dos alteraciones significativas respecto a la serie original. La primera es que se presenta al personaje después de que haya abandonado el ejército, como si no se quisiera ofrecer una hipotética imagen negativa de los militares que provocara que la Marina norteamericana se negara a colaborar en el rodaje. El impulsivo McHale de la serie es ahora una figura desencantada de la vida militar y el tono cómico general se resiente de ello. Así también se elimina la ironía original, en la que las aventuras picarescas de McHale se desarrollaban en un contexto bélico. La segunda es que el actor que interpreta a Parker, David Alan Grier, es afroamericano, lo que le da a la película una variedad étnica ausente de la serie original. Sin embargo, su personaje está completamente desdibujado. El principal guiño a la serie se encuentra en la presencia de Ernest Borgnine interpretando al Almirante Cobra, que en un golpe de efecto final similar al de **Maverick**, resulta ser el padre de Quinton McHale.

> VEREDICTO: Una más en la serie de adaptaciones fracasadas de Universal, **La armada de McHale** pasó rápidamente al olvido tras su estreno. Ni siquiera un apreciable reparto salva una confusa comedia de acción repleta de clichés y personajes caricaturescos que habría sido mucho más interesante si hubiera apostado por ser una sátira militar similar a una superior comedia estrenada casi a la vez, **Abajo el periscopio** (*Down Periscope*, David S. Ward, 1996).

LAS DESVENTURAS DE BEAVER

Leave it to Beaver, CBS: 1957-1958, ABC: 1958-1963.
Creada por Joe Connelly y Bob Mosher.
Las desventuras de Beaver (*Leave it to Beaver*), Universal Pictures, 1997.
Dirigida por Andy Cadiff. Escrita por Brian Levant y Lon Diamond.

Leave it to Beaver fue un proyecto personal de los escritores Joe Connelly y Bob Mosher, que inspirados por sus experiencias como padres querían desarrollar historias con componentes educativos. Tras el éxito del primer desarrollo de esta idea, **La guerra privada del Mayor Benson** (*The Private War of Major Benson*, Jerry Hopper, 1955), Connolly y Mosher decidieron darle nueva forma como una comedia familiar. *Leave it to Beaver* giraba en torno a los dos hijos de la familia Cleaver, el pequeño Theodore (Jerry Mathers), apodado Beaver, y su hermano mayor Wally (Tony Dow). Su madre June (Barbara Billingsley) es una comprensiva ama de casa y su padre Ward (Hugh Beaumont) es el eje moral de la familia. El mejor amigo de Beaver es Larry Mondelo (Rusty Stevens), un niño con un padre ausente cuyo únicos objetivos son comer y hacer travesuras, mientras que el de Wally es Eddie Haskell (Ken Osmond), un adolescente mentiroso y problemático. *Leave it to the Beaver* era casi una guía educativa para padres y un entretenimiento didáctico para los niños que propugnaba el respeto a los vínculos familiares, la importancia de la educación, el sentido de la responsabilidad y la necesidad de crear un núcleo familiar equilibrado. Pero *Leave it to Beaver* nunca fue un programa de gran audiencia y de hecho fue cancelado por la CBS tras su pri-

Leave it to Beaver fue una serie con una motivación eminentemente pedagógica.

mera temporada, siendo repescado por la ABC. Pero como ocurrió con *La tribu de los Brady*, el programa se hizo más popular en los pases de sindicación como una fantasía familiar. Los supervivientes del reparto original llegaron a protagonizar el telefilme de reunión, **Still the Beaver** (CBS: 1983), y una continuación producida para el cable, *Still the Beaver* (The Disney Channel: 1985-1986, TBS: 1986-1989).

A mediados de los noventa Brian Levant, director de **Los Picapiedra** y guionista y productor tanto en el telefilme de reunión como en la secuela de *Leave it to Beaver*, comenzó a desarrollar una adaptación cinematográfica. Pero finalmente Levant, que co-escribió el guión, no pudo convencer a Universal de contratarlo como director. El estudio deseaba un proyecto más modesto y se decantó por el realizador televisivo Andy Cadiff. **Las desventuras de Beaver** comenzaba con la presentación de la aparentemente idílica vida de los Cleaver en un soleado vecindario. Ward (Christopher McDonald) tiene un buen trabajo y una adorable esposa, June (Janine Turner), además de dos hijos, el pequeño Beaver (Cameron Finley) y el algo más mayor Wally (Erik von Detten). Beaver es torpe, bajito para su edad y no demasiado brillante. Su mayor sueño es tener una bicicleta, así que aconsejado por el mejor amigo de Wally, Eddie Haskell (Adam Zolotin), decide impresionar a su padre apuntándose al equipo de fútbol americano. Así consigue que le compren una bicicleta, pero un chico más mayor se aprovecha de su ingenuidad y se la roba. Beaver deja de ir a los entrenamientos de fútbol para asisitir a clases de apoyo, pero no puede evitar seguir metiéndose en líos. Después de que su padre le muestre su amor incondicional, regresa al equipo de fútbol. De una forma rocambolesca, ayuda a su equipo a ganar un partido y recupera su bicicleta.

Durante los primeros minutos **Las desventuras de Beaver** se parece peligrosamente a **Daniel, el travieso** (*Dennis the Menace*, Nick Castle, 1993), pero rápidamente este planteamiento desaparece a favor de una comedia de toques costumbristas que tiene como protagonista a un niño que no es ni alto, ni guapo, ni inteligente, sino más bien torpe, irresponsable y muy confiado. El argumento de la película se compone de una sucesión de viñetas que muestran los problemas de Beaver y la manera en la que su padre los afrontaba. Frente a la rectitud moral y fortaleza de la figura paterna en la serie, ésta es ahora más dubitativa e insegura. De hecho, al final es Ward el que ha aprendido una lección sobre el amor incondicional, no su hijo. La figura de la madre es en este sentido marginada, reflejando un conservadurismo acerca de los roles sexuales similar al del programa. A pesar de ello hay una par de escenas que ofrecen una visión del universo de *Leave it to Beaver* más subversiva, una en la que June Cleaver pasa la aspiradora por su casa vestida y maquillada (con collar de perlas incluido) como si estuviera lista para ir a una fiesta, y otra en la que un encuentro con la psicóloga del colegio muestra que, a pesar de lo que aparenta en la superficie, la familia Cleaver no es nada idílica. El desplazamiento de Brian Levant llevó a que los principales actores de la serie original y su continuación se negarán a participar en **Las desventuras de Beaver**. Sin embargo, sí aparecen Barbara Billingsley, la June Cleaver original, con la tía Martha, Ken Osmond como el padre de su personaje en la serie, Eddie Haskell, y Frank Bank, que interpretó al amigo de Beaver Lumpy Rutherford, como un cliente de Ward Cleaver.

> VEREDICTO: Estrenada sin demasiada fanfarria, **Las desventuras de Beaver** pasó completamente desapercibida tanto para la crítica como para el público. Su principal problema es un guión formado por viñetas al que le falta una historia central con gancho y que desperdicia la oportunidad de ofrecer una visión ácida del universo de la serie. A pesar de ello, es una comedia amable sobre la importancia de amar incondicionalmente a los hijos.

LOS VENGADORES

Los vengadores (*The Avengers*). ITV: 1961-1969. Creada por Sydney Newman.
Los vengadores (*The Avengers*), Warner Bros., 1998. Dirigida por Jeremiah Chechik. Escrita por Don MacPherson.

Reciclando un personaje de la fracasada serie *Police Surgeon* (ITV: 1960), los productores Sydney Newman y Leonard White desarrollaron un concepto que combinaba el género de espías con el detectivesco. En *Los vengadores* David Kell (Ian Hendry) era un médico que intenta capturar a los traficantes de droga que han asesinado a su prometida junto al elegante espía del Servicio Secreto Británico John Steed (Patrick Macnee). En la guía del guionista de la primera temporada se establecían cinco características imprescindibles del programa: el glamour, las localizaciones inusuales y exóticas, una importante misión, la acción y un balance entre la simpatía por los personajes y el humor. La primera temporada de *Los vengadores* evidenció las limitaciones de la televisión en directo y en blanco y negro, pero los sucesivos abandonos de actores permitieron a los guionistas refinar el programa hasta llegar a su forma más popular. El hueco creado por la salida de Hendry fue cubierto por Honor Blackman como la antropóloga Cathy Gale, que permaneció en la serie dos años. Su renuncia coincidió con la expansión internacional de *Los vengadores*, que empezó a ser filmada para ajustarse a los cánones de la televisión norteamericana. Brian Clemens y Albert Fennell, para entonces los productores principales, contrataron a Diana Rigg para interpretar a la nueva compañera de Steed, Emma Peel. También acentuaron las referencias a la cultura británica para aumentar el glamour y las tramas de ciencia-ficción. Esta temporada y la siguiente, fil-

Diana Rigg y Patrick Macnee protagonizaron la serie *Los vengadores*.

mada en color, supusieron el momento de más popularidad del programa. Pero la marcha de Rigg y la llegada Tara King (Linda Thorson) para sustituirla condujeron a su cancelación. Seis años después Clemens y Fenell volvieron a contar con Patrick Macnee para interpretar al tutor de dos nuevos agentes en la efímera *Los nuevos vengadores* (*The New Avengers*, ITV: 1976-1977).

La posición de *Los vengadores* como icono cultural lo convertía en un atractivo candidato para una adaptación, sobre todo por su popularidad en los Estados Unidos, donde incluso se llegó a producir un piloto para un remake con el título de *Escapade: Avengers USA*. Los rumores sobre una adaptación protagonizada por Patrick Macnee fueron decreciendo conforme el actor cumplía años y finalmente el productor Jerry Weintraub se hizo con los derechos. **Los vengadores** muestra la primera misión en común del espía John Steed (Ralph Fiennes) y la científica gubernamental Emma Peel (Uma Thurman), que reciben la misión

Uno de los motivos del fracaso de *Los vengadores* fue la ausencia de química entre Ralph Fiennes y Uma Thurman.

de su jefe Madre (Jim Broadbent) de investigar el robo del Proyecto Próspero. Sir August de Wynter (Sean Connery) pretende utilizar la máquina, que es capaz de alterar el clima, para chantajear a los gobiernos de todo el mundo con la ayuda de la traidora Padre (Fionna Shaw), la mano derecha de Madre. Gracias al invisible Coronel Jones (Patrick Mcnee), Steed y Peel descubren la localización de las instalaciones de Sir August y devuelven el buen tiempo a Inglaterra.

Los vengadores es uno de los desastres más relevantes del cine norteamericano contemporáneo, pero también una película sumamente interesante. Recuperaba a la pareja más clásica de la serie, John Steed y Emma Peel, y también a Madre, el obeso jefe en silla de ruedas de la etapa de Tara King, y su reverso Padre, la mujer ciega que apareció en el capítulo "Stay Tuned" (7.22.). Y colocaba como antagonista a un megalómano similar a los habituales del programa cuya trama se inspiraba en el capítulo "A Surfeit of H2O" (4.8.). Allí el villano era Sturm, Tormenta, mientras que en la película se llamaba August De Wynter, Agosto de Invierno. También había una referencia al capítulo "The House That Jack Built " (4.23.) y otros elementos como la clonación y los engendros mecánicos tampoco resultaban extraños al universo de la serie. Visualmente espléndida, **Los vengadores** actualizaba de manera muy lograda el ambiente original (incluyendo las vías urbanas vacías) y añadía en una secuencia donde los personaje se disfrazaban de osos de peluche un toque de extravagancia tampoco ajeno. Pero todo ello se diluye en un argumento repleto de incoherencias que refleja los cuarenta minutos de metraje eliminados tras los pases de prueba. Y sobre todo, en la vulgarización de los personajes y sus relaciones. El elegante y hasta petulante Madre original (Patrick Newell) es ahora un burócrata sacudido por los nervios que en vez de puros fuma simples cigarrillos. El carácter británico de Steed es exagerado hasta el límite de la caricatura, con la escena que revela que tiene un dispensador de té en su Bentley como momento más extremo. Emma Peel, el icono feminista que era un prodigio de la ciencia pero también luchaba en ajustados trajes de cuero, es ahora una neurótica, que como lee Steed en un informe, tiene tendencia a los ataques de histeria, no pasando durante buena parte de la película de ser una damisela en apuros. La clave de la mejor etapa de la serie fue la tensión sexual no resuelta entre Steed y la viuda Peel, que sólo se besan en un capítulo en el que sus identidades son intercambiadas por las de una pareja de delincuentes. Pero durante la película su relación es un juego de seducción que culmina cuando se besan apasionadamente al final. La falta de respeto a la serie es tan notable que incluso Macnee, que interpreta en la película a un hombre invisible, reconoció públicamente que se alegraba de su fracaso.

> VEREDICTO: **Los vengadores** fue un desastre comercial y crítico monumental. Los cierto es que es visualmente brillante y cuenta con unas dosis de excentricidad poco comunes en el cine comercial norteamericano. Pero todos los elementos en los que sabe reproducir el espíritu de la serie se echan por la borda con un guión repleto de lagunas argumentales y un travestimiento total de los personajes originales.

PERDIDOS EN EL ESPACIO

Perdidos en el espacio (*Lost in Space*), CBS: 1965-1968. Creada por Irwin Allen.
Perdidos en el espacio (*Lost in Space*), New Line Cinema, 1998.
Dirigida por Stephen Hopkins. Escrita por Akiva Goldsman.

A lo largo de su carrera como productor Irwin Allen siempre apostó por llevar un poco más allá la capacidad de sorprender y maravillar al espectador. Cuando Allen empezó a tener dificultades para producir sus caras películas debido a la reticencia de los estudios, decidió apostar por la televisión con una adaptación cinematográfica de su éxito **Viaje al fondo del mar** (*Voyage to the Bottom of the Sea*, Irwin Allen, 1961). La buena acogida de *Viaje al fondo del mar* (*Voyage to the Bottom of the Sea*, ABC: 1964-1968) abrió más huecos y Allen desarrolló *Perdidos en el espacio*, una revisión de Robinson Crusoe en clave familiar. La premisa de la serie se situaba en 1997 y presentaba a la Humanidad amenazada por la superpoblación. Para iniciar el proceso de colonización espacial en un planeta del sistema Alfa Centauri se ha elegido a la familia Robinson, formada por el matrimonio de científicos John (Guy Williams) y Maureen (June Lockhart) y sus tres hijos, la joven Judy (Marta Kristen), la adolescente Penny (Angela Cartwright) y el niño Will (Bill Mumy). Pero después de que el espía Dr. Smith (Jonathan Harris) sabotee la nave durante el despegue, los Robinson y el piloto Don West (Mark Goddard) quedan perdidos en el espacio con la indeseable compañía de Smith. Irwin Allen nunca fue capaz de imprimir a sus series el calado emocional e intelectual de *Star Trek* o *Dimensión desconocida*, pero sí ofrecer efectos especiales de calidad y tramas repletas de aventuras. Pero el alto presupuesto y los pobres resultados iniciales llevaron a la CBS a presionar para elevar los elementos humorísticos buscando replicar el éxito de *Batman*. Convertida en un clásico camp, *Perdidos en el espacio* fue cancelada tras su tercera temporada.

La versión cinematográfica de *Perdidos en el espacio* aportó al original una renovación en los aspectos técnicos.

Aunque Irwin Allen era un productor cinematográfico de éxito, no se convenció de la viabilidad de una adaptación para la pantalla grande de la serie hasta pocos años antes de su muerte en 1991. Aunque *Perdidos en el espacio* no pasaba de ser un programa de culto, la ciencia-ficción se había convertido en un género predilecto del cine que permitía lucir el amplio desarrollo de los efectos especiales. Finalmente el proyecto se materializó por una de las productoras habituales en el género, New Line Pictures, que financió los ochenta millones de dólares de presupuesto junto a un grupo de compañías europeas. **Perdidos en el espacio** se desarrollaba en el 2058, donde el agotamiento de los recursos naturales ha llevado al hombre a iniciar la colonización del planeta Alfa Prima. El inventor del portal que permite llegar instantáneamente al planeta, John Robinson (William Hurt), debe trasladarse hasta allí en un vuelo convencional de diez años a bordo de la Júpiter 2 junto a su mujer Maureen (Mimi Rogers) y sus hijos Judy (Heather Graham), Penny (Lacey Chabert) y Will (Jack Johnson). Pero tras el sabotaje del Dr. Smith (Gary Oldman), un salto al hiperespacio de emergencia lo deja perdidos junto al piloto, el Mayor Don West (Matt LeBlanc). Cuando caen en un planeta descubren una distorsión temporal provocada por la máquina del tiempo construida en el futuro por Will Robinson (Jared Harris), que desde la muerte de su familia ha sido protegido por un monstruoso Dr. Smith. Will le da a su padre la oportunidad de saltar al hiperespacio para salvarlos a todos antes de la explosión del planeta y el salto se completa sin que sepan qué se encontrará al otro lado.

El argumento de **Perdidos en el espacio** realiza una impecable actualización de la serie original, añadiendo más interés dramático y lógica. El argumento recrea con libertad los ejes básicos de los tres primeros capítulos de la serie, en donde sucesivamente se mostraba el accidente del Júpiter 2, el encuentro con una nave abandonada habitada por extrañas criaturas y finalmente la llegada a un planeta que después habrá que abandonar antes de que se destruya. Incluso el final abierto de la película, que da pie a una secuela que nunca se realizó, es coherente con la serie, ya que durante las dos primeras temporadas los capítulos siempre finalizaron en clifhangers seguidos por un "Continuará". El capítulo final del programa tampoco aclaraba el destino final de los protagonistas. En la película se ofrece una visión menos idílica de la institución familiar y una notable grandiosidad especial. Sin embargo, el mayor problema de **Perdidos en el espacio** es que el guión de Akiva Goldsman es un refrito de otras películas del género como **La guerra de las galaxias** (*Star Wars*, George Lucas, 1977), **Regreso al futuro II** (*Back to the Future Part II*, Robert Zemeckis, 1989), **Stargate** (Roland Emmerich, 1994) y **Star Trek: La próxima generación**. Y a ello se añade la inclusión de Blarp, una criatura infográfica de escasa calidad cuya única utilidad parece ser la de atraer al público infantil. En un guiño al programa, en el lanzamiento inicial el Júpiter 1, de apariencia similar a la nave en la serie, libera al llegar a la atmósfera el Júpiter 2, la espectacular nueva nave. Cinco actores de la serie original participan en **Perdidos en el espacio**: June Lockhart como la directora del colegio de Will, Angela Cartwright y Marta Kristen como reporteras, Mark Goddard como un general y Dick Tufeld como la voz de Robot, que tras su destrucción inicial es reconstruido por Will de forma casi idéntica al robot del programa.

> VEREDICTO: **Perdidos en el espacio** no es una buena película, pero tampoco se le puede echar en cara no estar a la altura de un original de mayor calidad. En este caso la decepción comercial evitó la realización de lo que parecía una irremediable secuela. A pesar de un cuidado diseño de producción, no pasa de ser un entretenido y poco imaginativo refrito de películas superiores del género.

PATRULLA JUVENIL

Patrulla juvenil (*The Mod Squad*), ABC: 1968-1973. Creada por Bud Ruskin.
Escuadrón oculto (*The Mod Squad*), MGM, 1999. Dirigida por Scott Silver. Escrita por Stephen T. Kay, Scott Silver y Kate Lanier.

Patrulla juvenil fue la primera serie policiaca que intentó adaptarse a las nuevas corrientes sociales y culturales que sacudieron a Estados Unidos durante los años sesenta. Su creador Buddy Ruskin, que como Gene Roddenberry era un antiguo policía de Los Ángeles reconvertido en guionista, se inspiró en sus propias experiencias en una unidad de agente jóvenes. Con la supervisión de Aaron Spelling, en *Patrulla juvenil* ese concepto se alteró levemente, ya que en este caso los protagonistas iban a ser tres antiguos delincuentes: Pete Cochran (Michael Cole), un niño rico de Beverly Hills ladrón de coches, Julie Barnes (Peggy Lipton), la hija de una prostituta que había sido encarcelada por mendicidad, y Linc Hayes (Clarence Williams III), un joven negro de un gueto detenido por participar en una revuelta. Los tres habían sido reclutados por el Capitán Adam Creer (Tige Andrews), que se encargaba de encomendarle sus misiones. El esquema narrativo y étnico de *Patrulla juvenil* era muy similar al de *Ironside* (NBC: 1967-1975), aunque con los protagonistas dotados de caracteres y comportamientos más verosímiles. *Patrulla juvenil* se colocó entre los treinta programas más vistos en las cuatro primeras de sus cinco temporadas, pero fue su perfil de público joven lo que lo convirtió en un programa muy apreciado por la ABC, que buscaba satisfacer los nuevos intereses del mercado publicitario. Y logró algo que Aaron Spelling no consiguió replicar con facilidad: el aprecio de los críticos y siete nominaciones al Emmy, incluyendo una como mejor drama en 1970. Tras su cancelación, los protagonistas se volvieron a reunir para un telefilme de reunión, **The Return of the Mod Squad** (ABC: 1979).

Gracias a *Sensación de vivir* (*Beverly Hills, 90210*, Fox: 1990-2000) y *Embrujadas* (*Charmed*, WB: 1998-2006), Aaron Spelling había reverdecido durante los años noventa laureles demostrando su capacidad de conectar con el público joven. Teniendo en cuenta de que ésta era la audiencia predilecta de los estrenos en las salas, el productor tenía ante sí una oportunidad para reemprender con éxito su corta experiencia cinematográfica. **Escuadrón oculto**, una revisión de la serie en clave de la Generación X, contó como director y co-guionista con Scott Silvers, el realizador del apreciable drama sobre chaperos **Johns** (1996). **Escuadrón oculto** comenzaba presentando a sus tres protagonistas, Julie Barnes (Claire Danes), Peter Cochran (Giovanni Ribisi) y Lincoln Hayes (Omar Epps), cuyos bagajes no son muy diferentes a los de la serie. Reclutados por el Capitán Adam Greer (Dennis Farina), los tres trabajan de incógnito resolviendo casos para la policía. La nueva misión de los chicos es descubrir la vinculación de un club nocturno propiedad de un antiguo novio de Julie, Billy Waites (Josh Brolin), con la prostitución y las drogas. Pero toda la situación se complica cuando encuentran muerto a Greer y cada uno sigue su propio camino: Julie se va con Billy, mientras que Linc y Pete regresan a sus hogares para conseguir ayuda. Pero tras ir a ver al Sargento Mothershed (Richard Jenkins), Pete se da cuenta de que éste está involucrado y que son policías de la brigada de narcóticos los que han matado a Creer para encubrir un robo de drogas. Para demostrarlo los chicos se involucran en el nuevo golpe que pretenden dar utilizando a Billy. Una cinta les permite demostrar la culpabilidad de los policías corruptos y el Detective Briggs (Steve Harris) les ofrece volver a su trabajo en la policía.

Escuadrón oculto desecha el planteamiento de una narrativa de origen para mostrar algo que es más propio de las prolongaciones, un acontecimiento especial. En este caso una crisis sacude al grupo tras la muerte de su mentor pero sale reforzado de la situación contando con un nuevo mentor. Aunque no todas las adaptaciones deben mostrar el origen del planteamiento narrativo para ser efectivas (como en **La familia Addams** o **Maverick**), es el mecanismo más habitual por una razón: a veces es imprescindible una contextualización.

Ello es especialmente patente en **Escuadrón oculto**, en donde se introduce un universo que a los veinte minutos es trastocado completamente. La breve presentación del origen de los personajes al principio al estilo televisivo sirve de poco. No hay tiempo de saber nada de los personajes, ni de dónde vienen, ni por qué Creer es tan importante para ellos, ni siquiera detalles básicos sobre cuánto tiempo llevan trabajando con él y cómo es exactamente su trabajo, ya que no se muestra ni una sola operación completa que culmine con éxito. El reencuentro de los protagonistas con personas de un pasado del que no se sabe nada también pierde efectismo. Y todo ello en el contexto de un argumento repleto de clichés sobre una conspiración de policías corruptos que se resuelve de forma demasiado fácil. A ello también se añade la transformación de Peter Cochran, que pasa de ser un galán con dosis de rebeldía a un joven histriónico y débil, el arquetipo en el que se ha especializado su intérprete Giovanni Ribisi. Probablemente Josh Brolin, que interpreta a un insustancial villano, hubiera sido una mejor elección. Aunque ninguno de los protagonistas originales aparece en la película, sí hay un pequeño guiño a la serie original. En sus títulos de créditos los protagonistas aparecían corriendo por unos túneles y en la película el cadáver de Greer se encuentra precisamente en un túnel.

> VEREDICTO: **Escuadrón oculto** pasó de ser una prometedora película a un monumental fracaso comercial y crítico. La principal causa es un planteamiento argumental equivocado que hace imposible al espectador conectar en ningún momento con el relato. Una trama tópica y un reparto que, aunque formado por buenos actores, es inadecuado, completan la receta para el desastre.

JIM WEST

Jim West (The Wild, Wild West), CBS: 1965-1969. Creada por Michael Garrison.
Wild Wild West, Warner Bros., 1999. Dirigida por Barry Sonnenfeld. Escrita por S.S. Wilson, Brent Maddock, Jeffrey Price y Peter S. Seaman, basándose en una historia de Jim Thomas y John Thomas.

Jim West fue uno de los programas más originales de la moda de series de espías que sacudió la televisión norteamericana durante los años sesenta. Su creador Michael Harrison había intentado durante la década anterior convertir a James Bond en un personaje televisivo, así que tras el éxito de la franquicia cinematográfica decidió regresar con un proyecto que hibridaría el espionaje con el western, el género televisivo más popular. Como James Bond, Jim West (Robert Conrad) también era atractivo y seductor, pero también arriesgado y determinante con los puños. Igualmente iba a contar con su propio Q, pero esta vez uno con gusto por los disfraces que le acompaña en sus viajes, Artemus Gordon (Ross Martin). En *Jim West* abundaron los villanos megalómanos que quieren dominar el mundo, pero uno destacó especialmente, el diminuto Miguelito Loveless (Michael Dunn). Tras su primera temporada *Jim West* se colocó entre los treinta programas más vistos, demostrando que el público había conectado con una arriesgada propuesta en la que eran frecuentes las escenas de acción. En

El protagonismo de Will Smith condiciona el resultado final de *Wild Wild West* y marca la distancia de dicha adaptación respecto a la serie original. Aqui en la foto junto a Kevin Kline (der.).

la segunda temporada, la primera filmada en color, las tramas se centraron más en elementos de ciencia-ficción y los índices de audiencia descendieron. Pero aunque el de-sarrollo de *Jim West* estuvo marcado por varios cambios de productores y frecuentes accidentes en el rodaje, fueron finalmente sus elevadas dosis de violencia las que, en virtud de las relaciones públicas, llevaron a la CBS a cancelar el programa. Años más tarde Robert Conrad y Ross Martin protagonizaron dos telefilmes de reunión, **The Wild Wild West Revisited** (CBS: 1979) y **El regreso de Jim West** (*More Wild Wild West,* CBS: 1980).

Aunque finalmente acabaron colaborando en la notable **Maverick** en su lugar, Richard Donner, uno de los directores de *Jim West*, estuvo a punto de dirigir una adaptación de la serie con Mel Gibson como protagonista. Sin embargo, finalmente Warner Bros. decidió poner el proyecto en manos de Barry Sonnenfeld, el director de **La familia Addams**. Con una estrella como Will Smith al frente del reparto, Sonnenfeld contó con ciento setenta millones de dólares para crear un rico universo steampunk que sólo había podido ser sugerido en la serie original. **Wild Wild West** presentaba a Jim West (Will Smith) como un seductor agente del gobierno federal que está intentando encontrar a un antiguo militar sudista llamado McGrath (Ted Levine). Tras conocer al agente Artemus Gordon (Kevin Kline), a ambos se les encomienda descubrir quién está haciendo desaparecer a un grupo de notables científicos. McGrath está implicado en ello y, siguiendo diferentes pistas, West y Gordon conocen a Rita Escobar (Salma Hayek), que está intentando a encontrar a su padre, uno de los secuestrados. El responsable de ello es el malvado Arliss Loveless (Kenneth Branagh), un científico lisiado que ha inventado una destructiva máquina con la que pretende devolver al Sur su autonomía y repartir el país entre sus aliados europeos. Su plan es secuestrar al Presidente Grant (Kevin Kline) y obligarlo a firmar la claudicación. West y Gordon consiguen acabar con Loveless y salvar al Presidente, que los nombra los primeros agentes del recién creado Servicio Secreto.

Wild Wild West recuperaba los principales personajes de la serie y hasta al Presidente Ulyses S. Grant (que apareció de forma esporádica) para una narrativa de origen que, como **Los vengadores**, cubría una laguna del original utilizando un diseño de producción espectacular. Sin embargo, la suerte de la película estaba echada desde la elección de Will Smith como protagonista. Aunque realizar una versión étnica de un programa de televisión no es algo negativo como tal, en este caso alteraba el relato de forma radical debido a la coordenada temporal. Imaginarse a un agente federal negro trabajando en el Sur en 1869 es sencillamente imposible. Con la correción política en la mano, Loveless dejaba de ser hispano y enano para convertirse en un sudista lisiado, de forma que algo irrelevante en la serie original, las relaciones raciales, se convierten aquí en un elemento central: West, un antiguo esclavo, logra vengarse de McGrath y Loveless, ambos miembros del ejército confederado. Pero la corrección política que parece guiar estos cambios dura poco, ya que en cuanto se conocen West y Loveless inicían combates verbales en los que se insultan utilizando la discapacidad y la raza del otro respectivamente. Añadiendo chistes a costa de linchamientos y de la transexualidad, el resultado es un humor de escaso gusto. La presencia de Will Smith también contaminó a la película de un tono cómico que no reflejaba para nada la ironía presente en la serie original. Como es habitual en este tipo de adaptaciones de alto presupuesto, la producción se vio lastrada también por un guión incoherente del que al final se acreditan a seis guionistas diferentes. Los créditos iniciales diseñados por Kyle Cooper (también autor de los magníficos créditos de **Misión: Imposible** y **Embrujada**) se inspiran en los de la serie y también se incorpora el tema musical original de Richard Markowitz reorquestado por Elmer Bernstein. Pero ni esto ni recuperar el tren en el que se desplazan los protagonistas, el Caminante, o dar un tono internacional al plan de Loveless (lo que coherente con el espíritu de la serie), redimen la falta de respeto general a *Jim West.*

> VEREDICTO: **Wild Wild West** fue unánimemente despreciada por la crítica y logró cinco premios Razzie que fueron recogidos por el propio Robert Conrad, que hizo saber así el poco aprecio que sentía por la película. Y aunque sus recaudaciones fueron altas, en relación a su disparatado presupuesto fue un notable fracaso comercial. Estéticamente brillante, no deja de ser una racista caricatura de una de las series más imaginativas de la historia de la televisión.

MI MARCIANO FAVORITO

Mi marciano favorito (*My Favorite Martian*), CBS: 1963-1966. Creada por John L. Greene.
Mi marciano favorito (*My Favorite Martian*), Walt Disney Pictures, 1999. Dirigida por Donald Petrie. Escrita por Sherri Stoner y Deanna Oliver.

Mi marciano favorito es un perfecto ejemplo de lo que se denominó posteriormente idiot sitcom, la comedia idiota, un estilo de programación muy popular en los años sesenta con el que se buscaba atraer al público más joven con un humor sencillo y sin complicaciones. Su creador John L. Grenne buscó aprovechar el auge de la carrera espacial para añadir un elemento de ciencia-ficción. En el capítulo piloto de *Mi marciano favorito* se introducía a Tim O'Hara (Bill Bixby), un joven periodista de Los Ángeles que un día mientras regresa de cubrir la noticia de un lanzamiento espacial se encuentra con un OVNI estrellado. Creyendo que ha conseguido la noticia de su vida, O'Hara se lleva al tripulante (Ray Walston) a su casa. Cuando éste se recupera se presenta como un antropólogo de Marte y se hace pasar por su inventado tío Martin para no levantar sospechas. El tío Martin no tiene forma de volver a su planeta porque su nave ha quedado gravemente dañada, así que decide permanecer con O'Hara hasta que consiga repararla. *Mi marciano favorito* era una comedia amable que se podía interpretar como una fábula sobre la tolerancia, aunque hay quien, en perspectiva, ve en ella una alegoría sobre la homosexualidad. Beneficiada por la química entre Bill Bixby y Ray Walston, *Mi marciano favorito* acabó su primera temporada entre los diez programas más vistos. Pero en el segundo año se dió más protagonismo a Martin y sus locos inventos, creados con unos vistosos efectos especiales. Este giro hacia la ciencia-ficción elevó la popularidad del programa entre los niños pero la hundió entre los otros sectores de edad. Tras una tercera temporada en color, el programa fue cancelado.

La adaptación de *Mi marciano favorito* fue desarrollada por la factoria Disney dentro de su línea de filmes de acción real dirigidos a un público infantil. Por ello, como en los dos últimos años de la vida de la serie, la película iba a centrarse más en los inventos de Martin. Para completar los abundantes efectos especiales, Disney dotó al filme de un presupuesto de sesenta millones de dólares. **Mi marciano favorito** comienza de forma similar a la serie, presentando a Tim O'Hara (Jeff Daniels) como un periodista de Los Ángeles que tras regresar de cubrir un lanzamiento especial se encuentra con un marciano (Chistopher Lloyd), que se hace pasar por su inventado tío Martin. Mientras intenta arreglar su nave, también se inmiscuye en la vida de O'Hara, como en sus problemas con la ambiciosa hija de su jefe, la también periodista Brace Channing (Elisabeth Hurley), y los sentimientos de atracción mutua que tiene con su compañera Lizzie (Daryl Hannah). Martin es perseguido por un misterioso hombre de negro, Armitan (Ray Walston), y finalmente acaba en manos del científico Coleye (Wallace Shawn), que está a punto matarlo. Finalmente logra escapar con la ayuda de Armitan, que revela que en realidad es Nineenert, un marciano cuya nave se estrelló treinta años antes. A pesar de poder regresar a su planeta, Martin decide quedarse más tiempo en la Tierra.

Mi marciano favorito comenzaba con brillante golpe humorístico muy en la vena de la serie original que muestra cómo una carísima misión a Marte es considerada un éxito por-

Ray Walston fue *Mi marciano favorito* en la televisión.

que consigue catalogar un puñado de piedras, mientras justo al lado se encuentra una floreciente ciudad que pasa desapercibida. Sin embargo, en su desarrollo la película se centra más en el choque de Martin con la civilización humana y sus artilugios recreados con buenos efectos especiales. La tecnología informática también se pone al servicio del relato para dar personalidad propia al traje de Martin, que muestra ser rebelde, protestón e hilarante. Por medio, elementos clásicos de las producciones Disney como persecuciones, personajes excéntricos, humor físico, algo de escatología, un romance edulcorado y un final feliz. En este sentido, **Mi marciano favorito** es casi un capítulo piloto cuyo final abría las puertas a secuelas o incluso una continuación en forma de serie de televisión, proyectos descartados tras el fracaso comercial de la película. En **Mi marciano favorito** hay un fuerte elemento autorreferencial con la presencia de Ray Walston interpretando a Armitan, un anagrama de Martian. En un momento de la película ya se había mencionado un incidente con un marciano acaecido en 1963 (hay otra referencia incorrecta a 1964), anticipando que, como resultaba lógico, al final Armitan, en realidad llamado, Nineenert fuera el marciano de la serie. Pero aunque se pretende dar a entender así que la película es una continuación del universo del programa, hay que hacer dos apuntes. Uno es que el marciano de la serie se llamaba Xzydgeous 12½, no Nineenert. Y el segundo es que en cualquier caso hubiera resultado una increíble casualidad que la peripecia del nuevo tío Martin hubiera sido tan similar a la del anterior, incluyendo ser recogido por un periodista llamado Tim O'Hara con una casera entrometida llamada Sra. Brown (Christine Ebersole). Aunque Bill Bixby falleció en 1993, también se le rinde un pequeño homenaje en una escena en la que Lizzie lleva una camiseta de la Masa, al que el actor interpretó en *El increíble Hulk* (*The Incredible Hulk*, CBS: 1978-1982).

VEREDICTO: **Mi marciano favorito** fue un destacado fracaso de taquilla también mal recibido por los críticos. Quizás fue un castigo excesivo para una típica producción Disney (y como tal, completamente inocua) que ofrece efectos especiales, personajes caricaturescos y un humor sencillo. El mayor error de la película es no haber rejuvenecido a los protagonistas (dos hombres de mediana edad) buscando la identificación con su público potencial.

CAPÍTULO 7

NUEVO MILENIO NUEVAS ADAPTACIONES

Tras el auge que vivieron las adaptaciones de series de televisión en la década de los noventa, los primeros años del nuevo milenio están siendo un periodo mucho más moderado. Casi todas las fórmulas de producción en el cine norteamericano siguen un movimiento cíclico. Un éxito anima a más adaptaciones, pero demasiados fracasos pueden llevar a limitar las nuevas entregas hasta que de nuevo un título logra una buena acogida, animando así un nuevo ciclo. En 2001, casi de forma insólita, no se estrenó ninguna nueva adaptación, pero la buena acogida en los años siguientes de **Lizzie Superstar**, **S.W.A.T.: Los hombres de Harrelson** y **Starsky y Hutch** lograron que en 2005 hubiera cuatro nuevos estrenos, cuyo fracaso puede de nuevo ralentizar el ritmo de adaptaciones. En el terreno de las prolongaciones, las adaptaciones que se han estrenado en estos últimos años no han sido capaces de dar lugar a nuevas franquicias como las de *Star Trek: La nueva generación*, *Los teleñecos* o

Don Johnson y Philip Michael Thomas protagonizaron *Corrupción en Miami*. Colin Farrell y Jamie Foxx los emularán en la adaptación cinematográfica de la serie.

Saturday Night Live. Este detalle es muy relevante porque, como vimos en el apartado anterior, una parte importante de prolongaciones eran también secuelas. En el momento actual, las prolongaciones favorecen a series de la televisión por cable o productos de culto, que tienen una audiencia muy fiel que garantiza la rentabilidad de la película en mercados auxiliares como el DVD. Además, que su reparto no cuente con rostros demasiado populares favorece a las adaptaciones porque limita las demandas económicas de los actores y permite mantener los presupuestos ajustados.

En el caso de las reelaboraciones, las nuevas adaptaciones que se van estrenando tienen cada vez más en cuenta la diversidad cultural de la sociedad norteamericana, eliminando los estereotipos y las exclusiones étnicas que estaban presentes en el original. Esto es sobre todo patente respecto a la población afroamericana y en menor medida la hispana, que ya es la principal minoría étnica del país pero cuya representación en la televisión ha sido muy escasa. Además, se aprecia que cada vez se buscan series norteamericanas clásicas más recientes y en 2006 tiene previsto su estreno la primera película basada en un programa de los años ochenta, **Corrupción en Miami**.

LAS PROLONGACIONES

LOS INMORTALES

Los inmortales (*Highlander*), sindicación: 1992-1998. Adaptada por Dan Gordon.
Los inmortales: Juego final (*Highlander: Endgame*), Dimension Films, 2000. Dirigida por Douglas Aarniokoski. Escrita por Joel Soisson basándose en una historia de Eric Bernt, Gillian Horvath y William N. Panzer.

Los inmortales es el primer caso en el que una serie basada en una película tiene tanto éxito que acaba siendo adaptada cinematográficamente. Es exactamente el camino inverso seguido por *Los Intocables* y *El fugitivo*, que se originaron en la televisión para después pasar al cine y acabar de nuevo en el medio original. **Los inmortales** (*Highlander*, Russell Mulcahy, 1986), una de las películas comerciales más recordadas de los años ochenta, narraba la historia de Connor MacLeod (Christopher Lambert), que pertenece a un grupo de hombres inmortales (el cuello es su único lugar sensible) empujados a luchar unos contra otros hasta que sólo uno quedara con vida y pudiera gozar de extraordinarios poderes, lo que se denomina el Desafío. **Los inmortales 2: El desafío** (*Highlander II: The Quickening*, Russell Mulcahy, 1991) continuó una historia que parecía cerrada con escasa fortuna y su fracaso pareció acabar con las aventuras de MacLeod. Pero entonces el actor Christopher Lambert hizo llegar a los productores Peter S. Davis y Bill Panzer el interés de la poderosa productora francesa Gaumont por desarrollar una serie de televisión basada en la película original. La idea básica era crear un universo paralelo que volviera a su premisa esencial, sólo que en este caso siguen naciendo inmortales y, por tanto, el Desafío nunca llega a completarse. El protagonista de *Los* *inmortales* es Duncan McLeod (Adrian Paul), un familiar de Connor que durante mucho tiempo había intentado mantenerse al margen del Desafío. En el primer capitulo, Connor aparece para advertirle que el Desafío se está haciendo más intenso y que debe formar parte de él. A partir de ese momento, la serie comenzó a crear una rica mitología que incluye un grupo encargado de controlar las existencias de los inmortales, los Vigilantes.

Adrian Paul encarnó al inmortal Duncan McLeod en la serie *Los inmortales*, así como en *Los inmortales: Juego final*, la película inspirada en la misma.

Nuevos personajes recurrentes se añadieron posteriormente, como el antiguo vigilante Joe Dawson (Jim Byrnes) y Methos (Peter Wingfield), el inmortal más antiguo. Pero la serie mantuvo uno de los elementos narrativos más importantes de la película, alternar los acontecimientos presentes con aventuras similares de Duncan en el pasado. El éxito de *Los inmortales* a nivel internacional fue inmediato gracias a las altas dosis de acción y un cuidado diseño de producción. También propició una serie de animación, *Los inmortales* (*Highlander: The Animated Series*, Sindicación: 1994), y la producción de **Los inmortales: El hechicero** (*Highlander III: The Sorcerer*, Andrew Morahan, 1994), que recuperaba a Connor MacLeod pero lo colocaba en un universo no muy diferente al de la serie de televisión. Tras cinco temporadas, *Los inmortales* fue cancelada y dio paso a un efímero spin-off protagonizado por el personaje recurrente de Amanda Darieux (Elisabeth Gracen), *The Raven: La leyenda del cuervo* (*Highlander: The Raven*, Sindicación: 1998-1999).

Para entonces ya se estaba rodando una película basada en la serie de televisión protagonizada por Adrian Paul y Christopher Lambert. **Los inmortales: Juego final** recupera multitud de acontecimientos del primer filme (y dos actrices) como si el desarrollo argumental final del mismo no hubiera tenido lugar, es decir, la finalización del Desafío con la muerte del inmortal Kurgan (Clancy Brown). Esto no era del todo incoherente con el programa, ya que en un capítulo la muerte de Kurgan se había mencionado como un hecho convencional en la larga lucha entre inmortales. La película muestra cómo Connor decide recluirse en un santuario para inmortales tras la muerte de su asociada Rachel (Sheila Gish). Tras diez años allí, el santuario es atacado por Kell (Bruce Payne), un antiguo fanático religioso al que Connor despertó para su vida inmortal varios siglos atrás, cuando todavía estaba casado con Heather (Beatie Edney). En la banda de Kell también se encuentra un antiguo amor de Duncan, Kate (Lisa Barbuscia). Para poder vencer a Kell, Connor decide enfrentarse en un duelo con Connor y que éste tenga así la fuerza suficiente. Duncan mata a Connor y a Kell y se reúne con Kate. Como combinar universos ya de por sí incoherentes era una tarea complicada, se opta por construir un universo alternativo. Aunque como fue común en la franquicia de *Los inmortales*, dos hechos alteraron el curso del proyecto: los problemas presupuestarios y los desacuerdos entre los productores, que han llevado a que existan diversas versiones de la película.

> VEREDICTO: Aunque pasó bastante desapercibida durante su estreno, **Los inmortales: Juego final** es una película de acción bastante entretenida con un estupendo villano interpretando por Bruce Payne, incluso a pesar de algunas inconsistencias en el argumento y las evidentes limitaciones presupuestarias. La serie había sido una completa superación de la película y **Los inmortales: Juego final** simboliza esa transición con la muerte de Connor a manos del discípulo que se había convertido en maestro, Duncan.

LIZZIE SUPERSTAR

Lizzie McGuire, Disney Channel: 2001-2003. Creada por Terri Minsky.
Lizzie Superstar (*The Lizzie McGuire Movie*), Walt Disney Pictures, 2003. Dirigida por Jim Fall.
Escrita por Susan Estelle Jansen, Ed Decter y John J. Strauss.

Lizzie McGuire es la serie de televisión de imagen real de más éxito desarrollada por The Disney Channel. La idea básica de su creadora, la periodista y guionista Terri Minsky, era echar una mirada humorística a la vida adolescente metiéndose en la cabeza de una niña de trece años llamada Lizzie McGuire (Hilary Duff). Inspirada por las brillantes secuencias subjetivas de *Ally McBeal* (Fox: 1997-2002), cada capítulo de Lizzie McGuire estaba sazonado por la presencia de una versión animada de Lizzie que decía y actuaba como ella pensaba por dentro, aunque por fuera sus acciones fueran muy diferentes. Lizzie, cuyos mejores amigos son David 'Gordo' Gordon (Adam Lamberg) y Miranda Sánchez (Lalaine), es guapa, inteligente y no tiene grandes problemas (divorcio, precariedad económica..). Representando a la perfección al público del canal (jóvenes de clase acomodada cuyos padres pueden permitirse la suscripción a The Disney Channel), *Lizzie McGuire* se convirtió en un apreciable éxito de audiencia antes de ser cancelada. Y es que limitando a sesenta y cinco capítulos cada serie, Disney hacía realidad la fórmula de que la rentabilidad se garantizaba sólo gastando poco, en este caso evitando tener que negociar licencias de emisión más altas con productores o sueldos inflados para intérpretes. Si un actor funcionaba en un programa, en Disney le darían más oportunidades en cine y televisión.

En el caso de Hilary Duff, también se añadió el hecho de que la actriz quería convertirse en cantante. Así que **Lizzie Superstar** tuvo el doble propósito de lanzarla como actriz de cine y artista musical. La comercialización de la banda sonora en abril de 2003 junto al estreno de la película fue un buen adelanto para que Hilary Duff publicara su primer disco ese mismo verano. De hecho, se atribuye la ausencia en la película de Miranda Sánchez al hecho de que su intérprete Lalaine también quería lanzar su carrera discográfica. Del guión se hicieron cargo tres productores de la estimable comedia juvenil *Yo y el mundo* (*Boy Meets World*, ABC: 1993-2000), Ed Decter, John J. Strauss y Susan Estelle Jansen. En **Lizzie Superstar** Lizzie va a Roma en un viaje escolar previo a comenzar el instituto. Allí conoce al joven

Paolo (Yani Gellman), un cantante de éxito sorprendido por su parecido con su antigua pareja y compañera artística Isabella (Hilary Duff). Paolo convence a Lizzie de participar con él en una gala mientras Gordo cubre sus ausencias. Pero Gordo también descubre que Paolo es un fraude que intenta destruir la carrera en solitario de Isabella haciendo que Lizzie cante en directo y haga el ridículo. Sin embargo, al final es Paolo el ridiculizado cuando todo el mundo descubre su verdadera voz, mientras que Lizzie, que ha perdido por fin el miedo a actuar en público, triunfa en la gala junto a Isabella. En **Lizzie Superstar** se consigue ofrecer algo atractivo y nuevo, esta vez sacando a los protagonistas de su entorno y situándolos en Roma. Evidentemente, el retrato de los italianos está lleno de tópicos, pero la película es una fantasía adolescente y funciona siguiendo ese modelo.

> VEREDICTO: **Lizzie McGuire** nació como una serie modesta en un canal de cable, tuvo una vida modestamente breve y acabó convertida en una modesta película. **Lizzie Superstar** logró unas recaudaciones excelentes y no fue destripada por los críticos que entendieron que no eran ellos, sino sus hijas adolescentes, las que tenían que juzgarla. Dentro de su ambición de partida, **Lizzie Superstar** funciona a la perfección y eso es lo que a Disney (y al público de la serie) le importa.

FIREFLY

Firefly, Fox: 2002-2003. Creada por Joss Whedon.
Serenity (*Serenity*), Universal Pictures, 2005. Dirigida y escrita por Joss Whedon.

La última prolongación estrenada hasta el momento es también una de las menos convencionales, tomando al igual que **Agárralo como puedas** un referente fracasado. El alma creativa del proyecto, Joss Whedon, parece haberse especializado en este tipo de intercambios, ya que su serie *Buffy, cazavampiros* se basó en una película de serie B de escasa calidad y menos popularidad. Tras el éxito logrado por *Buffy, cazavampiros*, Joss Whedon había acometido un ambicioso proyecto, un western de ciencia-ficción de alto presupuesto. *Firefly* narraba las aventuras espaciales de un grupo de contrabandistas comandados por Mal Reynolds (Nathan Fillion), incluyendo su segunda de a bordo Zoe (Gina Torres), el piloto Wash (Alan Tudyk), la mecánico Kaylee (Jewel Staite), el brazo armado Jayne (Adam Baldwin), el pastor Book (Ron Glass) y la dama de compañía Inara (Morena Baccarin). En el capítulo piloto se unen a ellos en la tripulación del Serenity el Dr. Simon Tam (Sean Maher) y su hermana River (Summer Glau), una joven desequilibrada a quien Simon protege de la persecución de la Alianza de Planetas. Reynolds y Zoe lucharon en el bando perdedor (los llamados chaquetas marrones) en una guerra contra la Alianza, por lo que se sienten a gusto protegiendo a los Tam. Como otras series de Joss Whedon, *Firefly* era un programa imaginativo lleno de acción, humor e impecables caracterizaciones. Sin embargo, la ciencia-ficción cuenta con un atractivo restringido para el público televisivo mayoritario y, para empeorar la situación, la cadena Fox programó *Firefly* en un día poco propicio como el viernes por la noche sin ni siquiera emitir el doble capítulo piloto. El fracaso fue previsible y la serie desapareció en apenas unos meses.

Sin embargo, para entonces Joss Whedon ya contaba con una amplia comunidad de fans que se organizaron en Internet para lograr que los capítulos producidos fueran editados en DVD, algo hasta entonces inédito. Cuando esto ocurrió, las ventas fueron sorprendentemente elevadas y Whedon, que deseaba dedicarse al cine (donde ya era un reputado doctor de guiones) decidió poner en marcha una película que continuara las aventuras de la tripulación del Serenity. La movilización a favor del proyecto convenció a Universal de comprar los derechos para la adaptación a 20th Century Fox, la productora para la que Whedon había realizado hasta entonces sus trabajos. **Serenity** se configuró como una producción de medio presupuesto (treinta millones de dólares) que iba a respetar íntegramente el reparto de la serie y no iba añadir ninguna estrella cinematográfica. El acontecimiento especial iba a ser explicar el misterioso pasado de River, la joven con poderes telepáticos que demuestra que es también una eficaz arma de matar tras ser activada por una señal insertada en un anuncio de televisión. Eso pone sobre la pista de la joven al Operativo (Chiwetel Ejiofor), el agente de la Alianza encargado de evitar que divulgue la información sensible a la que tuvo acceso mientras era sometida a experimentos. En el planeta Miranda los protagonistas descubren que ese secreto era que los Reavers, una raza de brutales asesinos, se originaron en un experimento gubernamental fallido. Huyendo de la Alianza, el Operativo y los propios Reavers, los protagonistas consiguen difundir la información utilizando el equipo del Sr. Universo (David Krumholtz), aunque la aventura se cobra la vida de dos miembros de la tripulación del Serenity.

Serenity es una prolongación modélica que respeta escrupulosamente el material de partida pero aprovecha las facilidades presupuestarias para crear un espectáculo visual, convirtiéndose en la mejor traslación de este tipo desde **Star Trek: Primer contacto**. La película reúne a todos los personajes principales de la serie, se centra en avanzar la trama serial del programa (la persecución por parte de la Alianza de los hermanos Tam), muestra la actividad como ladrones y contrabandistas de la tripulación del Serenity e incluye a los tenebrosos Reavers. A pesar de la importancia de la relación entre los personajes en las creaciones de Whedon, éste también aprovecha que la efímera vida de la serie no había permitido crear una mitológica muy compleja para ofrecer un texto casi completamente autónomo. Aunque en cualquier caso, los seguidores de la serie entenderán mucho mejor algunos puntos (como la guerra contra la Alianza) y también se verán más impactados por la muerte de dos de los personajes principales. Joss Whedon también incluye referencias al clásico **Planeta Prohibido** (*Forbidden Planet*, Fred M. Wilcox, 1956), como el nombre del planeta Miranda, y algunos guiños a la serie dirigidos a los seguidores más acérrimos, como una escena que revela que el día y el mes de nacimiento de Mal Reynolds (el 20 de septiembre) son los mismos en los que se estrenó la serie en 2002. Universal contó con las comunidades de fans para plantear una estrategia de marketing llamada de grass-roots, en donde son los propios espectadores los que ayudan a promocionar la película en sus comunidades.

VEREDICTO: **Serenity** logró la aprobación casi unánime de los críticos, pero fue un relativo fracaso de taquilla como reflejo de su modesto presupuesto y pretensiones. Joss Whedon realizó una adaptación muy lograda de la serie con muchos ecos de crítica política sin que ello restara protagonismo a la acción y la aventura. En un género donde los efectos especiales suelen arrinconar a los guiones, **Serenity** tiene todos los ingredientes para ser un pequeño clásico.

LAS REELABORACIONES

LOS ÁNGELES DE CHARLIE

Los ángeles de Charlie (*Charlie's Angels*), ABC: 1976-1981. Creada por Ivan Goff y Ben Rogers.
Los ángeles de Charlie (*Charlie's Angels*), Columbia Pictures, 2000.
Dirigida por McG. Escrita por Ryan Rowe, Ed Solomon y John August.

A mediados de los años setenta, Aaron Spelling se convirtió en el rey de la televisión norteamericana gracias al éxito de programas que tomaban viejas fórmulas de los policíacos y las adaptaban a los cambios sociales. Las protagonistas de *Los ángeles de Charlie* eran mujeres liberadas que se imponían en un mundo hecho a medida de los hombres, pero también carne atractiva para un público masculino. El punto de origen fue un telefilme escrito por Ivan Goff y Ben Roberts, dos veteranos guionistas que habían creado *La ley de Burke* (*Burke's Law*, ABC: 1963-1966). El telefilme se emitió en marzo de 1976 con una excelente acogida y la serie recibió el visto bueno inmediatamente, en parte gracias a un bello reparto formado por Kate Jackson como la inteligente Sabrina Duncan, Jaclyn Smith como la elegante Kelly Garrett y Farrah Fawcett como la bomba sexual Jill Munroe. Las tres era antiguas policías rechazadas por su género que ahora trabajan para el misterioso millonario Charlie, al que sólo conocen por la voz (prestada por John Forsythe) y que utiliza al afable Bosley (David Doyle) como su intermediario. *Los ángeles de Charlie* finalizó como el cuarto programa más visto después de su primera temporada a pesar del desprecio de los críticos. Pero el programa tuvo que superar la marcha de Farrah Fawcett después de que ésta intentara sin éxito lograr un aumento de sueldo,

Kate Jackson, Farrah Fawcett y Jaclyn Smith fueron las tres *ángeles* originales de *Los ángeles de Charlie*.

Lucy Liu, Cameron Diaz y Drew Barrymore serían las nuevas *ángeles* cinematográficas.

siendo sustituida por Cheryl Ladd. En 1979 Kate Jackson también decidió abandonar el programa, un hueco cubierto primero por Shelley Hack y después por Tanya Roberts. En total *Los ángeles de Charlie* consiguió completar cinco temporadas con buenos índices de audiencia antes de ser cancelada.

La versión cinematográfica de la serie partió de la actriz Drew Barrymore, que compró los derechos para realizar la adaptación a través de su productora Flower Films. Barrymore contó con el apoyo de Aaron Spelling y del también productor de la serie Leonard Goldberg y contrató como realizador al celebrado director de videos musicales McG. Pero se rumoreó que se llegó a revisar el guión hasta treinta veces por trece escritores distintos. Thandie Newton fue elegida como una de las protagonistas, pero tuvo que renunciar por el retraso de **Misión: Imposible 2** y fue sustituida por otra actriz de una minoría étnica, Lucy Liu. La historia comenzaba con una espectacular misión aérea en la que Natalie Cook (Cameron Diaz), Dylan Sanders (Drew Barrymore) y Alex Munday (Lucy Liu) evitan un atentando terrorista. De regreso a casa, Bosley (Bill Murray) les informa que deben encontrar a Eric Knox (Sam Rockwell), que ha sido secuestrado junto a un revolucionario programa informático que permite localizar a cualquier persona rastreando su voz. Las chicas encuentran a Knox, sobreviven a sus encontronazos con el silencioso Hombre Delgado (Crispin Glover) y recuperan el programa. Pero pronto se dan cuenta de que todo fue una trampa. El objetivo de Knox es utilizar el programa, que las chicas robaron a su verdadero propietario, para encontrar a Charlie y matarlo como venganza. Las chicas llegan al castillo donde Bosley está secuestrado y Knox tiene su guarida antes de que éste complete su plan y consiguen derrotarlo.

Los ángeles de Charlie jugaba con éxito a ser mitad parodia de la serie de televisión, mitad adaptación clásica. Era una comedia, pero también una película de acción y aventuras con tres espectaculares mujeres como protagonistas. El chiste empezaba desde el mismo comienzo, con un guiño/plagio poco disimulado a **Misión: Imposible** y un chiste a propósito de una versión cinematográfica de otra producción Spelling-Goldberg, *T. J. Hooker* (ABC: 1982-1985, CBS: 1985-1986). **Los ángeles de Charlie** parte de la idea de que si la serie vista hoy es ridícula, la película también debe serlo. Por eso se desarrollan sin cesar escenas a cada cual más hilarante en donde las protagonistas recrean situaciones no muy diferentes a las comunes en la serie de televisión e incluso literalmente una escena del capítulo "Angels in Chains" (1.4.). John Forsythe volvió a prestar su voz Charlie, que se despide de las chicas al final de la película, tal y como era habitual en el programa, rodeado de bellas mujeres desde un entorno paradisíaco.

> VEREDICTO: **Los ángeles de Charlie** fue un impresionante éxito comercial del que la mayor beneficiada fue Drew Barrymore, que se estima que se embolsó unos cuarenta millones de dólares. Pero los críticos no entendieron del todo una original película que tomaba su máximo referente el videoclip y se organizaba en pequeños fragmentos sin apenas relación entre sí brillantemente filmados y editados. **Los ángeles de Charlie** es una divertida comedia de acción que se ríe a gusto de la serie en la que se basa.

Los ángeles de Charlie: Al límite (*Charlie's Angels: Full throttle*), Columbia Pictures, 2003.
Dirigida por McGee. Escrita por John August,
Cormac Wibberley y Marianne Wibberley basándose en una historia de August.

La buena acogida comercial de **Los ángeles de Charlie** hizo previsible que rápidamente se produjera una continuación que extendiera las aventuras de Alex, Dylan, Natalie y Bosley al servicio del hombre sin rostro Charlie Townsend. Pero fue necesario sustituir a Bill Murray por Bernie Mac como Bosley, ya que el actor, después de los graves problemas que tuvo con Lucy Liu en el rodaje anterior, se negó a participar en la secuela. En esta ocasión Aaron Spelling tampoco se vinculó al proyecto. En **Los ángeles de Charlie: Al límite** el argumento (en muchos aspectos una reedición de la película anterior) giraba en torno al robo de dos anillos que guardan los datos de todos los testigos protegidos del país. Natalie, Dylan y Alex comienzan a intuir que una antigua ángel de Charlie que ahora trabaja de forma independiente, Madison (Demi Moore), puede tener algo que ver. Siguiendo la pista de sospechosos asesinados, las chicas se encuentran con el Hombre Delgado y se descubre que Dylan es realidad un testigo protegido que declaró contra su antiguo novio, el mafioso Seamus O'Grady (Justin Theroux). Dylan decide abandonar a sus compañeras y huir a México, pero una conversación con una visión celestial del ángel Kelly Garrett la convence de que debe volver para enfrentarse a sus demonios y, junto a sus compañeras, derrotar a Madison y Seamus.

El vínculo de **Los ángeles de Charlie: Al límite** con la serie, mucho más fuerte que en la primera entrega, se refuerza con la idea de que los ángeles forman una especie de comunidad que se mantiene en contacto con un boletín, un chiste bastante logrado. La idea de incluir a otro Bosley ayuda a cimentar la impresión de que el universo de las películas es una continuación del programa, ya que sugiere que Charlie ha ido cambiando el equipo de detectives a lo largo de los años y busca ayudantes siempre dentro de la familia Bosley. Incluso hay una escena en la que se ve cómo en una pequeña habitación están colgadas las fotografías de las actrices que dieron vida a los ángeles en la serie. La presencia en carne y hueso de Jaclyn Smith, la única actriz presente en todas las temporadas, ayuda a consolidar esta idea. **Los ángeles de Charlie: Al límite** también aumenta el talante paródico, con guiños directos a más de dos decenas de títulos como **Fiebre del sábado noche** (*Saturday Night Fever*, John Badham, 1977), **Flashdance** (Adrian Lyne, 1983), **El cabo del miedo** (*Cape Fear*, Martin Scorsese, 1991) y *CSI* (CBS: 2000-). También aparece un Ford Torino rojo de 1975, el coche de los protagonistas de *Starsky y Hutch*, en una escena de persecución. El actor Bruce Willis aparece brevemente en la película, siendo asesinado por el personaje que interpreta su ex-mujer Demi Moore.

> VEREDICTO: Los resultados en taquilla de **Los ángeles de Charlie: Al límite** fueron algo decepcionantes en comparación con la primera entrega. La historia es demasiado tópica y la presencia de un ángel caído era tan interesante que se le debería haber dedicado una película entera, no sólo media hora. Sobre todo, cuando se desperdicia metraje en las escasamente interesantes relaciones amorosas y familiares de las protagonistas. Aun así, es una película muy entretenida si se entra en el juego paródico que propone.

TRAFFIK

Traffik, Channel 4: 1989. Miniserie escrita por Simon Moore.
Traffic, USA Films, 2000. Dirigida por Steven Soderbergh.
Escrita por Stephen Gaghan.

La cadena Channel 4 nació en 1982 dentro del cerrado sistema de radiodifusión británico como un intento de aunar comercialidad y servicio público apostando por programas de calidad, un tono intelectual e importaciones norteamericanas de prestigio. Channel 4 también tomó de la BBC su celebrado modelo de miniseries basadas en guiones originales de autores del momento y con temas que pudieran interesar a un público amplio. El productor Brian Eastman desarrolló para la cadena el proyecto de una ambiciosa miniserie sobre el tráfico de drogas en todas sus fases, desde su cultivo en Pakistán hasta su consumo en las calles de Londres pasando por la importación a Europa a través de los puertos alemanes. La miniserie recibió por título *Traffik*, el nombre alemán para tráfico, y contó con un guión de Simon Moore. *Traffik* era una historia coral con tres tramas principales que se interrelacionaban al principio y al final, dando al programa una unidad de gran impacto dramático. Una trama

Dennis Quaid y Catherine Zeta-Jones formaron parte del excelente reparto coral de *Traffic*.

tenía como protagonista al ministro británico Jack Lithgow (Bill Paterson), que renunciaba a su carrera política para ayudar a su hija drogadicta. En Alemania la vida de Helen Rosshalde (Lindsay Duncan) se derrumba cuando su marido es detenido por tráfico de drogas y ella debe conseguir que sea puesto en libertad matando a un testigo. Y en Pakistán el agricultor Fazal (Jamal Shah) debe buscarse la vida en la ciudad cuando su campo de adormideras es destruido y acaba involucrando con el narcotraficante Tarik Butt (Talat Hussain), lo que tiene trágicas consecuencias.

Con un guión de hierro, una impecable dirección del veterano realizador Alistáir Reid y un magnífico plantel de actores, *Traffik* reunía todos los ingredientes para convertirse en un gran éxito internacional. La versión cinematográfica realizada en Estados Unidos, **Traffic**, fue el resultado de dos producciones paralelas que se desarrollaron en Hollywood sobre el mundo de las drogas, una de la productora Laura Bickford, que había comprado los derechos de *Traffik* para adaptarla con Steven Soderbergh como director, y otra de los productores Marshall Herskovitz y Edward Zwick con el guionista Stephen Gaghan. Los dos proyectos se fusionaron y el resultado final fue una película de cincuenta millones de dólares que logró casi todos los premios posibles, incluidos cuatro Oscars (para el director Steven Soderbergh, el guionista Stephen Gaghan, el actor Benicio Del Toro y el montador Stephen Mirrione), y reconocimientos de la práctica totalidad de asociaciones de críticos y los gremios de guionistas, directores y actores. Stephen Gaghan afirmó en una entrevista que sólo vio una vez *Traffik* antes de escribir el guión para la película. Si eso es cierto, fue suficiente como para que pudiera reproducir casi con exactitud gran parte de su argumento, sólo que

Jack Lithgow se convertía en Robert Wakefield (Michael Douglas) y Helen Rosshalde en Helena Ayala (Catherine Zeta-Jones). Dos de las tres tramas de la miniserie se reproducían en versión resumida, manteniéndose hasta la caracterización de los personajes y alterando sólo un puñado de elementos.

Pensando que al público no le interesaría una historia protagonizada por un campesino colombiano (la traslación más lógica del fragmento de Fazal), esa sección se sustituye por las peripecias del policía mexicano Javier Rodríguez (Benicio Del Toro), que decide delatar al General Salázar (Tomás Milian), a la vez narcotraficante y la principal autoridad en la lucha contra la droga de México. A los norteamericanos no les interesa saber de dónde sale la droga, sino a través de dónde les llega a ellos y por eso México es el protagonista de la historia periférica. Sin embargo, mirada con perspectiva, la peripecia de Rodríguez es tan larga como confusa y su historia carece de conclusión. El final con un partido de béisbol infantil (el único precio de Javier habían sido las luces para el campo) es falsamente tranquilizador, ya que Javier es un héroe pero probablemente también un hombre muerto. Curiosamente la historia desarrollada en México es la que más se ajusta al patrón hollywoodiense con un final tan imposible como edulcorado, como si después de haber mostrado la violencia y la corrupción hubiera que dar algo a cambio y decir que, a pesar de todo, el sistema funciona. Las tres historias también cuentan con unos vínculos casi mínimos frente a la unidad que tenían en la miniserie, donde su cruce final en un transporte de droga organizado por Helen Rosshalde en el que participaba la mujer de Fazal y que Lithgow intentaba impedir daba una gran coherencia a la historia. Pero lo que es indiscutible en **Traffic** es la elevada calidad del trabajo de su director. Cámara en mano, con fuerte uso de filtros y un estilo de montaje sincopado, Soderbergh ofrece en su doble función como realizador y director de fotografía un relato lleno de estilo y nervio. La película inspiró una nueva miniserie, *Traffic* (USA Network: 2004), que presentaba un nuevo universo en el que a las drogas se sumaban el tráfico de seres humanos y el terrorismo.

> VEREDICTO: **Traffic** es una película muy notable que maravilló a público y crítica en su estreno. Pero sus artífices se cuidaron mucho de restar importancia a la miniserie británica en la que se basa por una razón: comparándola con *Traffik*, el brillo del filme palidece de forma notable y su racismo se hace más patente. El talento visual de Steven Soderbergh es indiscutible, pero si **Traffic** es una excelente película, *Traffik* es una miniserie extraordinaria.

SOY ESPÍA

Yo soy espía (I spy), NBC: 1965-1968. Creada por Sheldon Leonard, Morton S. Fine y David Friedkin.

Soy espía (*I spy*), Columbia Pictures, 2002. Dirigida por Betty Thomas. Escrita por Marianne Wibberley, Cormac Wibberley, Jay Scherick y David Ronn.

Yo soy espía fue el primer drama de la televisión norteamericana en tener un actor negro como protagonista, un joven Bill Cosby que pasaría en apenas un año de recibir sus primeras clases de interpretación a recoger un Emmy como actor dramático, el primero otorgado a un artista afroamericano en esa categoría. Su productor Sheldon Leonard quiso con ella crear una serie que se adaptara al nuevo clima social de los convulsos años sesenta con acción, humor, romance y localizaciones exóticas. Siguiendo la estela de Samuel Bronston y Sheldon Reynolds, Leonard se dio cuenta de que rodar alrededor del mundo podía ser relativamente barato. *Yo soy espía* no era un formato tan revolucionario, ya que no dejaba de ser una nueva muestra del género de espías que estaba haciendo furor con James Bond, pero esta vez contando con un par de protagonistas atractivos y atléticos. Robert Culp daba vida al tenista Kelly Robinson, mientras que Bill Cosby interpretaba a Alexander Scott, su entrenador y un experto lingüista. En realidad, ambos eran agentes secretos que desarrollaban así sin despertar sospechas misiones por todo el mundo. A pesar de la resistencia de la NBC y de los problemas de Cosby para adaptarse al trabajo dramático, el resultado final gustó moderadamente a la crítica y el público, que cerraban los ojos antes unos argumentos no siempre logrados gracias a los ingeniosos diálogos y la evidente química entre Cosby y Culp. En su segunda temporada *Yo soy espía* consiguió meterse entre los treinta programas más vistos y Cosby ganó el segundo de sus tres premios Emmy. Pero tras tres temporadas Sheldon Leonard decidió cancelar la serie para comenzar lo antes posible su explotación en la sindicación. Robert Culp y Cosby volvieron a interpretar a Robinson y Scott en el telefilme de reunión **I Spy Returns** (CBS: 1994).

El proyecto de llevar *Yo soy espía* al cine llevaba rodando varios años por Hollywood cuando la directora Betty Thomas, también realizadora de **La tribu de los Brady**, se hizo cargo de él. Pero la sorpresa llegó cuando se reveló que Eddie Murphy no iba a heredar el personaje de Bill Cosby (con quien nunca ha tenido una buena relación), sino el de Robert Culp. En **Soy espía** Alex Scott (Owen Wilson) debe completar la misión de recuperar un avión ultrasecreto que se sospecha que ha caído en manos del millonario y delincuente internacional Arnold Gundars (Malcom McDowell). Para poder infiltrase en la alta sociedad de Budapest, donde se va a realizar la venta del avión a un grupo terrorista, Scott necesita un contacto y ese es el arrogante boxeador Kelly Robinson (Eddie Murphy), que se dirige allí para disputar el título mundial. Aunque sus personalidades chocan, Scott y Robinson terminan haciéndose amigos, sobre todo después de que el primero logre con ayuda de Robinson acercarse a la guapa agente Rachel (Famke Janssen). Pero luego descubren que Rachel es una agente corrupta compinchada con Gundars. Robinson y Scott logran recuperar el avión y ayudar a detener a Rachel, aunque quien se lleva la gloria es el petulante agente Carlos (Gary Cole).

De todas las versiones cinematográficas de una serie de televisión, **Soy espía** es la que más se distancia del original, con la única salvedad de **Se busca vivo o muerto**. La razón es tan sencilla como que Betty Thomas no estaba interesada en hacer una versión de la serie y de hecho llegó a revelar en una entrevista que desde el principio quiso eliminar todas las referencias a la misma, pero que en Columbia Pictures insistieron en mantener el título pensando que eso ayudaría a publicitar la película. Quizás el elemento más comentado fue el cambio entre los personajes protagonistas con el que se recuperaban los estereotipos raciales. Realizada ya en el siglo XXI, **Soy espía**, con la complicidad de Eddie Murphy, era infinitivamente más racista que una serie realizada casi cuarenta años antes.

VEREDICTO: **Soy espía** fue un notable fracaso comercial y crítico en el momento de su estreno. Una pretendida comedia de acción, la película malgasta un atractivo planteamiento en una sucesión de clichés muy manidos en decenas de producciones similares. En cualquier caso, ayudó a poner de actualidad a una serie notable y descubrió las posibilidades de la pareja cómica formada por Eddie Murphy y Owen Wilson, el único elemento de interés.

LOS HOMBRES DE HARRELSON

Los hombres de Harrelson (*S.W.A.T.*), ABC: 1975-1976. Creada por Robert Hamner y Lee Stanley.
S.W.A.T.: Los hombres de Harrelson (*S.W.A.T.*), Columbia Pictures, 2003.
Dirigida por Clark Johnson. Escrita por David Ayer y David McKenna
basándose en una historia de Ron Mita y Jim McClain.

Como otros programas de Aaron Spelling y Leonard Goldberg, *Los hombres de Harrelson* no destacó por unos guiones muy elaborados o profundidad dramática, pero sí por exportar muchas de las innovaciones estilísticas que películas como **Contra el imperio de la droga** (*The French Connection*, William Friedkin, 1971) habían puesto de moda: montaje acelerado, posiciones de cámara arriesgadas y grandes dosis de violencia. *Los hombres de Harrelson* se introdujo al público en un capítulo de otra serie de Spelling-Goldberg, *The Rookies* (ABC: 1972-1976), donde se cedía el protagonismo al Teniente Harrelson (Steve Forrest), el jefe de una unidad especial de asalto del tipo S.W.A.T. (por Special Weapon and Tactics, Tácticas y Armas Especiales). En el primer capítulo de *Los hombres de Harrelson* se presentaba al resto de los hombres que formaban la unidad S.W.A.T.: el sargento Deacon Kay (Rod Perry), Jim Street (Robert Urich), Dominic Luca (Mark Shera) y T. J. McCabe (James Coleman). *Los hombres de Harrelson* gustó mucho al público cuando comenzó su emisión en febrero de 1975, pero fue vilipendiada por los críticos y muchas tribunas de opinión que acusaban al programa de reaccionario. Su pegadizo tema musical, compuesto por Barry De Vorzon, se convirtió en un éxito de ventas, pero cuando *Los hombres de Harrelson* no consiguió colocarse entre los treinta programas más vistos en su segunda temporada, los ejecutivos de la ABC decidieron que la controversia generada por la serie no valía la pena y decidieron cancelarla.

Debido a la facilidad con que podía ser convertida en un filme de acción, una posible adaptación de *Los hombres de Harrelson* fue un tema recurrente en Hollywood durante más de una década. Finalmente dos jóvenes escritores, David McKenna de **Blow** (Ted Demme, 2001) y David Ayer de **Training Day** (Antoine Fuqua, 2001), se encargaron del guión de la película, que se convirtió en el debut como director de cine de Clark Johnson, prestigioso realizador de series policíacas como *The shield, al margen de la ley* (*The Shield*, FX: 2002-). **S.W.A.T.: Los hombres de Harrelson** contaba con dos partes diferenciadas. En la primera se muestra la formación de un nuevo equipo S.W.A.T. bajo el mando del Teniente Harrelson (Samuel L. Jackson) y formado por Jim Street (Colin Farell), Chris Sánchez

(Michelle Rodríguez), Deke Kay (LL Cool J), T.J. McCabe (Josh Charles) y Michael Boxer (Brian Van Holt). En la segunda parte el equipo debe custodiar al narcotraficante Alex Montel (Olivier Martinez), que ha ofrecido cien millones de dólares a quien sea capaz de liberarlo durante el traslado a una nueva prisión. Pero además de tener que enfrentarse con todos los criminales de la ciudad, el equipo debe superar la traición de McCabe antes de conseguir llevar a Montel a la prisión.

Las dos generaciones de *Los hombres de Harrelson*.

S.W.A.T.: Los hombres de Harrelson logra mantener a grandes rasgos el planteamiento original y rendir homenaje a la serie con el uso de elementos autorreferenciales. La película es una narrativa de origen que muestra la formación de la unidad de policía protagonista. Lo que la distingue de otras adaptaciones es que podría haber sido exactamente la misma sin tener que llamarse así, ya que las unidades S.W.A.T. existen en la vida real. Sin embargo, en este caso se reconoce que la serie tiene una importancia significativa y que como tal debe ser reivindicada. Para ello se recuperan los principales personajes, aunque debidamente actualizados añadiendo más riqueza étnica con la conversión de Harrelson en afroamericano e incluyendo una policía hispana, dos detalles sin mayor relevancia en el argumento. En el apartado de guiños, LL Cool J, el actor que en **Los ángeles de Charlie** decía que estaba cansado de las películas basadas en series clásicas de televisión, era aquí uno de los protagonistas. También es el encargado de tararear la melodía de la serie en una escena en la que también aparece brevemente Rod Perry dando vida a su padre. Y en otra escena que cuestiona el universo ficcional de la película, el agente Boxer pasa un rato de ocio viendo un capítulo de *Los hombres de Harrelson.*

VEREDICTO: **S.W.A.T.: Los hombres de Harrelson** fue un importante éxito comercial a nivel internacional, pero los críticos tuvieron un sentimiento ambivalente hacia ella, ya que es trivial pero también muy entretenida. Una adaptación modélica que incluye inteligentes guiños a su precedente, **S.W.A.T.: Los hombres de Harrelson** es una película de acción que ofrece un escapismo de calidad.

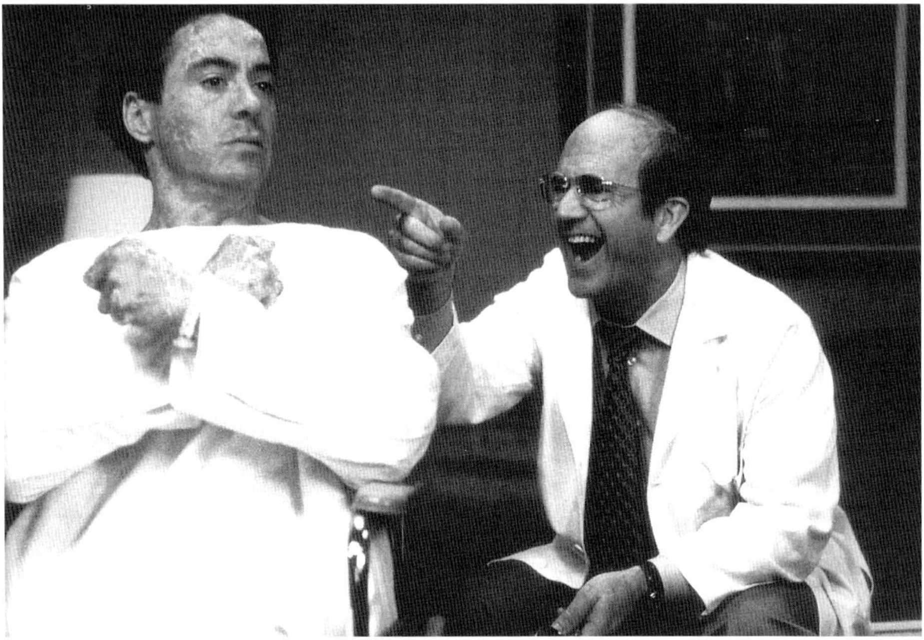

Robert Downey Jr incorporó al personaje que ya había interpretado Michael Gambon en la TV en *El detective cantante*. A su lado Mel Gibson encarna al Dr. Gibbon oculto bajo un maquillaje algo artificioso.

EL DETECTIVE CANTANTE

El detective cantante (The Singing Detective), BBC: 1986. Miniserie escrita por Dennis Potter.
El detective cantante *(The Singing Detective)*, Icon Entertainment, 2003.
Dirigida por Keith Gordon. Escrita por Dennis Potter.

La miniserie *El detective cantante* es considerada la obra maestra de Dennis Potter. La vida del escritor, también autor de *Pennies from Heaven*, estuvo marcada por una grave enfermedad, la artropatía psoriática, que le ocasionaba inflamaciones en la piel y parálisis en las articulaciones que lo dejaban desfigurado y postrado en cama durante meses. Como Potter, el protagonista de *El detective cantante*, Philip Marlow (Michael Gambon), es un escritor que procede del bosque de Den, una zona minera cercana a la frontera inglesa con Gales. A lo largo de seis capítulos se muestra el proceso de curación de Philip Marlow tras un brote especialmente agudo de su enfermedad. Mientras está postrado en una cama al cuidado de la enfermera Mills (Joanne Whalley), Marlow se imagina a sí mismo como protagonista de su novela "El detective cantante", un thriller político situado en la posguerra que sigue las aventuras de un detective que investiga el caso de una prostituta asesinada y su relación con una trama para robar secretos nucleares. Marlow también regresa al pasado para rememorar el suicidio su madre poco después de que se trasladara con él a Londres a la vez que se imagina a su esposa Nicola (Janet Suzman) tramando un plan junto al productor Mark Finney

(Patrick Malahide) para robarle su guión de "El detective cantante". En las sesiones de terapia del Dr. Gibbon (Bill Paterson) se pone de manifiesto la relación entre sus traumas psicológicos y físicos. Tras afrontar el pasado, Marlow sale del sanatorio curado para iniciar una nueva vida junto a Nicola.

La miniserie reúne todas las características de la obra del escritor: componentes autobiográficos, mezcla de géneros, crítica política, contenido sexual y religioso, elementos surrealistas y la técnica de utilizar playbacks de canciones clásicas. *El detective cantante* es una obra especialmente rica y compleja en la que el talento de Dennis Potter está acompañado por un reparto de calidad y una inspirada realización de Jon Amiel. A lo largo de los seis capítulos de la miniserie el espectador se sumerge en cinco planos narrativos diferentes: la realidad presente de Marlow en el sanatorio, los recuerdos de su infancia, la ficción de la novela "El detective cantante", las fabulaciones de Marlow sobre Nicola y su amante productor y, por último, un plano en donde se mezclan personas reales y personajes de la novela. En este plano un asesino a sueldo mata al propio Philip Marlow, liberando al escritor en la realidad de todos sus traumas y pesares. Mezclando psicoanálisis con vistosos números musicales, *El detective cantante* se convirtió en un notable éxito internacional y en Estados Unidos, donde se emitió en la televisión pública PBS, logró un prestigioso premio Peabody. Potter comenzó a barajar la idea de escribir una versión cinematográfica desarrollada en Estados Unidos, a donde consideraba que la historia pertenecía por derecho propio por sus referencias al cine negro. En 1990 finalizó el guión y el proyecto empezó a fraguarse como una producción de alto presupuesto. Pero tras la muerte Potter en 1994, el proyecto cayó en el olvido hasta que el éxito de **Traffic** y el empeño de Mel Gibson contribuyeron a ponerlo de nuevo en marcha. Potter había realizado una adaptación de la obra que comprimía las seis horas del original a un tercio y convertía a Londres en Los Ángeles, el bosque de Den en el desierto del Mojave y el periodo de posguerra en mediados de los cincuenta. Philip Marlow era ahora Dan Dark (Robert Downey Jr.), pero se mantenían los cinco niveles narrativos y los diferentes personajes interpretados por los mismos actores en los distintos planos, como la enfermera Mills (Katie Holmes), Mark Binney (Jeremy Northam), Nicola (Robin Wright Penn), Betty Dark (Carla Gugino), el Dr. Gibbon (Mel Gibson) y una pareja de matones (Jon Polito y Adrien Brody).

El detective cantante sigue de forma bastante fiel el texto de Dennis Potter, cuyos hijos Jane y Robert, que han guardado de forma celosa el legado de su padre, figuran como productores. Según confirmó el director Keith Gordon, la única alteración relevante fue la sustitución de una de las canciones citadas por Potter en el guión porque no se lograron los derechos. La compresión de la historia le resta la riqueza del original, pero eliminar las interacciones de Dark con otros pacientes también permite mostrarlo como completamente aislado de la realidad. Para Potter, esta soledad era también un reflejo del individualismo norteamericano. La decisión más arriesgada es rejuvenecer al protagonista con la elección de Robert Downey Jr. (que tenía ocho años menos que Michael Gambon cuando éste protagonizó la miniserie), aunque para guardar el equilibrio se envejece al Dr. Gibbon (un Mel Gibson notablemente maquillado).

VEREDICTO: Más que una adaptación hollywoodiense clásica, **El detective cantante** es el resultado del empeño del productor Mel Gibson por hacer realidad el sueño de Dennis Potter. Esa es la clave de las virtudes y defectos de una película experimental que dividió a los críticos y pasó completamente desapercibida entre el público. Una fábula psicoanalítica con ecos del musical y el cine negro, **El detective cantante** merece ser una película de culto.

STARSKY Y HUTCH

Starsky y Hutch (*Starsky & Hutch*), ABC: 1975-1979. Creada por William Blinn.
Starsky y Hutch (*Starsky & Hutch*), Warner Bros., 2004. Dirigida por Todd Phillips. Escrita por John O'Brien, Todd Phillips y Scot Armstrong basándose en una historia de Stevie Long y O'Brien.

Para el desarrollo de *Starsky y Hutch*, Aaron Spelling y su socio Leonard Goldberg acudieron de nuevo a William Blinn, un experimentado guionista que ya había creado para ellos *The Rookies*. Esta vez se trataba de exportar al género policiaco las buddy-movies desarrollando dos protagonistas que, siguiendo la estela de los éxitos del tándem Paul Newman-Robert Redford, fueran hombres con marcadas diferencias físicas y una relación de fuerte amistad basada en la total confianza mutua. En este caso los protagonistas eran David Starsky (Paul Michael Glaser) y Ken Hutchinson (David Soul), alias Hutch, dos policías californianos que se trasladan en un Ford Torino rojo de 1974. Starsky es moreno y es el duro curtido en la calle, mientras que Hutch es rubio y tiene un cierto aire intelectual. Siguiendo la estela de otros programas lanzados a través de telefilmes, *Starsky y Hutch* primero vio la luz como una película homónima emitida en la primavera de 1975 cuyos buenos resultados llevaron a la ABC a dar luz verde a la serie. Ésta se mantuvo cuatro años en emisión con discretos resultados, ya que sólo durante su primera temporada se colocó entre los treinta programas más vistos. Además de por sus atractivos protagonistas y las generosas dosis de acción, *Starsky y Hutch* tuvo un elemento muy particular que le permitió destacar incluso frente al desprecio general de los críticos. El programa entroncó con una moda de la época de mostrar a los policías de incógnito asumiendo identidades ficticias, pero en este caso la peculiar relación de interdependencia de los dos protagonistas se prestó a la interpretación de que en realidad *Starsky y Hutch* mostraba una relación homosexual.

La adaptación de *Starsky y Hutch* iba a ser un nuevo esfuerzo de colaboración de un grupo de profesionales que durante los últimos cinco años habían revigorizado la comedia cinematográfica en su variedad más gamberra. El núcleo del grupo estaba formado por el director Todd Phillips, realizador de **Aquellas juergas universitarias** (*Old School*, 2003), donde coincidió con uno de los guionistas de **Starsky y Hutch**, Scot Armstrong, y dos de los actores de esa película, Will Ferrell y Vince Vaughn. Vaughn trabajó ese mismo año con otros dos intérpretes de la adaptación, Jason Bateman y Ben Stiller, en **Dodgeball** (Rawson Marshall Thurber, 2004), mientras que Stiller y Owen Wilson ya habían aparecido juntos en media docena de comedias. **Starsky y Hutch** se desarrollaba en los años setenta y mostraba la primera misión de Starsky (Ben Stiller) y Hutch (Owen Wilson) tras la imposición del Capitán

Doby (Fred Williamson) de que trabajen juntos. Un cuerpo que aparece en el puerto les dirige hacía Reese Feldman (Vince Vaughn), un hombre de negocios que pretende comercializar una nueva droga indetectable por la policía. Con la ayuda de un preso, el Gran Earl (Will Ferrell), descubren más pistas, pero no logran demostrar nada y quedan en ridículo cuando van a detener a Feldman. Finalmente descubren que el intercambio de la droga se va a realizar en una subasta benéfica y persiguen sin suerte a Feldman, aunque el confidente Huggy Bear (Snoop Dogg) se encarga de él. Con su coche en el fondo del puerto, Starsky y Hutch reciben de dos desconocidos con los que guardan un gran parecido (David Soul y Paul Michael Glaser) un magnífico sustituto.

Owen Wilson y Ben Stiller reelaboran en clave de parodia a Hutch y Starsky en la adaptación cinematográfica de la serie.

Starsky y Hutch es una adaptación original y muy lograda que mantiene la coordenada temporal original para acentuar su propósito cómico. En este caso el referente no es sólo la serie, sino también el género policiaco en su conjunto, desde cliché argumentales como el policía agobiado por el recuerdo de la herencia paterna (en una divertida inversión, aquí una madre en vez de un padre) y el jefe gritón (aunque al final también resulta ser un juerguista). Starsky está un poco reprimido y Hutch se saca un sobresueldo como ladrón de bancos bajo la excusa de que trabaja de incógnito, pero ninguno de los dos personajes es llevado al límite de la caricatura a pesar de que las personalidades de los dos protagonistas parecen a ratos intercambiadas respecto a las de la serie para ajustarse mejor a sus intérpretes. La película también da oportunidades de lucimiento a los otros dos personajes habituales del programa, el pintoresco Huggy Bear y el Capitán Doby. Los guiños a la serie son abundantes, desde presentar a los personajes en planos congelados en medio de una acción de tensión física como en los títulos de créditos originales a la utilización de disfraces. Pero el más relevante es la presencia de David Soul y Paul Michael Glaser en una secuencia autorreferencial tan obvia como efectiva en la que los dos universos se encuentran frente a frente. **Starsky y Hutch** también entra de lleno en la interpretación homosexual de la serie, aunque dejando a uno de los personajes participar en un trío con dos mujeres (no deja de ser una película comercial). Los juegos sexuales que ponen en práctica para sacar la información al Gran Earl y el tema de amor que Hutch canta mirando a Starsky (una referencia además a la carrera musical de David Soul) son ejemplos de ello.

VEREDICTO: **Starsky y Hutch** fue un apreciable éxito comercial, pero también logró una respuesta favorable de muchos críticos, algo no muy habitual. No es tan extrema como **La tribu de los Brady**, pero que aún así mantiene un equilibrio perfecto similar entre el sentido homenaje y la ácida parodia. La película también cuenta con las suficientes dosis de acción para mantener el interés aunque no se conecte con su estilo de humor.

THE HONEYMOONERS

The Honeymooners, CBS: 1955-1956. Creada por Jackie Gleason.
The Honeymooners, Paramount Pictures, 2005. Dirigida por John Schultz. Escrita por Danny Jacobson, David Sheffield, Barry W. Blaustein y Don Rhymer.

El alma tras *The Honeymooners* fue el cómico Jackie Gleason, un artista de variedades que, como tantos otros, encontró en el naciente mercado televisivo una oportunidad de llegar al público masivo. *The Honeymooners* nació en octubre de 1951 como una pieza del programa de variedades *Calvacade of Stars* (DuMont: 1949-1952). Cada uno de los fragmentos estaba protagonizado por un matrimonio de clase baja de Brooklyn, Ralph (Jackie Gleason) y Alice Kramden (Pert Kelton). Ralph era un conductor de autobús y en cada nueva pieza el matrimonio discutía acaloradamente (era común que Ralph amenazara a su esposa) antes de la reconciliación final. Tras varias reformulaciones en nuevos programas, este planteamiento tomó cuerpo en una pionera comedia de situación filmada en un teatro. Ralph y Alice (ahora interpretada por Audrey Meadows) estaban acompañados por sus vecinos del piso superior, el fontanero Ed Norton (Art Carney) y su esposa Trixie (Joyce Randolph). Ralph a menudo tramaba disparatados planes para elevar su situación social, unos proyectos en los que le seguía el poco espabilado Ed. Tras meterse en todo tipo de líos, Ralph siempre era perdonado por la firme pero enamorada Alice. Frente a otras comedias que mostraban acomodadas existencias en los suburbios, *The Honeymooners* mostraba a un hombre de clase baja cuyos sueños de prosperidad siempre fracasaban, la otra cara del sueño americano. Quizás por ello, aunque *The Honeymooners* no funcionó tan bien como los anteriores programas de Gleason y fue cancelado tras una única temporada, se acabó convirtiendo en un clásico para varias generaciones.

Pese a durar una sola temporada *The Honeymooners* se convirtió en una serie clásica de la TV norteamericana.

Una adaptación cinematográfica de *The Honeymooners* se enfrentaba a la popularidad continuada de la serie y la pesada sombra que el genio cómico de Jackie Gleason proyectaba sobre sus imitadores. Ni siquiera tomar un referente tan lejano (es la adaptación basada en una serie más antigua) atenuaba los potenciales problemas. **The Honeymooners** iba a seguir la estela de normalización de

La adaptación al cine de *The Honeymooners* remodeló el original desde una perspectiva afroamericana, contando con el tirón de los cómicos Cedric the Entertainer y Mike Epps.

remakes como **La mujer del predicador** (*The Preacher's Wife*, Penny Marshall, 1996) y **El amor no cuesta nada** (*Love Don't Cost a Thing*, Troy Breyer, 2003) para realizar una versión étnica que actualizaba el referente y lo situaba en un ambiente afroamericano. Aunque se trató de una decisión muy polémica entre los admiradores de la serie original, esta adaptación tenía cierto sentido: en el momento actual, el barrio de Brooklyn habitado por los personajes es mayoritariamente afroamericano. **The Honeymooners** muestra cómo surgió el amor entre el conductor de autobuses Ralph Kramden (Cedric the Entertainer) y su esposa Alice (Gabrielle Union). Pero tras seis años de matrimonio ella está cansada de vivir en un mísero apartamento de alquiler y de los siempre fracasados negocios de Ralph. Una vecina está a punto de vender su duplex a la corporación de William Davis (Eric Stoltz) y Alice la convence de que ella, su marido y el matrimonio formado por Ed (Mike Epps) y Trixie Norton (Regina Hall) serían los propietarios ideales. Pero mientras, Ralph ha gastado sus ahorros en comprar en una subasta una locomotora de tren antigua y entrenar un galgo de carreras que, a pesar de los esfuerzos del estrambótico entrenador Dodge (John Leguizamo), no consigue ganar una importante competición. Peleado con Alice y Ed, Ralph decide vender la locomotora a un coleccionista japonés por la cantidad que necesita para comprar el duplex y llega a tiempo para completar el trato y reconciliarse con Alice.

The Honeymooners sigue la senda de una comedia romántica convencional que recicla de su referente los personajes, algunos chistes y un par de frases míticas. Pero *The*

Honeymooners era un producto de su época y como tal el proceso de actualización elimina muchas peculiaridades del original, especialmente el abuso constante al que Ralph sometía a su mujer. La frase "hasta la luna" era en la serie una referencia al lugar al que un día Ralph iba a mandar a Alice de un puñetazo, pero en la película se inserta en una declaración de amor. Aunque arriesgado, la traslación étnica funciona bien gracias a la brillante recreación que Cedric the Entertainer y Mike Epps hacen de los personajes originales. De hecho, **The Honeymooners** entronca muy bien con las comedias de clase obrera que son comunes en la producción orientada al público afroamericano. Pero como en otras adaptaciones, el guión (escrito por cuatro escritores habituales del género) es decepcionante y se centra sobre todo en estereotipos y las previsibles trastadas de Ralph. Un final edulcorado era lógico, pero la premisa inicial, que la entrada para un duplex en Nueva York son veinte mil dólares, es inverosímil. **The Honeymooners** es una nueva adaptación de una serie de televisión producida por Paramount, que fiel a su tradición prefiere en los títulos de crédito promocionar a su filial televisiva recordando que la serie se emitió en la CBS en lugar de citar a Jackie Gleason.

> VEREDICTO: Probablemente el peso de su referente era demasiado fuerte para que **The Honeymooners** pudiera haber sido un proyecto satisfactorio, pero aun así es patente la manera en la que se desperdicia un estupendo dúo protagonista en una historia llena de clichés. Como ejemplo de ello está el hecho de que John Leguizamo, cuyo personaje ni siquiera salía en la mítica serie original, es finalmente quien roba la función como un hilarante estafador.

THE DUKES OF HAZZARD

The Dukes of Hazzard, CBS: 1979-1985. Creada por Gy Waldron.
Dos chalados y muchas curvas (*Dukes of Hazzard*), Warner Bros., 2005. Dirigida por Jay Chandrasekhar. Escrita por John O'Brien basándose en una historia suya y de Jonathan L. Davis.

La premisa de *The Dukes of Hazzard* fue creada por Gy Waldron para la película **Moonrunners** (Gy Waldron, 1975), la historia de dos jóvenes contrabandistas de alcohol ilegal que huyen de las corruptas fuerzas de la ley. **Moonrunners**, una producción independiente distribuida por United Artists, pasó bastante desapercibida, pero cuatro años más tarde Waldron recicló con éxito el planteamiento en *The Dukes of Hazzard.* En la serie Bo (John Schneider) y Luke Duke (Tom Wopat) se encargan de transportar por el condado de Hazzard el whiskey ilegal destilado por su tío Jesse (Denver Pyle) con la ayuda ocasional de su espectacular prima Daisy (Catherine Bach). Pero para ello deben enfrentarse al político corrupto y líder criminal J.D. Hogg (Sorrell Booke) y su sicario, el sheriff Rosco (James Best). Su coche, un Dodge Charger decorado con la bandera confederada y apodado el General Lee, siempre está a punto con la ayuda del mecánico Cooter (Ben Jones), mientras que a menudo logran la ayuda del afable ayudante del sheriff Enos (Sonny Shroyer). Con tramas sencillas, ambiente sureño, gusto por las persecuciones y tendencia a mostrar a Daisy Duke ligera de ropa, *The Dukes of Hazzard* se convirtió en un éxito de audiencia que, a pesar del desprecio de los críticos, se mantuvo tres temporadas entre los diez programas más vistos. El abandono en 1982 y posterior vuelta un año más tarde de John Schneider y Tom Wopat por desacuerdos contractuales supuso su temprana decadencia, pero aún así *The Dukes of Hazzard* inspiró un efímero spin-off, *Enos* (CBS: 1980-1981), y los telefilmes de reunión **The Dukes of Hazzard: Reunion!** (CBS: 1997) y **The Dukes of Hazzard: Hazzard In Hollywood** (CBS: 2000).

The Dukes of Hazzard basaba su éxito en la parodia del estereotipo del paleto sureño y en la exhibición del físico de Catherine Bach (centro) en el papel de Daisy Duke.

A pesar de ser un exponente de lo que probablemente ha sido la peor época del drama televisivo en Estados Unidos, *The Dukes of Hazzard* logró un lugar en la cultura popular gracias al valor icónico del General Lee y los increíblemente cortos pantalones de Daisy Duke, tan asociados al personaje que hoy son conocidos como Daisy Dukes. El planteamiento de *The Dukes of Hazzard* era perfecto para una comedia gamberra de acción y finalmente la adaptación tomó forma como un proyecto del grupo cómico Broken Lizard. Jay Chandrasekhar, director de sus anteriores películas **Super Maderos** (*Super Troopers*, 2001) y **Club Desmadre** (*Club Dread*, 2004), fue el realizador de **Dos chalados y muchas curvas**, mientras que los otros cuatro integrantes del grupo (Kevin Heffernan, Steve Lemme, Paul Soter y Eric Stolhanske) aparecieron en diferentes papeles. **Dos chalados y muchas curvas** presenta a Bo (Seann William Scott) y Luke Duke (Johnny Knoxville) de nuevo enfrentados al malvado Hogg (Burt Reynolds) y el balbuceante sheriff Rosco (M.C. Gainey). Hogg se está haciendo con varias granjas de la zona y cuando expropian la del tío Jesse (Willie Nelson), Bo y Luke descubren que su plan secreto es convertir el condado de Hazzard en una explotación minera. Para distraer a todo el pueblo el día que un juzgado va a conceder la explotación, Hogg ha contratado al célebre piloto local Billy Prickett (James Roday) para que regrese al pueblo y compita en la carrera anual. Tras escapar de la policía de Atlanta con la ayuda de su prima Daisy (Jessica Simpson), Bo logra ganar la carrera con el General Lee y, junto a Luke, llevar a todos los presentes al juzgado para derrotar los planes de Hogg.

Dos chalados y muchas curvas no pretende ser una parodia de su referente, pero sí una actualización que utiliza dos argumentos típicos de la serie (los conflictos con la ley y los esfuerzos de Hogg por hacerse con la propiedad del tío Jesse) acentuando la picaresca de los personajes y el erotismo. La presencia de Johnny Knoxville, del programa *Jackass* (MTV:

2000-2002), y Seann William Scott, protagonista de **Viaje de pirados** (*Road Trip*, Todd Phillips, 2000), acentúa los vínculos con la comedia gamberra que ha triunfado en el cine norteamericano en los últimos años. La película recupera a los principales personajes de la serie, entre ellos Enos (Michael Weston) y Cooter (David Koechner), y los lleva al límite de la caricatura. Bo tiene una obsesión tan fuerte con el General Lee que siente más interés por él que por las mujeres, mientras que Luke salta de cama en cama sin prestar atención a nada más. El tío Jesse, al que interpreta el cantante country Willie Nelson, no es ahora un reverenciado patriarca que imparte buenos consejos, sino un anciano que cuenta chistes verdes y fuma marihuana. Como en el original, también estamos ante un relato políticamente incorrecto: los héroes son delincuentes, las mujeres objetos sexuales, los políticos corruptos y la autoridad incompetente. Incluso el General Lee aparece con el techo pintado con la bandera confederada, aunque este elemento se utiliza en una escena para mostrar cómo es un símbolo de orgullo para unos y un icono racista para otros. *The Dukes de Hazzard* estaba repleta de estereotipos de los sureños (los rednecks) y, como la propia película, el estilo de humor de Broken Lizzard juega a la vez con la sátira y el homenaje a esta particular subcultura.

> VEREDICTO: **Dos chalados y muchas curvas** consiguió una más que aceptable carrera comercial, pero como era previsible también la desaprobación total de los críticos. No se podía esperar otra cosa teniendo en cuenta a su referente, al que actualiza y amplifica. Por ello, no es en ningún caso una buena película, pero sí una espléndida adaptación fiel en forma y espíritu.

EMBRUJADA

Embrujada (*Bewitched*), ABC: 1964-1972. Creada por Sol Saks.
Embrujada (*Bewitched*), Columbia Pictures, 2005. Dirigida por Nora Ephron.
Escrita por Nora Ephron y Delia Ephron.

Embrujada fue el programa más exitoso de las telecomedias fantásticas que se pusieron de moda en los años sesenta, entre ellas *I Dream of Jeannie* y *La familia Munster*. En este caso se trataba de un proyecto supervisado por el productor William Usher para lucimiento de su entonces esposa Elizabeth Montgomery. En *Embrujada* la protagonista era Samantha (Elizabeth Montgomery), una bruja que contrae matrimonio con el mortal Darrin Stephens (Dick York). Darrin ama a su nueva esposa y tiene que aceptar su peculiar naturaleza, aunque a cambio le prohíbe utilizar sus poderes para ser una buena ama de casa. Pero Samantha no renuncia a sus poderes y a veces los usa para ayudar a Darrin en su trabajo como publicista. La felicidad de la pareja se ve enturbiada por la presencia constante de la madre de Samantha, Endora (Agnes Moorehead), las locuras de su tío Arthur (Paul Lynde), las neurosis del jefe de Darrin, Larry Tate (David White), y las sospechas de la vecina Gladys Kravitz (Alice Pearce). En un periodo en el que la sociedad norteamericana empezó a experimentar cambios radicales, *Embrujada* se entendió como una comedia doméstica aparentemente convencional que utilizaba el recurso de la fantasía para cuestionar el papel de la mujer en el hogar y el mundo profesional. A pesar de las protestas de grupos religiosos descontentos por la utilización de la brujería, la subversión que se traspiraba bajo su aparente conservadurismo convirtió a *Embrujada* en un éxito de audiencia que se mantuvo tres años en la lista de los diez programas más vistos. La serie incluso se sobrepuso a la sustitución de Dick York por Dick Sargent y de Alice Pearce por Sandra Gould debido a motivos de salud para completar una longeva trayectoria e inspirar un spin-off, *Tabitha* (ABC: 1977-1978).

Elizabeth Montgomery encarnó a una bruja ama de casa en el clásico de la televisión *Embrujada*.

Una actualización de *Embrujada* podría haberse centrado perfectamente en los elementos feministas del programa, pero en manos de la directora y guionista Nora Ephron, la artífice de **Algo para recordar** (*Sleepless in Seattle*, 1993), se convirtió en una fábula metatextual sobre la naturaleza de la ficción. El argumento de **Embrujada** muestra los empeños de la bruja Isabel Bigelow (Nicole Kidman) por llevar una existencia convencional a pesar de los consejos de su padre Nigel (Michael Caine). Mientras aún se está adaptando a su nueva vida, Isabel es descubierta por Jack Wyatt (Will Ferrell), un mediocre actor que espera revitalizar su carrera protagonizando una nueva telecomedia basada en la serie *Embrujada*. Por motivos obvios Isabel es perfecta para el papel, pero la vanidad de Jack condena al proyecto al fracaso hasta que Isabel empieza a utilizar sus poderes. Mientras, la actriz Iris Smythson (Shirley MacLaine), que interpreta a Endora en la serie, comienza a salir con Nigel sin que éste sepa que es una bruja de verdad. Tras enamorarse de Isabel y perderla, Jack consigue la ayuda del tío Arthur (Steve Carell) para recuperarla e iniciar juntos una vida en común.

Embrujada toma a su referente como un producto cultural dentro de su ficción a la vez que lo recrea. Aunque sus nombres no son Samantha y Darrin, también aquí hay un mortal que debe aceptar que la mujer que ama es en realidad una bruja. Pero sobre todo la película funciona como un análisis humorístico de la serie original que recupera a buena parte de sus personajes, como la tía Clara (Carole Shelley) y el tío Arthur. Incluso la actriz que interpreta a Endora resulta ser una bruja. También aparecen unos nuevos títulos de créditos similares a los originales en los que el rostro de Samantha siempre está cubierto de humo para satisfacer el ego de Jack Wyatt. Los relatos de ficción dentro de la película son abundantes como continuos indicadores de autoconciencia narrativa, como los propios fragmentos de

La adaptación cinematográfica de *Embrujada* no fue tanto una recreación del original sino un juego metalinguístico que no fue entendido por crítica y público. En la imagen Will Ferrell, Shirley McLaine y Nicole Kidman.

la clásica *Embrujada* y las escenas de la nueva serie. Incluso en un momento dado, tras un encantamiento que ha funcionado demasiado bien, Isabel se desdobla y decide cambiar los acontecimientos pasados rebobinando literalmente la película como si de un vídeo se tratara, incluyendo un rótulo que indica rewind. El final de **Embrujada** juega de nuevo con la autoconciencia narrativa, con Isabel y Jack reconciliándose a las puertas de su casa ficticia en el plató de televisión antes de pasar a ocupar una versión real de la misma ante el estupor de su nueva vecina Gladys Kravitz (Amy Sedaris) y el desinterés de su marido Abner (Richard Kind), curiosamente los mismos nombres y atribuciones de los vecinos de Samantha y Darrin Stephens. Pero además de como sátira, Nora Ephron también construyó la película como una historia romántica al servicio del cómico Will Ferrell y Nicole Kidman que se ajusta al esquema clásico de chico conoce chica, chico pierde chica y chico recupera a chica. El personaje de Kidman no sólo recibe como nombre Isabel en honor a Elisabeth Montgomery, sino que sus similitudes físicas con la fallecida actriz son referidas constantemente a lo largo del filme.

> VEREDICTO: **Embrujada** fracasó de forma notable en taquilla y fue desechada por los críticos a pesar de estar protagonizada por dos estrellas de Hollywood en alza. Y es que la película contaba con un planteamiento argumental muy arriesgado, pero lo insertaba en el contexto de una comedia romántica bastante convencional. A pesar de ello, **Embrujada** es una original adaptación que juega con su naturaleza como producto de ficción de forma fascinante.

CAPÍTULO 8

LOS *DIBUS* SE HACEN DE CARNE Y HUESO

Este capítulo va a estar dedicado a un grupo pequeño pero muy característico: los filmes de imagen real basados en series de animación. Durante los años ochenta y los noventa este tipo de adaptaciones se han desarrollado de forma paralela a otras traslaciones en imagen real de títulos de animación, especialmente cómics pero también cortometrajes (como **Casper** y **Mr. Magoo**, que por ello no se incluyen en este análisis) y hasta un largometraje (**101 dálmatas**). Entre los precedentes se encuentra **Popeye** (Robert Altman, 1980), un arriesgado experimento que utilizaba unos personajes caricaturescos y un tratamiento de la acción física basada en la exageración y la falta de realismo. La película ampliaba el universo original dándole más complejidad, pero en realidad suponía una adaptación muy literal de las reglas con las que funcionaba. Tradicionalmente las referencias a la animación estática o en movimiento no han sido positivas en el ámbito cinematográfico y existen multitud de ejemplos de la utilización del término cartoonish en la crítica norteamericana para definir a una película con un argumento inverosímil, una acción poco realista o unos personajes excesivamente simples. La animación permite una libertad que no existe en la imagen real y como resultado de su exploración las obras de animación establecen un pacto con el espectador en el que todo es posible, especialmente la utilización de una desproporcionada violencia que, sin embargo, deja a los personajes sin daños permanentes. Esta visión subversiva de la realidad contrasta con la representación realista del mundo y sus reglas realizadas por la ficción de imagen real convencional, convirtiendo las versiones literales, en donde las adaptaciones a las coordenadas realistas son mínimas, en textos construidos narrativamente como dibujos animados pero utilizando la imagen real, lo que, como en el caso de **Popeye**, puede llevar a una desconexión entre las expectativas del público y la naturaleza del relato.

La buena acogida en taquilla de las adaptaciones de cómics **Batman** (Tim Burton, 1989), **Dick Tracy** (Warren Beatty, 1990) y **Las tortugas ninja** (*Teenage Mutant Ninja Turtles*, Steve Barron, 1990) supuso un nuevo interés hacia la traslación de la animación a la imagen real. Los dibujos animados contaban con la posibilidad de crear situaciones que la imagen real no podía reproducir o hacerlo sólo de forma muy dificultosa y poco realista. Sin embargo, esta idea iba a quedar cuestionada gracias al amplio desarrollo de los efectos especiales que se visualizó con el estreno sucesivo de **¿Quién engañó a Roger Rabbit?** (*Who Framed Roger Rabbit*, Robert Zemeckis, 1988), **Terminador 2: El juicio final** (*Terminator 2: Judgment*

Popeye fue un frustrado intento de reproducir el universo del cartoon en imágenes de carne y hueso.

Day, James Cameron, 1991) y **Parque Jurásico**, en todos los casos con efectos creados por la compañía Industries Light and Magic. La tecnología informática, denominada CGI (Computer Generated Imagery), permite crear imágenes animadas con apariencia de realidad e integrarlas en las propias imágenes reales con una perfección inédita hasta entonces. Pero para aprovecharse plenamente de esta posibilidad, las adaptaciones se iban a tener que plantear como grandes producciones al estilo **Los Picapiedra**, no pequeñas películas independientes como **Boris y Natasha**. En los años posteriores las adaptaciones continuaron a buen ritmo agrupadas en torno a versiones de series de Jay Ward y Hanna-Barbera con escasas excepciones. Pero el estreno de **Æon Flux** puede impulsar las adaptaciones de series modernas de acción frente a las comedias que hasta el momento han monopolizado este tipo de películas. Buena parte de las adaptaciones van a tener en común ser comedias dirigidas a un público infantil, contar con actores de cierta popularidad, tener unos vistosos efectos especiales y apostar por la parodia televisiva y cinematográfica. No hay que olvidar que la parodia cinematográfica que se puso de moda en los años ochenta de la mano de **Agárralo como puedas** se basaba en crear una visión subversiva de la realidad, por lo que resulta lógico que haya muchos puntos en común.

BORIS Y NATASHA

Las aventuras de Rocky y Bullwinkle (*Rocky and His friends / The Bullwinkle Show*), ABC: 1959-1961, NBC: 1961-1964. Creada por Jay Ward.

Boris y Natasha (*Boris and Natasha*), MCEG 1992. Dirigida por Charles Martin Smith. Escrita por Charles Fradin, Linda Favila y Anson Downes basándose en una historia de Fradin y Brad Hall.

Quizás *Las aventuras de Rocky y Bullwinkle* no sea una de las series de animación más populares de la historia de la televisión, pero tiene el honor de ser la primera en ser objeto de una adaptación cinematográfica en imagen real. Jay Ward se había hecho rico con negocios inmobiliarios durante su juventud y a finales de los cuarenta entró en el negocio de la animación consciente de que el futuro del género para los productores independientes estaba en el mercado televisivo. A finales de la década de los cincuenta Jay Ward utilizó un cliché argumental como eje central de una nueva serie que iba a tener como protagonistas a la ardilla lista Rocky y el alce tonto Bullwinkle. Los dos vivían las aventuras más disparatadas y absurdas frente a sus archienemigos, los espías Boris Malvanov y Natasha Fatale, que trabajan para el siniestro dictador el Líder Temerario. *Las aventuras de Rocky y Bullwinkle* era una antología en la que se combinaban diversos relatos. En cada capítulo de media hora Rocky y Bullwinkle sólo aparecían en dos fragmentos de tres minutos y medio, que se estructuraban en forma de serial en grupos de una decena de episodios. Realizada con un presupuesto ridículo en México, la animación de *Las aventuras de Rocky y Bullwinkle* se limitaba a la mínima expresión en un estilo pobre y plano. Pero la serie sí destacaba por el cuidado trabajo vocal de actores como William Conrad, la voz de la versión radiofónica de *La ley del revolver*. Para Jay Ward una serie de animación de éxito debía funcionar a tres niveles: para los niños de corta edad atraídos con el colorido de los personajes, para los niños más crecidos a los que gustaba la acción y aventuras, y para los jóvenes y adultos, que entendían los elementos paródicos y la crítica política en el contexto de la Guerra Fría. La serie no consiguió una popularidad espectacular, pero se pasó los siguientes treinta años en la programación de las emisoras locales como un producto minoritario con un público muy fiel.

A finales de los años ochenta Jonathan D. Krane, productor de películas como **Mira quién habla** (*Look Who's Talking*, Amy Heckerling, 1989), comenzó a trabajar en una posible adaptación de la serie siguiendo sus técnicas de aprovechamiento de recursos que harían de sus trabajos un ejemplo de rentabilidad dentro de la industria. El problema era que con poco dinero era imposible reproducir a un alce y una ardilla, así que película se centró en los dos personajes humanos más importantes de la serie, los espías Boris Malvanov y Natasha Fatale. El contexto además era propicio porque la Guerra Fría estaba dando sus últimos coletazos y las parodias del género de espías tenían un público asegurado. Krane había desarrollado el proyecto como vehículo de lucimiento de su esposa, la actriz Sally Kellerman, la enfermera Morritos Calientes en **MASH**, mientras que Charles Martin Smith, más conocido como actor en películas como **Los intocables de Eliot Ness**, fue contratado como director. El argumento de Boris y Natasha era una mezcla de *El superagente 86* con **Ninotchka** (Ernst Lubitsch, 1939), con Boris (Dave Thomas) y Natasha (Sally Kellerman) intentando encontrar en los Estados Unidos a un científico que ha desertado de su país con un misterioso hallazgo. Rocky y Bullwinkle son los apodos de dos pesados vecinos que en realidad son agentes de la CIA y el invento tras el que todos van es un chip con el que retroceder en el tiempo, de forma que al final Boris y Natasha se trasladan al comienzo de la película pero esta vez deciden irse de vacaciones a Tahití para disfrutar de su amor. **Boris y Natasha** quiso funcionar como una comedia desmelenada en la línea de **Agárralo como puedas** y por ello mezclaba la parodia del estilo de vida norteamericano y de los regímenes dictatoriales con chistes visuales (los disfraces de Boris y Natasha) y las situaciones de vodevil (los espías intentando deshacerse de un cadáver que aparece una y otra vez). Era la mejor opción para adaptar una serie cuyo planteamiento era jugar con el humor absurdo y la crítica política, aunque **Boris y Natasha** se centraba mucho más en lo primero que en lo segundo.

> VEREDICTO: **Boris y Natasha** estuvo varios años a la espera de estrenarse y finalmente sólo vio la luz a través de la televisión y el vídeo, siendo hoy una película completamente desconocida por el gran público. A su favor cuenta con un buen reparto (incluyendo cameos de John Candy y John Travolta) y algunos gags realmente afortunados. Su humor no es mucho menos elaborado que el de otras adaptaciones más populares, pero **Boris y Natasha** no pasa de ser una película de bajo presupuesto de una pobreza visual alarmante.

LOS PICAPIEDRA

Los Picapiedra (*The Flintstones*), ABC: 1960-1966. Creada por William Hanna y Joseph Barbera.
Los Picapiedra (*The Flintstones*), Universal Pictures, 1994. Dirigida por Brian Levant. Escrita por Tom S. Parker, Jim Jennewein y Steven E. de Souza.

Los Picapiedra fue la primera serie de animación que se pudo considerar mucho más que un mero entretenimiento para niños gracias a un elaborado planteamiento argumental en donde la diversión infantil se combinaba con una fina parodia la vida de las familias de clase media-baja. Tras el éxito entre el público adulto de *Huckleberry Hound* (Sindicación: 1958-1962), William Hanna y Joseph Barbera decidieron crear un programa de animación pensado para ser emitido en el horario de máxima audiencia, el segmento más codiciado por los anunciantes y más rentable para las productoras. *Los Picapiedra* fue desarrollada como una comedia doméstica con *The Honeymooners* como referente básico, pero añadiéndole un elemento de parodia al colocar a los protagonistas en una Edad de Piedra hiperdesarrollada. Pedro Picapiedra (Fred Flintstone en el original) era el protagonista, un obrero de la cantera de la ciudad de Rocadura (Bedrock) casado con Wilma. El mejor amigo de Pedro era su vecino Pablo Mármol (Barney Rubble), que era mucho menos inteligente y ambicioso pero que casi siempre acababa involucrado en sus desastres. Pablo estaba casado con Betty, que junto a su amiga Wilma veía estupefacta los problemas sin sentido en los que se metían sus maridos. *Los Picapiedra* comenzó a emitirse en otoño de 1960 por la ABC, la cadena que como siempre estaba la última en los índices de audiencia era la más dispuesta a tomar ries-

Formalmente *Los Picapiedra* es un ejemplo modélico de reconstrucción del original animado.

gos. Esta vez el experimento le salió bien y *Los Picapiedra* se asentó como un programa de éxito tras colocarse en su primera temporada entre los veinte más vistos. Pero empezó a desequilibrase con la introducción de Pebbles, la hija de Pedro y Wilma, a mitad de la tercera temporada. El camino hacia la infantilización del programa siguió en los años siguientes, incluyendo la presencia de un hijo adoptado para los Mármol llamado Bamm-Bamm, hasta que finalmente *Los Picapiedra* fue cancelada en 1966.

La complejidad temática y la eficacia cómica de *Los Picapiedra* han permitido a la serie funcionar entre el público hoy tan bien como hace cuarenta años, demostrado una imbatible resistencia. Tras el éxito de **Parque Jurásico** Steven Spielberg se dio cuenta que la tecnología ya permitía hacerle justicia a la serie y produjo una larga rumoreada adaptación con la colaboración de Joseph Hanna y William Barbera, dejando la dirección en manos de Brian Levant, el realizador de la comedia infantil **Beethoven, uno más en la familia** (*Beethoven*, 1992). El argumento de la película giraba en torno al auge y la caída de Pedro Picapiedra (John Goodman) como hombre de negocios después de que por su incompetencia haya sido elegido como cabeza turco por el maquiavélico magnate Vandercueva (Kyle MacLachlan). El éxito inicial de Pedro, convertido en vicepresidente de la compañía Rajuela, lo lleva a pelearse con Wilma (Elisabeth Perkins), su amigo Pedro (Rick Moranis) y la esposa de éste Betty (Rosie O'Donnell). Al final los dos amigos hacen las paces, rescatan a sus respectivos hijos, secuestrados por Vandercueva, y demuestran la inocencia de Pedro.

Desde el punto de vista visual, **Los Picapiedra** es una película espectacular que reproduce hasta el más mínimo detalle el característico universo de la serie realizando una traslación literal de la animación a la pantalla que incluye la presencia de los animales parlantes y las coreografías de humor físico. Y para ello es fundamental un cuidado diseño de producción capaz de crear con gran realismo todos los elementos de piedra (desde las casas a los coches pasando por el periódico o la televisión) y un original vestuario que aporta un intenso colorido. Y es que la serie es utilizada como un referente de primer orden en **Los Picapiedra** desde el primer momento con la reconstrucción casi literal de los títulos de crédito iniciales y finales utilizados a partir de la segunda temporada a modo de prólogo y epílogo. En el original abundaban las referencias a la cultura popular del momento con la presencia de estrellas de cine y guiños a programas de televisión y en la película aparecen el grupo B52 (ahora acreditados como BC52 por Before Christ, Antes de Cristo), el presentador Jay Leno anunciando una dramatización del caso de Pedro en una cadena de televisión y referencias a Bruce Springteen (Bruce Springrock) y McDonalds (Roc Donalds). En el apartado de homenajes, tienen pequeños papeles Joseph Barbera como un conductor y William Hanna como uno de los ejecutivos de la compañía Rajuela. También hay un pequeño guiño destinado a los fanáticos de la serie original. En al menos tres momentos diferentes algún personaje dice en vez de Picapiedra la palabra Picatierra, la traducción en la versión doblada de Flagstones, que fue el nombre original de la serie pero fue cambiado por los productores por su similitud con el título de una tira cómica muy popular. Sin embargo, la película no está a la altura de estos guiños ni de su extraordinaria estética visual en el apartado del guión, que se hizo con el premio Razzie en una citación que incluyó a los treinta y cinco escritores que trabajaron en él en un momento dado.

VEREDICTO: **Los Picapiedra** fue un inmenso éxito comercial en su estreno, pero decepcionó completamente a los críticos con un argumento convencional e infantil. La película consiguió homenajear a la serie con abundantes y atinados guiños, especialmente con la brillante reconstrucción de los títulos de crédito. Sin embargo, es también un relato muy desequilibrado carente de la inteligencia del original. Pero **Los Picapiedra** es un título clave sin el que buena parte de las adaptaciones de series animadas no hubiera visto la luz.

Los Picapiedra en Viva Rock Vegas (*The Flintstones in Viva Rock Vegas*),
Universal Pictures, 2000. Dirigida por Brian Levant.
Escrita por Deborah Kaplan, Harry Elfont, Jim Cash y Jack Epps Jr.

La continuación de **Los Picapiedra** se enfrentó a la imposibilidad de convencer a John

Goodman para retomar su papel de Pedro Picapiedra. Así que se optó por una idea diferente, muy en vena de la nueva trilogía de **La guerra de las galaxias**: mostrar el pasado de los personajes, lo que permitía utilizar un nuevo plantel de actores. Brian Levant volvió a hacerse cargo de la dirección mientras que el guión fue escrito por Deborah Kaplan y Harry Elfont (directores y guionistas de **Josie y las Melódicas**). El argumento giraba en torno a las tareas de investigación de un extraterrestre, el Gran Gazoo (Alan Cumming), y en su encuentro con Pedro Picapiedra (Mark Addy) y Pablo Mármol (Stephen Baldwin). Pedro se acaba enamorando de la rica heredera Wilma Escorial (Kristen Johnston), que se ha hecho pasar por una joven sin recursos, y Pablo de la camarera Betty (Jane Krakowski). Las dos parejas llegan a Rock Vegas invitados por el millonario Chip Rockefeller (Thomas Gibson), que planea una encerrona a Pedro para poder así arrebatarle a su chica, aunque todo acaba felizmente con las dos parejas iniciando su vida en común.

Buena parte del argumento de **Los Picapiedra en Viva Rock Vegas** era un compendio de capítulos de la serie original: de "Bacherlor Daze" (4.25.) se tomaba la idea de contar el nacimiento de las historias de amor de Pedro y Pablo con Wilma y Betty, de "The Gambler" (2.16.) los problemas de Pedro con el juego y en "The Rock Vegas Story" (2.28.) ya se ofreció una versión de cómo había sido la capital mundial del juego en la Edad de Piedra. El resultado final era el planteamiento de una comedia romántica, no de una película destinada al público infantil. El Gran Gazoo, un personaje de la última etapa de la serie no recordado con demasiado cariño, ejemplifica este punto con un humor ácido que permite lucirse a su intérprete Alan Cumming. Pero convertir a Pablo en un tonto integral, un guiño al público infantil, anula los esfuerzos de hacer una comedia romántica con cierto gusto. En el apartado de guiños, Ann-Magret (protagonista en un célebre capítulo de la serie) aparece interpretando el clásico de Elvis Presley "Viva Las Vegas".

> VEREDICTO: **Los Picapiedra en Viva Rock Vegas** fue un espectacular fracaso comercial y objeto de burla para los críticos. Un reparto equivocado, unos efectos especiales mediocres y un argumento aburrido pesan demasiado para que ocasionales gotas de ingenio salven la función. El error fundamental es la indecisión sobre qué hacer, si una comedia romántica para el público adulto o una comedia hilarante para el infantil. Así que la película fracasó a la hora de interesar a cualquiera de los dos públicos.

GEORGE DE LA JUNGLA

George of the Jungle, ABC: 1967. Creada por Allan Burns y Jay Ward.
George de la Jungla (*George of the Jungle*), Walt Disney Pictures, 1997. Dirigida por Sam Weisman. Escrita por Dana Olsen y Audrey Wells.

Después de la repercusión lograda con **Las aventuras de Rocky y Bullwinkle**, Jay Ward comenzó a trabajar en una nueva serie de televisión junto a Allan Burns, creador de *La familia Munster* y guionista de *El superagente 86*. Su idea inicial era hacer una parodia sobre

Tarzán, pero como Tarzán era un nombre lleno de exotismo, el protagonista de la serie tendría uno mucho más convencional, George. Tampoco sería un apuesto héroe, sino un tonto rematado que pensaba que su elefante Shep era un perro, y lo había adiestrado para actuar como tal. George destrozaba el lenguaje como Tarzán a pesar de tener un profesor del que podría haber aprendido mejor, un simio llamado Simio (Ape en el original) que hablaba el inglés con acento de Oxford. La tontura de George llegaba a su clímax con Úrsula, su compañera, a quien él llamaba colega porque no sabía ni siquiera qué era una mujer. En cada capítulo también se incluían dos fragmentos con otros personajes, un intrépido conductor en carreras de coches y un pollo con superpoderes. *George of the jungle* comenzó a emitirse en septiembre de 1967 dentro de la programación matinal de los sábados de la ABC, pero los resultados de audiencia no acompañaron y la cadena canceló el programa tras una única temporada.

Para mediados de los noventa *George of the jungle* era un clásico de culto que tenía todos los ingredientes para funcionar como comedia y Disney, que poseía los derechos de distribución de las producciones de Jay Ward, decidió poner en marcha una adaptación que siguiera la senda marcada por **Los Picapiedra**. El actor Brendan Fraser se convirtió en el candidato perfecto dar vida a George. Además de ser medianamente popular y tener un físico atractivo, Fraser había demostrado ser capaz de interpretar a personas de inteligencia limitada y resultar gracioso sin resultar ridículo en **El hombre de California** (*Encino Man*, Les Mayfield, 1992). **George de la jungla** comenzaba con un homenaje a la serie original en forma de corto de animación en los títulos de créditos, donde se iba a revelar al espectador el origen de la vida de George en la selva y marcar de forma evidente que se iba a tratar de una parodia del popular Tarzán. La vida de George iba a cambiar cuando salva a la rica heredera Úrsula Stanhope (Leslie Mann), que se lo lleva a San Francisco. Allí George, siguiendo el tópico del pez fuera del agua, protagoniza todo tipo de situaciones disparatadas. Pero finalmente regresa a África para salvar a Úrsula del cazafortunas Lyle Van Der Groot (Thomas Haden Church).

George de la jungla combinaba de manera eficiente en sus apenas ochenta minutos de metraje el humor, la acción y el romance con una historia que incluso el público que no conocía la serie podía entender por lo popular del referente que Jay Ward había elegido para parodiar, las películas de Tarzán. Una de las grandes virtudes de **George de la jungla** es la recuperación de la figura del narrador, que como en los dibujos de Jay Ward no se limitaba a presentar la acción, sino que la comentaba, avisaba a los personajes de lo que no habían hecho bien y hasta se ponía a discutir con estos. La película también utiliza muchos de los gags de la serie original, como los golpes constantes de George contra los árboles. **George de la jungla** apuesta por llevar las convenciones al límites, parodiando, como gustaba hacer a Jay Ward, a esos héroes que vencen en mil peleas sin hacerse un rasguño y que gracias a una liana interminable pueden atravesar kilómetros y kilómetros aunque no haya ningún árbol cerca. Quizás la parte menos original es la sección dedicada a George en la jungla urbana, aunque eso permite también una de las escenas más espectaculares cuando George decide subirse al Golden Gate. En **George de la jungla** también hay parodias más directas a otras películas, la más llamativa dedicada a **El rey león** (otra producción de Disney), cuya escena en la que el pequeño Simba es elevado como heredero es recreada casi literalmente al final. En 2003 Disney realizó una continuación dirigida al mercado del vídeo, **George de la jungla 2** (*George of the Jungle 2*, David Grossman), que tenía un reparto nuevo en el que sólo repetía Thomas Haden Cruch.

> VEREDICTO: **George de la jungla** es una de las más logradas adaptaciones de una serie de televisión gracias a su humor trepidante y dosis de acción y aventuras. Es posible que como película no sea muy original, su estilo de humor caiga a menudo en lo facilón y su argumento, centrado en un triángulo amoroso, sea completamente predecible. Pero también es cierto que recrea de forma brillante la serie original adaptando todas las convenciones de la animación a la imagen real en una sucesión sin freno de situaciones cómicas.

DUDLEY DE LA MONTAÑA

Rocky y Bullwinkle (*The Bullwinkle Show*), NBC: 1961-1964. Creada por Jay Ward.
Dudley de la Montaña (*Dudley Do-Right*), Universal Pictures, 1999.
Dirigida y escrita por Hugh Wilson.

Dudley Don-Bueno (o Dudley Do-Right) fue uno de los primeros personajes creados por Jay Ward en sus inicios en televisión, pero no se convirtió en popular hasta que no fue añadido a *Las aventuras de Rocky y Bullwinkle* en una de sus últimas etapas. Las historias protagonizadas por Dudley eran parodias del melodrama decimonónico que tanta influencia tuvo sobre los primeros seriales cinematográficos, un referente demasiado fácil porque el melodrama es en ocasiones paródico en sí mismo. A Jay Ward le gustaba reírse de las convenciones de ese tipo de relatos, sobre todo de los rescates heroicos que salvaban a la víctima en el último momento y que aquí se prolongan hasta llegar a la hilaridad. Dudley Don Bueno es un policía montada del Canadá bastante tonto que siente un amor más grande que la vida por Nell Fenwick, la hija de su capitán, aunque ésta parece tener una mayor afinidad por el caballo de Dudley, llamado apropiadamente Caballo. El mayor enemigo de Dudley es Snidely Látigo, un villano sin moral que disfruta especialmente secuestrando a la gente y atándolos a la vía del tren.

Una posible adaptación de Dudley Do-Right en imagen real no era un proyecto tan descabellado en los años noventa, aunque era cierto que el referente del melodrama mudo resultaba bastante desconocido para las audiencias actuales. Pero **George de la jungla** había demostrado que las creaciones de Jay Ward podían ser llevadas al cine con solvencia si se elegían los ingredientes adecuados, como la presencia de un actor que pudiera ser tonto sin ser ridículo, en este caso, Brendan Fraser. Dudley de la montaña fue dirigida y escrita por Hugh Wilson, responsable de una de las películas paródicas más populares de la historia del cine, **Loca academia de policía** (1984). Sin duda, cualquier argumento basado en Dudley Do-Right debía sustentarse en la estupidez del propio Dudley, la maldad absurda de Snidely y ciertas bromas a costa de los canadienses, un tipo de humor que se había puesto de moda gracias a *South Park*. El comienzo de la película muestra cómo la relación de amor entre Dudley y Nell (Sarah Jessica Parker) se remontaba a su infancia, al igual que las actitudes criminales de Snidely (Alfred Molina). Después se presenta a los personajes ya adultos, con Dudley convertido en un oficial de la Policía Montada de Canadá. Snidely invierte el dinero de un robo en comprar propiedades y así convertirse en el dueño de toda la comarca mientras intenta conquistar a Nell para desespero de Dudley, que no consigue convencer a nadie de la maldad de Snidely y es expulsado del cuerpo. Al final Dudley logra desenmascarar a Snidely, conquistar a Nell y recuperar su trabajo.

A pesar del interés de los productores por hacer patente la relación con **George de la Jungla**, **Dudley de la montaña** mostraba muchas limitaciones. Al final de su película George seguía siendo igual de tonto, mientras que Dudley había evolucionado y se había convertido en casi un héroe como el que Fraser había interpretado en **La momia** (*The Mummy*, Stephen Sommers, 1999), con moto y chaqueta de cuero incluidas. Buena parte de los mejores elementos de la serie son eliminados para hacer una película apta para un público infantil, especialmente la visión ácida del melodrama, el exagerado sadismo de Snidely y la atracción de Nell por el caballo de Dudley. Y es que a pesar de su aparente simplicidad, era discutible que el material original fuera adecuado para una película de estas características.

> VEREDICTO: **Dudley de la montaña** fue un fracaso de taquilla de grandes proporciones, logrando unas recaudaciones ridículas a pesar de contar con una gran estrella como Brendan Fraser al frente del reparto. La imposibilidad de copiar de **George de la jungla** lo que la había convertido en un éxito determinó que la película acabara dependiendo en exceso de la torpeza de su protagonista y del histrionismo de su villano para arrancar unas risas fáciles del espectador.

EL INSPECTOR GADGET

El inspector Gadget (*Inspector Gadget*), DIC Entertainment: 1983-1986.
Creada por Andy Heyward, Jean Chalopin y Bruno Bianchi.
Inspector Gadget (*Inspector Gadget*). 1999, Walt Disney Pictures. Dirigida por David Kellogg.
Escrita por Kerry Ehrin y Zak Penn basándose en una historia de Ehrin y Dana Olsen.

El inspector Gadget es la serie más conocida de DIC Entertainment, una compañía de animación fundada en Francia a principios de los setenta con el objetivo de hacer programas competitivos en el ámbito internacional. El guionista norteamericano Andy Heyward, un veterano de Hanna-Barbera, se unió en 1981 a la compañía y dos años después desarrolló junto a Jean Chalopin (creador de *Ulises 31*) y el productor Bruno Bianchi la serie que se convirtió en el buque insignia de DIC Entertainment, *El inspector Gadget*. La base del programa se encontraba en *El superagente 86*, aunque adaptando su planteamiento al de una serie de aventuras dirigidas al público infantil. Tanto Smart como Gadget eran unos tontos adorables bastante incompetentes que no sabían usar los artilugios con los que contaban, tenían que aguantan a su jefe un gritón y siempre salían de la situación con la ayuda de otra persona,

El inspector Gadget fue una adaptación norteamericana de la popular serie francesa.

aunque ellos eran los que se llevaban la gloria. Don Adams, el actor que dio vida al agente 86, fue contratado para prestar su voz a Gadget en las versiones angloparlantes. El antagonista de Gadget era el Dr. Gang (Claw, zarpa, en las versiones inglesas), el líder de M.A.D. (por Malévola Agencia de Destrucción, también loco en inglés). Para ayudar a Gadget estaban su inteligente sobrina Sophie (Penny en la versión inglesa) y su perro Sultán. El jefe de Gadget era Gautier (Quimby), que aparecía en los lugares más inverosímiles para dar sus órdenes, tal y como hacía el agente 13 de *El superagente 86*. Gracias a sus dosis de humor, ingenio y aventuras, *El inspector Gadget* fue un gran éxito internacional que ayudó a expandir por todo el mundo a DIC.

En 1993 la compañía fue adquirida por ABC/Capital Cities, que a su vez se fusionó con Disney dos años después, de manera que DIC acabó formando parte de la empresa con la que en teoría competía. Dentro de ese marco, Disney comenzó a trabajar en el proyecto de realizar una película de acción real basada en *El inspector Gadget* con un presupuesto de más de setenta millones de dólares. Como en otras muchas adaptaciones, **Inspector Gadget** es una narrativa de origen que cubre un hueco argumental del programa original. John Brown (Matthew Broderick) es un agente de seguridad que trabaja en un laboratorio en donde el Dr. Bradford (Rene Auberjonois) y su hija Brenda (Joely Fisher) experimentan con miembros electrónicos que puedan ser controlados con el pensamiento. Una noche son atacados por el malvado Sanford Scolex (Rupert Everett), que desencadena un accidente en el que él pierde una mano y Brown resulta gravemente herido. Para salvarle la vida, se le convierte en un hombre mecánico lleno de los artilugios preparados por Brenda y su padre. Mientras se acostumbra a sus nuevas habilidades, Gadget (el apodo que recibe Brown) descubre los planes malvados de Scolex (ahora llamado Garra) con la ayuda de su sobrina Penny (Michelle Trachtenberg) y el perro Sultán. Tras superar todo tipo de obstáculos, Gadget salva a Brenda y derrota a Scolex.

Inspector Gadget es una película breve (apenas setenta minutos) y bastante simple argumentalmente, aunque lo suficiente para desplegar unos vistosos efectos especiales, algunas escenas de acción, mucha comedia y, sobre todo, un gran número de parodias cinematográficas y televisivas de títulos tan diversos como **Moonraker** (Lewis Gilbert, 1979) y el anterior éxito de Matthew Broderick **Godzilla** (Roland Emmerich, 1998). Quizás lo más destacable es la transformación de Gadget en un héroe clásico para nada similar a Maxwell Smart. Ahora Gadget no es ni tonto ni debe ser salvado por los demás. Es cierto que le cuesta manejar los gadgetos, pero más por falta de costumbre que por incompetencia. Y lo que es más importante, ni Penny ni Sultán resuelven el caso por él, pasando a tener una presencia puramente accesoria. La caracterización del villano también es diferente y ahora Garra no permanece en la sombra como un personaje sin rostro. En realidad, lo único que se recupera de la serie es al propio Gadget como un superpolicía con un cuerpo lleno de ingenios, una especie de Robocop humorístico. **Inspector Gadget** llega incluso a jugar con su propia naturaleza de relato de ficción en una escena en la que Scolex le dice a Gadget que ve demasiados dibujos animados, momento en el que suena una campanita que hace mirar a todos los actores a cámara. En 2003 Disney produjo **Inspector Gadget 2** (Alex Zamm), una continuación estrenada directamente en DVD que contó con un nuevo reparto y es bastante más fiel a la serie original.

> VEREDICTO: **El inspector Gadget** consiguió llegar al público infantil para el que había sido creada y se convirtió en un gran éxito comercial. Sólo recoge algunos elementos puntuales de la serie y hace bastante más convencional su planteamiento, pero aún así proporciona un rato de gran diversión. Pero su breve duración hace pensar qué hubiera sido de la película si se hubiera conservado la media hora eliminada del metraje original, cuyos fragmentos se pueden ver en los créditos finales.

LAS AVENTURAS DE ROCKY Y BULLWINKLE

Las aventuras de Rocky y Bullwinkle (*The Adventures of Rocky and Bullwinkle*), Universal Pictures, 2000. Dirigida por Des McAnuff. Escrita por Kenneth Lonergan.

El fracaso de **Boris y Natasha** y **Dudley de la montaña** no pareció desanimar a los productores de **Las aventuras de Rocky y Bullwinkle** de intentar que los personajes de Jay Ward funcionaran en la gran pantalla. El proyecto llevaba rondando por la cabeza de Robert de Niro desde 1992 y la película llegó a entrar en un momento en fase de preproducción con Meryl Streep y Danny DeVito como Natasha Fatale y Boris Malvanov, pero todo quedó paralizado por problemas sobre los derechos de los personajes. A finales de la década la película se puso otra vez en marcha con Kenneth Lornegan, un conocido dramaturgo que escribió **Una terapia muy peligrosa** (*Analyze This*, Harold Ramis, 1999), a cargo del guión y Des McAnuff, un veterano director teatral que había ganado dos premios Tony, como realizador. **Las aventuras de Rocky y Bullwinkle** comenzaba con un prólogo de animación (con un estilo más elaborado que el original, claro) que recordaba cómo la serie había sido cancelada. Rocky y Bulwinkle seguían en el bosque de Frosbite Falls sobreviviendo a duras penas con los derechos de las reposiciones de la serie. Para el Líder Temerario (Robert De Niro), Boris (Jason Alexander) y Natasha (Rene Russo) las cosas no habían ido mucho mejor, así que deciden saltar al mundo real para llevar a cabo un malvado plan: crear un canal de televisión, Rollo Basura Televisión, e idiotizar al país. Para desbaratar su plan la agente del FBI Karen Simpatía (Piper Perabo) trae al mundo real a Rocky y Bullwinkle, que logran completar la misión y regresar a un repoblado Frosbite Falls.

Desde el principio parece evidente que **Las aventuras de Rocky y Bullwinkle** pretenden ser muy fiel a la serie original con la algo enrevesada excusa argumental de llevar a los personajes al mundo real, como si, al estilo de **¿Quién engañó a Roger Rabbit?**, la animación fuera otro plano de la realidad. Pero la fidelidad a la serie original se mantiene sobre todo con la combinación de humor facilón y crítica refinada. Así, en la película abundan los golpes y caídas, los personajes directamente tontos (como Bullwinkle y el guardia Olaf), las interpretaciones histriónicas (con Robert De Niro a la cabeza, que llega a parodiar hasta su papel en **Taxi Driver**) y las situaciones absurdas (como la conversión de personas en vegetales). La parodia sobre la Guerra Fría es aquí sustituida por una visión irreverente del mundo de la televisión, en donde conforme peor es el programa que se emite, mayor es su capacidad de mantener hipnotizado al público. Sin duda, una reivindicación para el propio Robert De Niro, que vio cómo su cuidada serie *Tribeca* desaparecía de la parrilla poco después de comenzar su emisión en 1993. De la crítica no se salva ni la propia serie original. Bullwinkle comenta que Karen no pertenece a su universo porque está demasiado bien dibujada, el narrador afirma que sus juegos de palabra siguen sin tener gracia y Bullwinkle no olvida su origen televisivo cuando en una pelea se impacienta porque no llega la pausa publicitaria y piensa que el programa en el que se encuentra debe ser emitido por la BBC (la cadena pública PBS en la versión original).

VEREDICTO: **Las aventuras de Rocky y Bullwinkle** fracasó estrepitosamente en taquilla a pesar de su popular reparto, lo que se puede atribuir a un guión que con una duración forzada pretendía ser demasiado inteligente en ocasiones y demasiado tonto en otras. Como toda extravagancia que se precie, tiene algunos grandes momentos y situaciones que dan vergüenza ajena. Pero al público mayoritario no le hizo gracia y a los productores tampoco ver malgastados setenta y cinco millones de dólares.

JOSIE Y LAS MELÓDICAS

Josie and the Pussycats / Josie and the Pussycats in the Outer Space, CBS: 1970-1972. Creada por John Goldwater y Richard Goldwater basándose en los personajes de Dan DeCarlo.
Josie y las Melódicas (*Josie and the Pussycats*). 2001, Universal / Metro-Goldwyn-Meyer. Dirigida y escrita por Deborah Kaplan y Harry Elfont.

El éxito logrado por **Los Picapiedra** animó a Hanna-Barbera a adaptar otra de sus series de televisión para la gran pantalla en forma de película de imagen real. **Josie y las Melódicas** contaba con un referente poco conocido, la serie *Josie and the Pussycats*, que estuvo en producción sólo durante treinta y dos capítulos sin dejar especial huella. *Josie and the Pussycats* tuvo su origen en unos personajes creados por el dibujante Dan DeCarlo para Archie Comics en 1963. Hanna-Barbera se interesó en el tebeo, titulado "She's Josie", y se propuso hacer una adaptación, pero añadiendo elementos de *Scooby-Doo*. Así, Josie y sus compañeras Melody y Valery formaban un grupo de rock y se iban de gira, en donde aprovechaban para actuar como detectives y resolver algún misterio. El programa se titulaba *Josie and the Pussycats* (Josie y las Gatitas) porque las protagonistas vestían para sus actuaciones unos sexys trajes de leopardo. Es posible que Josie and the Pussycats no fuera una serie demasiado conocida u original, pero tenía como protagonistas a cantantes y en una época en la que grupos como Backstreet Boys y *NSYNC eran auténticos fenómenos de masas, ese ya era un buen punto de partida para una película destinada al público joven. Deborah Kaplan y Harry Elfont, los guionistas de la desafortunada **Los Picapiedra en Viva Rock Vegas**, fueron los encargados de escribir y dirigir la adaptación. La película giraba en torno al salto a la fama del grupo Josie y las Melódicas, formado por Josie (Rachel Leigh Cook), Melody (Tara Reid) y Valerie (Rosario Dawson). Su éxito es fulgurante, pero ellas no saben que su música es utilizada por la malvada ejecutiva discográfica Fiona (Parker Posey) para lanzar mensajes subliminales que convierten a los adolescentes en zombies hiperconsumistas. Finalmente las chicas logran desbaratar los planes de Fiona y triunfar en un concierto demostrando que su música es también popular sin manipulaciones.

La idea de **Josie y las Melódicas** era hacer una gigantesca parodia del mundo de la música y la cultura popular, no exactamente adaptar *Josie and the Pusyycats*, con la que guarda escasas similitudes más allá de algunos guiños. No hay misterios que resolver y los personajes secundarios que aparecen del programa original, como los hermanos Cabot y Alan M. (Gabriel Mann), son completamente testimoniales. La película sigue el tópico argumental del grupo alcanza el estrellato y cae poco después por las miserias de la industria discográfica. Una historia vista una y mil veces en programas como el que se parodia en la película, *Behind the Music* de la MTV. Ya desde el principio se había mostrado cómo se usaba la música para manipular a los chicos, sin duda para que no distrajera al espectador de los chistes más o menos privados hacía las industrias discográfica y audiovisual que se desarrollan sin pausa. Algunos son muy obvios para el público jóven, como la parodia de un vídeo de los Backstreet Boys en la secuencia inicial con el grupo ficticio DuJour. También hay una presencia extenuante de marcas promocionales en prácticamente cada plano, una forma poco subliminal de resaltar el tema de la película sobre la exposición de los jóvenes al consumismo más feroz. Como no podía ser de otra forma en un relato ambientado en el mundo de la música, la banda sonora es muy notable. Producida por Babyface, ésta logró irónicamente unas ventas muy superiores a la repercusión en taquilla del filme.

VEREDICTO: **Josie y las Melódicas**, ignorada por el público y los críticos, es una sátira bien elaborada visualmente sobre el mundo de la música y la juventud, pero no es una película especialmente divertida porque su humor es más de sonrisa que de carcajada. Reírse a costa del público que va a pagar por la entrada y llamarlo descerebrado no es tampoco la mejor idea.

SCOOBY-DOO

Scooby-Doo (*Scooby-Doo, Where Are You?*): CBS: 1969-1970.
Creada por Fred Silverman, Ken Spears y Joe Ruby.
Scooby-Doo, Warner Bros., 2002. Dirigida por Raja Gosnell.
Escrita por James Gunn basándose en una historia suya y de Craig Titley.

En 1969 el director de la programación matinal de la CBS, Fred Silverman, estaba buscando un programa nuevo sobre el que construir la programación dibujos animados de la mañana de los sábados, en donde la cadena siempre quedaba en última posición en los rankings de audiencias. Silverman pensaba que el género de los superhéroes estaba pasando de moda y había que apostar por un programa del tipo whodunnit (quién lo hizo), es decir, un relato de misterio adaptado al público infantil. El proyecto tomó forma con un grupo de detectives adolescentes especializados en fenómenos paranormales acompañados de un perro. Scooby-Doo era el protagonista, un perro cobarde, glotón y divertido que articula algunas frases para comunicarse con su mejor amigo, Shaggy, el joven desastrado con el que compartía la cobardía en las situaciones de peligro y la gula. El líder del grupo era Fred, rubio y atractivo, la inteligente era Velma, la mente deductiva, y Daphne era la guapa que casi siempre jugaba el papel de damisela en apuros. *Scooby-Doo* se estrenó en la CBS en septiembre de 1969 para convertirse rápidamente en líder de audiencia en su franja. A partir de ese momento *Scooby-Doo* se convirtió en la franquicia de más éxito de Hanna-Barbera, manteniéndose de forma regular en la programación en series, especiales y películas para televisión hasta la actualidad.

Desde finales de los años noventa la idea de hacer una película en imagen real protagonizada por Scooby-Doo había sido un proyecto recurrente. Cuando la tecnología infográfica se perfeccionó lo suficiente como para hacer realidad a Scooby-Doo, el proyecto tomó tracción como una gran producción en la que Warner Bros., propietaria de Hanna-Barbera desde 1998, invirtió más de ochenta millones de dólares. El proyecto estuvo bajo la supervisión directa de Charles Roven, productor de algunas películas fantásticas como **Doce monos** (*12 Monkeys*, Terry Gilligan, 1995), que contrató a James Gunn, forjado en el cine independiente de terror, como guionista. Gunn decidió comenzar el relato con lo que podrían haber sido los últimos cinco minutos de un capítulo clásico en el que los chicos resuel-

El progreso de los FX digitales posibilitó la tan esperada adaptación de *Scooby-Doo* al cine en carne y hueso.

ven un caso. A continuación tienen una gran pelea y Fred (Freddie Prinze Jr.), Velma (Linda Cardellini) y Daphne (Sarah Michelle Gellar) deciden seguir caminos separados para decepción de Scooby Doo y Shaggy (Matthew Lillard). Un par de años después el millonario Emile Mondavarious (Rowan Atkinson) los reúne en su parque temático La isla del terror para que descubran por qué sus clientes parecen zombies cuando abandonan las instalaciones. Después de hacer las paces y de vivir multitud de situaciones de peligro, los chicos descubren que Mondavarius es en realidad un disfraz bajo el que se esconde Scrappy-Doo, el diminuto e insoportable sobrino de Scooby del que lograron librarse años atrás. Desenmascarado el villano y reunido de nuevo el grupo, inician otra vez sus aventuras.

James Gunn quiso mostrar en la adaptación cómo podrían ser los personajes originales en el mundo real, lejos de las idiotizadas representaciones de versiones anteriores como **Los Picapiedra** y especialmente su secuela. Así, Fred, el líder siempre sonriente, es ahora un presumido que se cree el centro del mundo. Velma es inteligente, pero también muy insegura y siente que nadie la trata como se merece. Y Daphne, cuya presencia en las tramas de la serie era decorativa, está harta de que no la tomen en serio y la consideren una mera damisela en apuros. Shaggy y Scooby siguen siendo ellos mismos y no entienden por qué de pronto todo el mundo empieza a llevarse tan mal. El argumento de la película es ratos una mera excusa para incluir numerosas escenas de acción y peligro combinadas con comedia. Pero también se añaden algunas referencias interesantes a la serie, principalmente la recuperación del personaje de Scrappy como un villano. Para buena parte de los admiradores de *Scooby-Doo*, Scrappy era un personaje detestable cuya llegada a la serie supuso su decadencia y la pérdida de muchos de los elementos que la habían hecho tan popular entre el público.

Desde el punto de vista estético, **Scooby-Doo** cuenta con un brillante diseño de producción que incluye la reconstrucción de la apariencia física de los personajes para que los actores, tanto en peinados y vestuario, sean casi una exacta reproducción de las versiones animadas. El trabajo de dirección artística es muy destacado, especialmente en el tenebroso pero colorista interior del castillo de la colina. También es interesante comprobar que la actriz Sarah Michelle Gellar parecía predestinada a aparecer en esta película, ya que en su serie *Buffy, cazavampiros* el equipo de protagonistas, unos adolescentes que se enfrentan a fenómenos paranormales, se hacían llamar los scoobis. A pesar de su aparente simplicidad, **Scooby-Doo** toma otro cariz si se tiene en cuenta el material eliminado del montaje que aparece en el DVD. Además de unos títulos de créditos animados, son reveladoras tres escenas eliminadas pertenecientes al encuentro de Fred, Velma y Daphne en el aeropuerto, en donde recuerdan cómo su vida había sido un fracaso desde la separación del grupo. También se eliminó una escena en la que Velma y Daphne se besaban para intercambiar sus almas y otra en la que Velma cantaba una canción de amor que parecía dirigida a Daphne.

> VEREDICTO: **Scooby-Doo** fue la adaptación en imagen real de una serie de animación de más éxito desde **Los Picapiedra**. La razón es una historia con gancho, magníficos efectos especiales y mucho humor. La película podía ser disfrutada por un público mayoritario, pero también por los admiradores de *Scooby-Doo* atentos a sus guiños y chistes ocultos. Completada con las escenas eliminadas del DVD, es una adaptación modélica.

Sccoby-Doo 2: Desatado (*Scooby-Doo 2: Monster Unleashed*). 2004, Warner Bros.
Dirigida por Raja Gosnell. Escrita por James Gunn.

Scooby-Doo 2: Desatado llegó a los cines apenas dieciocho meses después del exitoso estreno de **Scooby-Doo**, la demostración de que Warner Bros. sabía que tenía una prometedora franquicia en sus manos que había que explotar con rapidez. Por ello **Scooby-Doo 2: Desatado** iba a ser una particular reedición de los elementos creativos de la primera película, incluyendo al cuarteto protagonista (Prinze Jr., Gellar, Lillard y Cardellini), el director Raja Gosnell y el guionista James Gunn. Entre las incorporaciones destaca Seth Green, otro de los Scoobis de *Buffy, cazavampiros*, como Patrick, un conservador del museo con el que Velma se relaciona. El relato comienza con la multitudinaria inauguración de una exposición en el museo local con los trajes de todos los villanos derrotados por el grupo, aunque todo toma un giro inesperado cuando un disfraz toma vida y se desata el caos. Shaggy y Scooby-Doo se dan cuenta de su inutilidad dentro del grupo y deciden resolver el caso, mientras que los otros se centran en su mejor pista, el señor Wickles (Peter Boyle), el primer villano al que detuvieron y que acaba de salir de la cárcel. Los chicos se enfrentan a una selección de los villanos a los que derrotaron en el pasado antes de desenmascarar al malvado profesor Jacobo (Tim Blake Nelson), que estaba disfrazado de la arrogante periodista Heather (Alicia Silverstone).

Lo más relevante de la continuación fue que en este caso James Gunn iba a desarrollar el argumento de una forma mucho más unitaria que la anterior, combinando mejor la parte de acción y aventuras con la reflexión sobre la serie de televisión. Gunn había afirmado que para él las encarnaciones más genuinas de Scooby-Doo habían sido las dos primeras series, *Scooby-Doo* y *The New Scooby-Doo Movies* (CBS: 1972-1973). De la primera serie se incluyen en la película el Caballero Negro, el Fantasma del Capitán Cutler, el Minero del 43, el barco fantasma de Barbarroja, los Hombres Esqueletos y el Monstruo del Alquitrán. De la segunda, se recupera al Monstruo del Algodón de Azúcar. De una tercera serie, *The Scooby-Doo/Dynomutt Hour* (ABC: 1976-1977), aparecen el Fantasma de los 10.000 Voltios y el Fantasma Terodactilo, además de Aggie Wilkins, la identidad que se escondía bajo la Bruja de Ozark. Incluso hay un guiño al origen del programa cuando Scooby-Doo y Shaggy realizan una versión de "Strangers in the Night" de Frank Sinatra, en donde se encontraba la frase "Scooby Du Bi Doo" que Fred Silverman utilizó para nombrar al protagonista de la serie en desarrollo y darle además su frase más característica.

A lo largo de toda la película los personajes cuestionan muchos de los clichés argumentales sobre los que se sustentaba la serie. Shaggy recuerda que en ocho ocasiones diferentes ha interrumpido el plan para atrapar a un villano apareciendo en unos patines con cohetes y Velma se queja de perder siempre sus gafas. Cuando éstas acaban en manos de Patrick, se asusta porque hasta entonces siempre que perdía sus gafas éstas eran recogidas y devueltas por el villano del episodio. También se evoca el pasado cuando el grupo tiene que huir rápidamente de la ciudad y acaban en su antiguo refugio. Allí Fred toma una foto del grupo y en su recuerdo aparecen versiones rejuvenecidas de los personajes jugando en un parque. Esta breve secuencia es también una referencia a la serie *A Pup Named Scooby-Doo* (ABC: 1988-90), protagonizada por los mismos personajes en versiones infantiles. Velma vocaliza su nostalgia por un pasado en donde, como ocurría en todas las versiones animadas, los misterios se resolvían casi solos y las soluciones aparecían por arte de magia. Incluso en la primera película los chicos habían descubierto la solución al misterio de La isla del terror más por la causalidad y la fortuna que por su propia acción. Sin embargo, logran superar la prueba de la madurez y dejar atrás definitivamente su infancia, el universo simple y reiterativo de la animación infantil (ya que *Scooby-Doo* nunca contó con el subtexto de *Las aventuras de Rocky y Bullwinkle*) para entrar en la vida adulta y la complejidad del relato cinematográfico de acción real.

VEREDICTO: **Scooby-Doo 2: Desatado** constituyó un relativo fracaso comercial, lo que hace que resulte poco probable que exista una tercera entrega. Las dos películas son un texto coherente que esconde una aguda reflexión sobre la esencia de la adaptación en imagen real. **Scooby-Doo** y **Scooby-Doo 2: Desatado** también demostraron la incapacidad de muchos críticos para juzgar el verdadero valor de una adaptación si desconocen su referente. Su principal virtud es que, a pesar de la apariencia simple e infantil, reconstruyen ácidamente el universo original.

EL GRAN ALBERTO

Fat Albert and the Cosby Kids, CBS: 1972-1985. Creada por Bill Cosby.
El gran Alberto (*Fat Albert*), 20th Century Fox, 2004. Dirigida por Joel Zwick.
Escrita por Bill Cosby y Charles Kipps.

A pesar de su inmenso éxito como un agente gubernamental en *Soy espía*, Bill Cosby siempre ha sido un educador en su corazón. Tras dar vida con limitada fortuna a un profesor de instituto en *The Bill Cosby Show* (NBC: 1969-1971) y aparecer en diversos papeles durante los dos primeros años del programa educativo *The Electric Company* (PBS: 1971-1977), decidió crear la serie de animación *Fat Albert and the Cosby Kids.* Utilizando como modelo a amigos de la infancia de su Filadelfia natal (algunos de los cuales ya habían aparecido en sus discos y especiales de televisión), Cosby colocó como protagonistas a un grupo de chicos que se reunían en un viejo desguace. El alma del grupo era Albert, un chico obeso siempre dispuesto a ayudar a los demás a resolver sus problemas y que constantemente repetía la coletilla "hey, hey, hey". Entre sus amigos estaban el ininteligible Mushmouth, Donald, que era poco espabilado y tenía la cara siempre cubierta, el seductor Rudy, el espigado Harold, el dentudo Bucky y el formal Bill (inspirado en el propio Cosby). *Fat Albert and the Cosby Kids* tenía una estética llamativa propia de los setenta, risas enlatadas y la poco expresiva animación habitual de las series de Filmation, pero a su favor contaba con unos elaborados guiones que trataban todo tipo de tópicos, desde más ligeros como los amores infantiles a más serios como el racismo, el uso de drogas y el abuso infantil, lógicamente adaptados a la audiencia del programa. El propio Bill Cosby aparecía en fragmentos de imagen real comentando la historia y al final los protagonistas siempre cantaban una canción que resumía lo que habían aprendido en esa ocasión. La acogida del programa fue notoria y se produjeron dos temporadas completas entre 1972 y 1976. También fue protagonista de tres especiales para televisión y entró de nuevo en producción en dos ocasiones, en 1979 con el título de *The New Fat Albert Show* y en 1984 como *The Adventures of Fat Albert and the Cosby Kids.* En 1977 Bill Cosby defendió su tesis doctoral en educación, cuyo tema fue la utilización de *Fat Albert and the Cosby Kids* en los cursos de primaria.

Tras la cancelación de *Cosby* (CBS: 1996-2000), Bill Cosby se volcó en la producción de series de animación como *Little Bill* (Nickelodeon: 1999-2004) y *Parenthood* (Nickelodeon: 2004-) y finalmente decidió poner en marcha una versión cinematográfica de imagen real de *Fat Albert and the Cosby Kids.* Además de ser productor ejecutivo, Cosby también escribió el guión junto a Charles Kipps, su colaborador en *Little Bill* y *Parenthood.* Todo comienza cuando la adolescente Doris (Kyla Pratt) comienza a llorar mientras ve en la televisión un capítulo de *Fat Albert and the Cosby Kids* y una lágrima, tras caer en el mando a distancia, llega al universo del programa. El Gran Alberto (Kenan Thompson) decide saltar al mundo real para ayudar a Doris y él le siguen sus amigos Galimatías (Jermaine Williams), Bucky (Alphonso McAuley), Harold (Aaron Frazier), Donald (Marques Houston), Rudy (Shedrack Anderson III) y Bill (Keith Robinson). Antes de que Alberto descubra la razón de la tristeza de Doris (la reciente muerte de su abuelo), el programa se acaba, así que deben esperar al día siguiente para poder regresar. Mientras, van conociendo el mundo real y Alberto se enamora de Lauri (Dania Ramirez), que está acogida en casa de Doris. Pero cuando Alberto y sus amigos descubren que están perdiendo el color, se dan cuenta de que es el momento de regresar a su universo. Finalmente Doris recupera la confianza en sí misma y se da cuenta de que Alberto es muy parecido a su abuelo.

El Gran Alberto tenía un planteamiento muy similar al de **Las aventuras de Rocky y Bullwinkle,** con los personajes saltando de la pantalla de un televisor al celuloide convertidos en seres de carne y hueso. Como en esa película, la metatextualidad impregna toda la película, incluyendo una escena en la que el Gran Alberto, como si de "Niebla" se tratara, va a ver a su creador Bill Cosby para preguntarle cómo puede permanecer en el mundo real y éste le recuerda que es un producto de ficción. En la escena final, Cosby y un grupo de amigos de un notable parecido con los protagonistas van a dejar flores a la tumba del abuelo de Doris, que resulta ser el verdadero Gran Alberto. Aunque estos actores no son los verdaderos referentes de los personajes (con excepción de Cosby y su hermano Russell, cuyo personaje no salta al mundo real), es un emocionante homenaje al origen de la serie que además explica la conexión entre Doris y Alberto en la ficción de la película. Los personajes tampoco dejan de hablar de su naturaleza como productos de ficción. Alberto no quiere quitarse nunca su ropa y Donald descubre que debajo de su capucha tiene una cara. Pero cuando Donald regresa a la animación sus ojos flotan el vacío: el resto de su cara nunca había sido dibujado. Kenan Thompson, perfecto en su papel, se hizo popular en el programa *All That* por una imitación de Bill Cosby que después trasladaría a *Saturday Night Live*.

> VEREDICTO: **El Gran Alberto** utiliza un planteamiento similar al de **Las aventuras de Rocky y Bullwinkle**, pero renuncia a la parodia tan común en las adaptaciones de series de televisión para rendir un sincero homenaje a la serie lleno de respeto y ternura. El resultado es una película simple sobre los beneficios de la educación y la amistad que no terminó de convencer a los críticos pero se convirtió en un modesto éxito comercial.

ÆON FLUX

Æon Flux, MTV: 1991-1995. Creada por Peter Chung.
Æon Flux, Paramount Pictures, 2005. Dirigida por Karyn Kusama.
Escrita por Phil Hay y Matt Manfredi.

Æon Flux fue una creación del animador Peter Chung, un veterano de *Rugrats, aventuras en pañales* que influido por el anime, artistas del expresionismo alemán como Egon Schiele y la obra del dibujante de cómics Moebius diseñó un programa tan avanzado artística como temáticamente. Al igual que *Beavis y Butt-Head*, *Æon Flux* nació como una serie de cortos para el programa de MTV *Liquid Television*. Estos cortos presentaban sin diálogos, con extraordinarias dosis de violencia y un tono onírico a Æon Flux, una asesina profesional en un mundo distópico que en los momentos finales moría al precipitarse desde lo alto de un edificio. La serie inicial, formada por seis partes de tres minutos, se emitió en 1991 y su originalidad

La oscarizada Charlize Theron no obtuvo el éxito esperado con la fracasada *Æon Flux*.

animó a MTV a contratar cinco nuevas entregas. En esta segunda tanda el universo de la serie se hizo más detallado, mostrando el conflicto entre las sociedades vecinas de Bregna, totalitaria, y Mónica, anárquica, con Æon Flux teniendo como antagonista y objeto amoroso a Trevor Goodchild, uno de los líderes de Bregna. Para Chung el eje de la serie era jugar con los tópicos de las películas de acción de Hollywood para mostrar su carácter artificioso y para ello Æon debía encontrar la muerte al final de cada capítulo para regresar al siguiente. Tras la emisión de esta segunda tanda en 1992 los ejecutivos de MTV decidieron reconvertir el proyecto en una serie convencional de capítulos de media hora de duración que incluyeran diálogos y presentaran historias más elaboradas. El universo del programa perdía así parte de su originalidad, pero Chung también conseguía desarrollar más el apartado temático. Algunas de las novedades introducidas no gustaron a muchos de los admiradores de la serie y tras una tanda de diez capítulos emitidos en 1995 *Æon Flux* fue cancelada.

El planteamiento de *Æon Flux* estaba inspirado en el cine de acción y tenía un planteamiento futurista, lo que lo hacía un material especialmente propicio para una adaptación cinematográfica pionera. Hasta este momento las versiones de series de animación en imagen real se habían limitado a programas clásicos, pero **Æon Flux** abría el camino para que series con planteamientos más dinámicos inspirados en el anime pudieran ser llevadas al cine como espectáculos de alto presupuesto. En este caso Paramount y MTV Films también esperaban capitalizar el éxito de una renovación del género de la acción que gracias a contar con voluptuosas protagonistas femeninas había ampliado su perfil de público y producido éxitos como *Buffy, cazavampiros* y **Lara Croft: Tomb Raider** (Simon West, 2001). Karyn

Kusama, directora de otra cinta con una dura protagonista femenina, **Girlfight** (2000), se hizo cargo de la realización y Charlize Theron, actriz en alza tras ganar el Oscar por **Monster** (Patty Jenkins, 2003), fue contratada para dar vida a Æon Flux. El argumento de la película mostraba a Æon Flux como un miembro del movimiento de resistencia de los Monicanos al que encargan acabar con la vida del tirano Trevor Goodchild (Marton Csokas), cuya familia dirige Bregna desde que doscientos años atrás un virus acabó con la mayor parte de la población de la Tierra. Cuando Æon está a punto de matar a Trevor se da cuenta de que tiene un extraño vínculo con él, pero el hermano de Trevor, Oren (Jonny Lee Miller), conspira contra la pareja. El gran secreto de Bregna es que la cura contra el virus provocó infertilidad y todos sus habitantes son fruto de la clonación. Huyendo a la vez de los Monicanos y los secuaces de Oren, Æon y Trevor descubren que los habitantes de Bregna son fértiles de nuevo de forma natural y destruyen el almacén de material genético para que el mundo tenga un nuevo comienzo.

Æon Flux, como buena parte de las adaptaciones analizadas en este apartado, combina un brillante diseño visual con un guión muy deficiente. Con Peter Chung completamente desvinculado del proyecto, los guionistas Phil Hay y Matt Manfredi reinventaron el universo del programa realizando un refrito de elementos argumentales de la serie como la clonación (en un capítulo Æon es sustituida por un clon), la existencia de un virus mortal (pasado en la película pero presente en la serie) y el sistema de vigilancia que monitoriza constantemente a los personajes. También se recupera a Trevor, Una (Amelia Warner), ahora hermana y en la serie amiga de Æon, y una compañera Monicana con los pies en forma de manos, Sithandra (Sophie Okonedo) en la película y Scaphandra en el programa. Pero se trivializa la ambigua y sugerente relación entre Æon y Trevor, amantes y enemigos, convirtiéndola en una historia romántica de una pareja reunida gracias a la clonación. Y en vez de mostrar dos sociedades antagónicas en conflicto, se convierte a los Monicanos en un grupo terrorista que como tal no tiene inconveniente en volverse contra sus propios miembros cuando estos comienzan a pensar por sí mismos. Aunque la película fue un notorio fracaso, su estreno ha servido para poner de nuevo de actualidad a la serie, objeto de una edición revisada en DVD supervisada por Peter Chung, y abrir la posibilidad de que pueda tener continuidad en un especial de animación editado en vídeo.

> VEREDICTO: Vapuleada por la crítica e ignorada por el público, **Æon Flux** se ha convertido en uno de los fracasos más espectaculares del cine comercial norteamericano reciente. De nuevo, un elevado presupuesto, un buen reparto y un impecable diseño de producción no pueden encubrir el hecho de que, aparte de algunas buenas ideas, el argumento de la película es una yuxtaposición de clichés que conducen al espectador al aburrimiento.

THUNDERBIRDS

Guardianes del espacio / Thunderbirds (*Thunderbirds*), ITV: 1965-1966.
Creada por Sylvia Anderson y Gerry Anderson.
Thunderbirds, 2004, Universal Pictures. Dirigida por Jonathan Frakes. Escrita por William Osborne y Michael McCullers basándose en una historia de Osborne y Peter Hewitt.

Guardianes del espacio (conocida también en España como *Thunderbirds*) es una de las series más originales y extrañas de la historia de la televisión, una historia clásica de acción y aventuras puesta en escena por un puñado de marionetas. El británico Gerry Anderson desarrolló a principios de los años sesenta lo que denominó Supermaronation, un sistema que permitía incluir en la cabeza de cada marioneta una pequeña máquina que sincronizaba sus labios con los diálogos pre-grabados por los actores, lo que permitía darles un notable realismo. Tras probar el sistema en diversas series futuristas como *Fireball XL5* (ITV: 1962-1963) y *Stingray* (ITV: 1964-1965), Anderson y su mujer Sylvia centraron sus esfuerzos en un programa más ambicioso, una serie de alto presupuesto, notables efectos especiales y una duración de una hora por capítulo titulado *Guardianes del espacio*. La serie se centraba en las aventuras de Rescate Internacional, una organización secreta liderada por el antiguo astronauta y millonario Jeff Tracy junto a sus hijos Scott, Virgil, Alan, Gordon y John. Cada uno era el encargado de manejar un Thunderbird diferente, unas máquinas diseñadas por el genial científico Brains para realizar las actividades más prodigiosas. Rescate Internacional contaba como aliada con Lady Penélope, una dama de la alta sociedad reconvertida en espía, que viajaba en un Rolls Royce conducido por el flemático Parker. Su mayor antagonista era Hood, un villano con poderes telepáticos que deseaba descubrir sus secretos. El resultado de trasladar a las marionetas de forma tan literal el género de acción y aventuras era una serie que a ratos parecía una hilarante parodia. *Guardianes del espacio* se convirtió en un notable éxito de audiencia en Europa, pero el fracaso a la hora de despertar el interés de una network norteamericana llevó a su productor Lew Grade (también responsable de *El show de los teleñecos*) a cancelar el programa. A pesar de ello se produjeron dos adaptaciones cinematográficas de escaso éxito, **Thunderbirds are GO** (David Lane, 1966) y **Thunderbird 6** (David Lane, 1968).

Resultaba previsible que *Guardianes del espacio* diera lugar a una adaptación cinematográfica de alto presupuesto, aunque finalmente se descartó la opción de la infografía (el plan inicial) en favor de los actores de carne y hueso. Universal Pictures, el estudio norteamericano que financió el proyecto, impuso como director a Jonathan Frakes, el director de **Clockstoppers: Detener el tiempo** (*Clockstoppers*, 2002). Pensando en el público original del programa, se pensó que **Thunderbirds** debía ser una película infantil, pero para buscar la identificación con el público objetivo se decidió que el peso de la acción recayera, como en **Clockstoppers: Detener el tiempo**, en adolescentes. La película presenta a Alan Tracy (Brady Corbet) como un quinceañero al que su padre Jeff (Bill Paxton) no deja todavía unirse a sus cuatro hermanos mayores en Rescate Internacional. Pero tras regresar a casa (en este caso una isla del Pacífico) por vacaciones junto a Fermat (Soren Fulton), el hijo de Brains (Anthony Edwards), Alan vuelve a discutir con su padre porque éste cree que no todavía no está preparado para unirse al equipo junto a sus cuatro hermanos. Pero cuando el malvado

Ben Kingsley encarna al villano de *Thunderbirds*.

Hood (Ben Kingsley) se hace con el control de la isla y deja en el espacio sin posibilidad de salvación a todos los miembros de Rescate Internacional, Alan debe enfrentarse a él junto a Fermat y Tintin (Vanessa Anne Hudgens), la sobrina de Hood que como él tiene poderes telepáticos. Con la ayuda de Lady Penélope (Sophia Myles) y su chófer Parker (Ron Cook), Alan consigue salvar a su familia y evitar que Hood robe el Banco de Inglaterra.

Sylvia Anderson aparece como productora de **Thunderbirds** y la película toma de forma bastante fiel el planteamiento argumental y la práctica totalidad de los personajes, con la excepción de la Abuela Tracy. Brains, además de tener un hijo, también cuenta como nombre real con una identidad ficticia que asumía en la serie, Harim Hackenbaker. A pesar de la divergencia temporal (la película se desarrolla hacia el 2010 y la serie en el 2065), **Thunderbirds** pretende ser una precuela que narra la incorporación del pequeño de los Tracy a Rescate Internacional y el primer enfrentamiento con Hood. Pero dar protagonismo a Alan, Fremat y Tintin supone quitárselo a Lady Penélope y, sobre todo, al resto de los hermanos Tracy, cuya aparición en la película es tan intrascendente que son indistinguibles unos de otros. En este caso infantilizar no sólo significa colocar como protagonistas a adolescentes, sino dar a la trama y la mayor parte de los personajes una simplicidad rayana en la caricatura, especialmente a Hood y sus incompetentes ayudantes. A pesar de ello la película destaca por su cuidada y colorista recreación de la isla Tracy y los diferentes Thunderbirds. Aunque hay algunas referencias a diferentes capítulos de la serie, el mejor guiño se encuentra en un breve plano insertado cuando Alan Brady hace despegar el Thunderbird 2 en el que aparece el brazo de una marioneta. Es un irónico reverso de la serie, en la que en los primeros planos se mostraban miembros humanos realizando las acciones para ocultar los hilos. El mismo año que **Thunderbirds** vio la luz también se estrenó una película inspirada en *Guardianes del espacio*, **Team America: La policía del mundo** (*Team America: World Police*, Trey Parker, 2004), una sátira del blockbuster cinematográfico realizada con marionetas que sus artífices, los creadores de *South Park*, idearon inicialmente como una versión de la serie.

VEREDICTO: Aunque el planteamiento de **Thunderbirds** era muy prometedor, en su desarrollo se convierte en una emulación de **Spy Kids** (Robert Rodríguez, 2001) que pierde rápidamente todo el interés. Y es una pena, porque la historia sobre el joven que quiere crecer más rápido de lo que le dejan, el diseño de producción y una impecable recreación de Lady Penélope por la actriz Sophia Myles demuestran que debajo de la mediocridad de **Thunderbirds** había una buena película esperando a ver la luz.

CAPÍTULO 9

LA ANIMACIÓN SALTA A LA GRAN PANTALLA

Cuando en 1964 William Hanna y Joseph Barbera dirigieron y produjeron la película **Hey There, It's Yogi Bear** intentaron demostrar dos cosas que no pasaron desapercibidas para la industria hollywoodiense: que Disney no tenía el monopolio del cine de animación y que era posible que los niños pagaran por ver en los cines lo que ya tenían gratis en los salones de sus casas a través de la televisión. Sin embargo, tuvieron que pasar treinta y cuatro años hasta que **Los Rugrats: La película** se convirtió en el primer filme de animación no producido por los herederos de Walt Disney en sobrepasar la marca de los cien millones de dólares de recaudación en las salas de cine norteamericanas. Muchas cosas habían cambiado en la producción de animación entre los años sesenta y los noventa. Disney había perdido su posición de privilegio con la irrupción en el ámbito de la producción de animación de compañías como Dreamworks y Pixar. Mientras, la animación para televisión creció a un fuerte ritmo cuando los canales de cable Cartoon Network, Nickelodeon y Disney Channel entraron en competición con series originales que cuestionaban el convencionalismo de las cadenas generalistas y sus restringidos horarios.

El éxito de estas series las hicieron atractivas para una adaptación cinematográfica con muchas ventajas desde el punto de vista empresarial. Su coste es muy inferior al de una película de animación convencional debido a que suelen mejorar sólo aceptablemente el estilo de animación de su barata forma televisiva. Además, son productos ya conocidos por el público que cuentan con un seguimiento establecido y, por tanto, necesitan una inversión en publicidad menor. Ello garantiza su rentabilidad aunque no logren resultados de taquilla espectaculares gracias a la explotación en vídeo y DVD. Estas películas también se utilizaron para poner en marcha divisiones de producción cinematográfica dentro de los canales que emiten las series, una forma de aprovechar esta rentabilidad. A menudo las producciones se realizan en colaboración con el estudio cinematográfico del conglomerado en el que se insertan, como en el caso de Nickelodeon Movies y Paramout Pictures dentro de Viacom. Pero todavía hoy es caro acometer el estreno de una película en las salas de cine, por lo que son más habituales las adaptaciones destinadas a su explotación videográfica. Como veremos, algunas de las películas reseñadas a continuación tuvieron su origen en películas para vídeo o para televisión que después fueron reestructuradas para su estreno en salas.

En el desarrollo de las adaptaciones cinematográficas de series animadas se pueden diferenciar tres fases. La primera abarca las primeras adaptaciones realizadas por la factoría Hanna-Barbera de dos de sus series de más éxito, *Los Picapiedra* y *El oso Yogi*. Pero dos factores se combinaron decisivamente para impedir nuevas adaptaciones: la animación televisiva era mediocre y la cinematográfica estaba monopolizada por Disney, que no tenía un catálogo de series de televisión. En la segunda etapa se produce un lento florecimiento gracias a las adaptaciones realizadas durante la primera mitad de los noventa. La última etapa se inauguró con el éxito de **Los Rugrats: La película** y se caracterizó por el auge de estas adaptaciones, aunque ninguna película posterior ha alcanzado una repercusión similar. En este apartado no se van a tener en cuenta adaptaciones de series de televisión que nacieron para promocionar productos anteriores como juguetes.

EL OSO YOGI

El oso Yogi (*The Yogi Bear Show*), sindicación: 1961-1963.
Creada por William Hanna y Joseph Barbera.
Hey There, It's Yogi Bear, Hanna-Barbera Studios, 1964. Dirigida por William Hanna y Joseph Barbera. Escrita por William Hanna, Joseph Barbera y Warren Foster.

El oso Yogi nació como un fragmento de complemento dentro del programa *Huckleberry Hound* (Sindicación: 1958-1962). Recibiendo su nombre del jugador de béisbol Yogi Berra, Yogi era un oso del Parque Nacional de Jellystone (un trasunto de Yellowstone), donde era un especialista en robar su comida a los visitantes, para agobio del Guarda Smith. Yogi se preciaba de ser más listo que un oso convencional, aunque en realidad era más pícaro que otra cosa. Su mejor amigo era Boo Boo, un oso diminuto que solía ser la voz de la razón. Simple pero efectivo, el humor de Yogi llegó al público y en 1961 Hanna-Barbera lo elevó a protagonista de su propio programa, *El oso Yogi* (*The Yogi Bear Show*, Sindicación, 1961-1963). La estructura de los segmentos de Yogi se mantuvo, pero se añadieron un par de personajes nuevos como la osa Cindy, un interés amoroso de Yogi, y el guarda Tom Anderson, el ayudante de Smith. El éxito del programa fue relativo, pero Yogi se convirtió en un personaje comodín para Hanna-Barbera gracias a la continúa popularidad de las reposiciones y las ventas de merchadising.

Quizás por ello William Hanna y Joseph Barbera decidieron realizar una adaptación que les permitiera probar suerte en el mercado cinematográfico, al que habían renunciado para volcarse en el negocio televisivo después de que en 1957 MGM cerrara su división de animación. Ambos se iban a encargar de dirigir la película y escribirla, en este último apartado con la ayuda de su colaborador habitual Warren Foster. **Hey There, It's Yogi Bear** comenzaba con Yogi realizando su actividad habitual de robar la comida de los turistas del parque de Jellystone, pero esta vez Smith pierde la paciencia y decide combatir su rebeldía mandándolo al zoo de San Diego. Yogi convence a otro oso para ocupar su lugar y reaparece enmascarado para seguir robando comida. Triste por su ausencia, Cindy decide declararse culpable de los robos para ir al zoo de San Diego, pero en su lugar es enviada al de St. Louis. Por el camino su jaula se cae del tren y acaba en el siniestro circo regentado por los hermanos Chizzling, donde es martirizada por el perro Mugger. Yogi y Boo Boo la rescatan y se encaminan a Jellystone, pero en su lugar acaban en Nueva York, donde causan el pánico y son perseguidos por la policía. Finalmente Smith acude allí a buscarlos y todos regresan al parque.

Hey There, It's Yogi Bear fue un interesante experimento para Hanna-Barbera en el que se incorporaron algunos de los elementos comunes en las producciones Disney como las canciones. Los directores comprendieron inmediatamente que había que ofrecer algo diferente al público para llamar su atención e idearon un acontecimiento especial que sacara a los personajes de su ambiente habitual, en este caso el malentendido de Cindy que provoca la salidad de Jellystone. Pero el resultado final adolece de una notable fragmentación debido a un argumento que se puede desglosar en secciones: los problemas iniciales de Yogi y Smith, la aventura de Cindy hasta que acaba en el circo, el viaje hasta allí de Yogi y Boo Boo, la vuelta del trío a Jellystone y la pequeña aventura en Nueva York. Visualmente **Hey There, It's Yogi Bear** es una apreciable mejora de la serie, especialmente en el diseño de algunos personajes como Smith y Cindy. Aunque los escenarios de bosques habituales del programa son comunes en la película, también hay un par de apreciables secuencias nocturnas y la representación de Nueva York es excelente. Todo está además aderezado por un puñado de canciones superiores a las de posteriores películas de Hanna-Barbera. El personaje del perro Mugger fue el origen de Muttley en la hilarante *Los autos locos* (*Wacky Races*, CBS: 1968-1970). Aunque la repercusión de la película fue mínima, Yogi protagonizó en las décadas siguientes media docena de telefilmes y series como *Yogi's Gang* (ABC: 1973-1974), *Yogi's Space Race* (NBC: 1978-1979) y *Yogi's Treasure Hunt* (Sindicación: 1985-1988).

> VEREDICTO: **Hey There, It's Yogi Bear** no es una película especialmente sobresaliente, pero sí una buena versión de la serie original que ofrece apreciables mejores a nivel de forma y contenido. Pero como banco de pruebas de las producciones cinematográficas de Hanna-Barbera su legado es dudoso, ya que, a pesar de ser la primera, fue la mejor de todas las adaptaciones.

LOS PICAPIEDRA

El agente Picapiedra (*The Man Called Flintstone*), Hanna-Barbera Studios, 1966. Dirigida por William Hanna y Joseph Barbera. Escrita por William Hanna, Joseph Barbera, Warren Foster, Ray Allen, Harvey Bullock y Alex Lovy.

El agente Picapiedra se concibió como una despedida especial para *Los Picapiedra* pensada para estrenarse tras su cancelación. Como en **Hey There, It's Yogi Bear**, William Hanna y Joseph Barbera asumieron la dirección de la película, cuyo guión también desarrollaron junto a tres veteranos guionistas de *Los Picapiedra* (Ray Allen, Harvey Bullock y Warren Foster) y el animador Alex Lovy. En **El agente Picapiedra** Pedro es llamado a servir a su país cuando el espía Rock Slag, con el que guarda un extraordinario parecido, tiene un grave accidente. Pedro convence a Wilma, Pablo y Betty para que lo acompañen a lo que parecen unas convencionales vacaciones en Paris y Roma, pero en realidad su misión es contactar con la hermosa Tanya, que está dispuesta a entregar a su jefe, el malvado Ganso Verde, a cambio de la oportunidad de salir con el atractivo Slag. Tras varios malentendidos, Wilma se enfanda con su marido cuando cree que le es infiel, pero al final Pedro consigue desenmascarar al traidor agente Triple X, en realidad el Ganso Verde, desbaratar sus planes y regresar a Rocadura convertido en un héroe.

Si *Los Picapiedra* era una parodia de la comedia doméstica, el referente de **El agente Picapiedra** fue el entonces popular género de espías. La película comienza muy bien con una canción que parodia las composiciones de John Barry para la saga de James Bond. Pero en cuanto los personajes llegan a Paris **El agente Picapiedra** pierde el rumbo y se convierte en una historia convencional sobre cómo Pedro es perseguido por mujeres y acaba metido en un lío con Wilma. Otro problema fundamental de la película es el uso excesivo de canciones (en general, muy mediocres), que demoran del ya en sí endeble argumento, y la inocua participación de Pebbles y Bamm-Bamm. Pero a nivel estético la animación está refinada respecto a la serie de televisión, con la reconstrucción del Paris y Roma de la Edad de Piedra muy lograda. Y Hanna y Barbera hacen un gran trabajo con la ensoñación de Pedro acerca de ser un espía y la de Pebbles y Bamm-Bamm sobre el mundo en el que quieren vivir cuando sean mayores, ésta última realizada utilizando garabatos infantiles.

> VEREDICTO: **El agente Picapiedra** es una película relativamente desconocida que no gustó ni al público ni a la crítica en el momento de su estreno, en parte por desperdiciar completamente un planteamiento argumental realmente interesante en un desarrollo mediocre. Pero a pesar de todo, es un estimable ejemplo de animación realizada fuera de la factoría Disney.

LOS SUPERSÓNICOS

Los Supersónicos (*The Jetsons*), ABC: 1962-1963, sindicación: 1984-1987.
Creada por William Hanna y Joseph Barbera.
Los Supersónicos: La película (*The Jetsons: The Movie*), Universal Pictures 1990. Dirigida por William Hanna y Joseph Barbera. Escrita por Dennis Marks y Eric Luke.

El éxito de *Los Picapiedra* animó a Hanna-Barbera a intentar crear una réplica, *Los Supersónicos*, que también colocaba a una típica familia americana en un ambiente totalmente inesperado, este caso un muy avanzado siglo XXI. El referente para la nueva serie fue "Blondie" de Chic Young y la familia estuvo formada por George, un trabajador con cierta costumbre por meter la pata, su adorable esposa Jane, una ama de casa que sólo quiere hacer feliz a los que la rodean, Elroy, un niño de diez años que es un auténtico genio de la tecnología, y Judy, una adolescente cuya vida se centra en los chicos y la ropa. Su mascota era un perro parlante llamado Astro y Rosie su eficaz androide asistenta. *Los Supersónicos* comenzó a emitirse en septiembre de 1962, pero no consiguió funcionar demasiado bien entre el público y finalmente fue cancelada tras una temporada. Pero tras veinte años de reposiciones, entre 1984 y 1987 Hanna-Barbera decidió producir nuevas tandas de capítulos para garantizar que pudiera entrar en el lucrativo mercado de la sindicación. La única gran novedad de estos nuevos capítulos fue la inclusión de una nueva mascota llamada Orbitty, que George había encontrado en un viaje a Marte.

Tras varios años en proyecto, la producción de una película basada en *Los Supersónicos* cristalizó a final de los ochenta con una historia que intentaba recuperar el tono de la serie original pero la actualizaba tanto temática (con un argumento ecologista) como formalmente (con la inclusión de las entonces nacientes técnicas de animación digital y numerosas canciones pop). En la película George es enviado por su jefe Cosmo Spacely para dirigir una fábrica completamente automatizada en un aislado asteroide en el que se suceden los sabotajes. A pesar de las quejas de sus hijos, George y Jane logran hacer una nueva vida allí. Pronto descubren que los destrozos en la fábrica están siendo provocados por unas pequeñas criaturas peludas llamadas grungis, cuyo mundo es alterado cada vez que ésta entra en funcionamiento. Tras un par de situaciones dramáticas, George convence a Spacely de que los grungis pueden gestionar la fábrica sin dañar el medio ambiente y regresa junto a su familia a la Tierra.

El argumento de **Los Supersónicos: La película** entroncaba con toda una corriente de animación de finales de los ochenta que incluía mensajes de tipo ecologista o pacifista. Otro elemento destacado era el frecuente uso de mediocres canciones pop, aunque una de ellas, "You and me", es acompañada por una extraordinaria pieza alegórica del amor que combina varios estilos de animación y está inspirada en el trabajo de artistas como Picasso, Dalí, o Modigliani. Esta pieza, nada coherente con el resto del relato, fue una forma de reivindicarse de Hanna y Barbera, cuyo talento había quedado a menudo limitado por su trabajo en la animación infantil.

> VEREDICTO: **Los Supersónicos: La película** consiguió una respetable repercusión en taquilla, pero fue olvidada rápidamente debido a un argumento que hoy parece un ejemplo de propaganda política. En su despedida profesional, William Hanna y Joseph Barbera demostraron su talento como animadores, pero también que nunca llegaron a dominar el relato cinematográfico.

PATOAVENTURAS

Patoaventuras (*Ducktales*), sindicación: 1987-1990. Creada por Jean-Marc Lofficier y Randy Lofficier basándose en los personajes de Carl Banks.
Patoaventuras: La película (*Ducktales, The Movie: Treasure of the Lost Lamp*), Walt Disney Studios, 1990. Dirigida por Bob Hathcock. Escrita por Alan Burnett.

Durante los años ochenta la factoria Disney vivió una época de reorganización que incluyó la decisión de producir animación para televisión, algo que su fundador Walt Disney se había negado a hacer por considerar que era un fraude al espectador. Pero con el desarrollo de la televisión por cable, los ejecutivos de Disney se dieron cuenta de que su catálogo era demasiado limitado para poder alimentar un mercado en expansión. Disney tenía a su favor contar con decenas de personajes ya populares gracias a sus apariciones en cortos, películas y tebeos, como el infrautilizado tío Gilito, un millonario que se convirtió en el eje de *Patoaventuras* junto a sus sobrinos Jaimito, Jorgito y Juanito y el personaje de nueva creación McQuack, un piloto con facilidad para estrellar aviones. La serie comenzó a emitirse diariamente en sindicación en septiembre de 1987 y su éxito fue tal que la compañía decidió producir una tanda adicional de episodios para llegar a los cien (Disney estableció el tope en sesenta y cinco para favorecer la rotación de programas). **Patoaventuras: La película** no sólo nació para aprovechar el éxito de la serie, sino que Disney la utilizó para probar la posibilidad de estrenar filmes de bajo presupuesto junto a sus lujosos largometrajes. Este tipo de divisiones fueron después responsables de **La película de Goofy** (*A Goofy Movie*, 1995) y las secuelas de sus grandes éxitos estrenadas en salas o directamente en vídeo.

Con una duración de setenta minutos, **Patoaventuras: La película** recordaba a los arcos de capítulos de los que la serie hacía uso habitual, en especial el que sirvió de introducción, "El tesoro de los soles dorados". La historia comienza, in medias res, con Gilito y sus sobrinos en el avión de McQuack que, como siempre, está a punto de estrellarse. Van detrás de un tesoro cuando se enfrentan al malvado mago Merlock, que busca una lampara maravillosa pero fracasa en el intento tanto como Gilito con hacerse con el tesoro. De regreso a casa, la lámpara revela tener un genio en su interior, que resulta ser un niño encantador. Pero Merlock logra poseer con la lámpara y comienza a conquistar el mundo utilizando los deseos hasta que Gilito la recupera y, deseando que su genio se convierta en un niño de verdad, logra destruirla. La película supone una mejora sustancial de la serie de televisión. Particularmente los primeros veinte minutos, hasta que los personajes regresan a casa, son una auténtica mini película de aventuras repleta de humor, acción y emoción que recuerdan en gran medida las peripecias de Indiana Jones. Posteriormente el ritmo se ralentiza, pero las escenas de acción son constantes y eso hace que la película mantenga el interés durante casi todo su metraje. La animación es aceptable, sobre todo teniendo en cuenta que entonces aún no se utilizaban técnicas de animación digital que hubieran abaratado el proceso. Como en otras producciones de Disney, se incluye la presencia de un villano petulante que cuenta con un ayudante cómico e inepto, en este caso Merlock y el pícaro Dijon. Como iba a empezar a ser habitual en las producciones de Disney, se buscó un rostro conocido para dar voz al villano, Christopher Lloyd (Doc en **Regreso al futuro**).

> VEREDICTO: La entretenida **Patoaventuras: La película** mostró la pretensión de los nuevos rectores de Disney de ofrecer una animación para cine barata que permitiera mantener el monopolio sobre el género. Los resultados en taquilla fueron aceptables, pero desafortunadamente **Patoaventuras: La película** no llegó a dar el salto cualitativo en la gran pantalla y convertirse en la gran producción de aventuras que podría haber sido.

BATMAN

Batman (*Batman: The Animated Series*), Fox: 1992-1995. Desarrollada por Alan Burnett, Eric Radomski y Bruce W. Timm basándose en los personajes de Bob Kane.
Batman: La máscara del fantasma (*Batman: The Mask of the Phantasm*), Warner Bros., 1993. Dirigida por Eric Radomski y Bruce W. Timm.
Escrita por Alan Burnett, Paul Dini, Martin Pasko y Michael Reaves.

La franquicia cinematográfica de Batman se convirtió en la década de los noventa en uno de los activos de mayor valor del conglomerado Time Warner, que buscó aprovechar su popularidad produciendo una serie de animación. Con un presupuesto superior al de la media de la producción animada televisiva y con una inusitada libertad creativa, el equipo formado por Bruce W. Timm, Eric Radomski, Alan Burnett y Paul Dini (los tres primeros encargados de desarrollar el concepto) hicieron de *Batman* un programa de acción y aventuras que con un tratamiento adulto de los argumentos logró salir del nicho del público infantil. Tomando elementos de la visión cinematográfica de Tim Burton, pretendían reinventar el universo de Batman utilizando como referente las aportaciones que el guionista Frank Miller había dado al personaje en "Batman: Año Uno". A nivel estético, la serie se caracterizaba por un estilo tenebrista que fue calificado como dark decó por sus ambientes nocturnos, constrastes entre luz y sombra y uso abundante de escenografía de época. Para completar este cuidado acabado, se utilizó el célebre tema compuesto por Danny Elfman para **Batman** (Tim Burton, 1989) mientras que Shirley Walker, colaboradora del propio Elfman, se encargó de la banda sonora. Y a nivel de contenido, la serie ofrecía historias muy elaboradas en las que la indagación psicológica estaba por encima de las persecuciones o peleas.

Batman se estrenó dentro del bloque de programación infantil de la cadena Fox en septiembre de 1992 logrando una inmediata repercusión entre el público y ganando un premio Emmy. Esto animó a realizar una película basada en la serie destinada al mercado del vídeo, un proyecto que permitiría aumentar los beneficios sin incrementar demasiado los costes y dar mayor popularidad a la serie. Se optó por un acontecimiento especial: mostrar parte de la génesis del personaje y enfrentarlo a su enemigo más popular, el Joker. Pero el desarrollo inicial de **Batman: La máscara del fantasma** gustó tanto a los ejecutivos de Warner que al final decidieron aumentar el presupuesto y convertirla en una película apta para el estreno en salas de cine. El resultado destacó por una notable banda sonora de Shirley Walker y una evidente perfección técnica en diversas secuencias de acción. Reuniendo a Bruce Wayne con su antigua amada Andrea Beamount, que también sufrió la muerte violenta de un ser querido, el argumento tenía como eje una reflexión sobre la inutilidad de la venganza y la forma en la que imposibilita a quienes la ejercen para ser felices. La película demuestra un envidiable ritmo narrativo, con una serie de flash-backs milimétricamente repartidos en la primera parte del metraje para dejar la segunda al enfrentamiento a tres bandas entre el Fantasma (un asesino vengador tras el que se esconde Andrea), el Joker y Batman. Tras el decepcionante estreno de **Batman: La máscara del fantasma**, la serie se mantuvo en producción hasta 1995. Fue sustituida por *Las nuevas aventuras de Batman* (*The New Batman Adventures*, WB Kids, 1997-1999) y *Batman del futuro* (*Batman Beyond*, WB Kids, 1999-2002).

VEREDICTO: A pesar de su origen como un producto menor dirigido al vídeo y su fracaso comercial, **Batman: La máscara del fantasma** es una de los mejores filmes de animación producidos durante los años noventa. La película supo plantear con riqueza narrativa un acontecimiento especial como eje argumental y añadir un cuidado acabado que la colocan a la altura de las versiones en imagen real del murciélago enmascarado dirigidas por Tim Burton.

BEAVIS Y BUTT-HEAD

Beavis y Butt-Head (*Beavis and Butt-Head*), MTV: 1993-1997. Creada por Mike Judge.
Beavis y Butt-Head recorren América (*Beavis & Butt-Head Do America*), Paramount Pictures, 1996. Dirigida por Yvette Kaplan y Mike Judge. Escrita por Mike Judge y Joe Stillman.

El canal de cable MTV entró en una nueva fase de su historia cuando comenzó a producir programas de ficción dirigidos al público joven para intercalarlos durante su programación. Su primera serie relevante fue *Beavis y Butt-Head*, creación de un joven ingeniero llamado Mike Judge que había impresionado a los ejecutivos del canal con sus ácidos cortos amateur. Los protagonistas de *Beavis y Butt-Head* eran dos jóvenes sin oficio ni beneficio que apenas pueden recordar un número de teléfono y cuyo vocabulario se limita a media docena de palabras. Ya desde el comienzo de su emisión en marzo de 1993 el programa desarrolló unas características muy definidas: animación artesanal, estética feista, poca o nula acción y una excusa argumental simple para sustentar fragmentos de diez minutos en los que se intercalan escenas en las que los protagonistas comentaban vídeos musicales utilizando dos expresiones básicas, mola y apesta. La serie era una parodia de la cultura popular adolescente, pero para la prensa más alarmista se convirtió en el mejor ejemplo de la decadencia de la juventud. La polémica llegó a su cima cuando se acusó falsamente a *Beavis y Butt-Head* de inspirar a un niño para provocar un incendio en el que murió su hermano. En medio del momento de más popularidad del programa, Mike Judge convenció a Paramount Pictures (filial de MTV) para producir una versión cinematográfica con él mismo como director. En la película Beavis y Butt-Head se lanzan a la carretera tras la desaparición de su televisión y acaban inmersos en la persecución por parte del FBI del matrimonio de delincuentes formado por Muddy y Dallas, que están comerciando con una mortífera arma biológica. Tras acabar perdidos en el desierto y encontrar sin saberlo a sus padres, conocen al Presidente de los Estados Unidos y regresan a casa, donde encuentran su amada televisión.

Beavis y Butt-Head recorren América consigue resolver el problema de expandir las historias de diez minutos habituales en la serie gracias a un argumento de road-movie, algo habitual en estas adaptaciones. También se combinan personajes ya conocidos en la serie con otros nuevos como el agente Fleming, Muddy y Dallas, todos figuras arquetípicas a las que prestan sus voces Robert Stack, Demi Moore y Bruce Willis respectivamente. Pero la película se ve lastrada por un argumento propio de la serie B que resulta especialmente anodino si se tiene en cuenta que se había iniciado con dos golpes de ingenio, la secuencia en la que Beavis y Butt-Head arrasan una ciudad en plan Godzilla y los divertidos títulos de crédito que parodian clásicos de los setenta como *Los ángeles de Charlie*, *Starsky y Hutch* y **Las noches rojas de Harlem** (*Shaft*, Gordon Parks, 1971). Con la excepción de una inspirada alucinación de Beavis en el desierto (diseñada por el músico y director Rob Zombie), la animación es muy insípida. El origen de la película se hace patente en una elaborada banda sonora que sirvió a MTV para promocionarla eficazmente. Partiendo de doce millones de presupuesto, **Beavis y Butt-Head recorren América** recaudó más de sesenta solamente en Estados Unidos y demostró que el mercado de la animación para adultos estaba infraexplotado.

> VEREDICTO: **Beavis y Butt-Head recorren América** consiguió convertirse en un gran éxito taquillero y coronar a Mike Judge como un brillante cronista de lo peor de la sociedad norteamericana. No es el colofón perfecto para una de las series más originales de la historia de la televisión, pero es un ácido título cómico con algunos muy buenos momentos.

RUGRATS, AVENTURAS EN PAÑALES

Rugrats, aventuras en pañales (*Rugrats*), Nickelodeon: 1991-2004.
Creada por Gabor Csupo, Arlene Klasky y Paul Germain.
Rugrats: La película (*The Rugrats Movie*), Nickelodeon Movies, 1998. Dirigida por Igor Kovalyov y Norton Virgien. Escrita por David N. Weiss y J. David Stem.

Rugrats, aventuras en pañales fue la primera serie original de Nickelodeon, un canal por cable especializado en animación dirigida a niños de entre dos y once años. La inspiración para crear *Rugrats, aventuras en pañales* le llegó a Arlene Klasky mientras observaba a su hijo de quince meses y se imaginaba cómo vería él el mundo. Klasky estaba casada con el animador Gabor Csupo y su compañía Klasky-Csupo había sido la encargada de poner en imágenes los tres primeros años de *Los Simpson* (*The Simpsons*, Fox, 1989-), donde habían apostado por una animación de influencia europea tendente al feísmo con un llamativo colorido. Klasky y Csupo desarrollaron la idea junto a Paul Germain, un productor de *Los Simpson*, y la presentaron a Nickelodeon, donde buscaban series estéticamente novedosas con las que diferenciar su programación. El protagonista de *Rugrats, aventuras en pañales* era Tommy Pickles, un bebé con unas ganas insaciables de conocer el mundo. Tommy se imagina grandes aventuras junto a sus compañeros de juegos: el pelirrojo Chuckie, los gemelos Phil y Lil y su prima Angélica, una niña malcriada. Junto a ellos están el perro Spike y Reptar, el juguete por el que Tommy siente devoción. *Rugrats, aventuras en pañales* se hizo en 1992 con el Emmy al mejor programa de animación en horario vespertino, el primero en la historia de Nickeolodeon. Tras una tanda de sesenta y cinco capítulos, la serie dejó de producirse. Pero cuando las reposiciones comenzaron a lograr grandes cifras de audiencia, Nickelodeon decidió revivir el programa y aprovechar su popularidad produciendo una adaptación a través de su división cinematográfica Nickelodeon Movies. La historia de la película liga con el último capítulo de la quinta temporada de la serie, en donde la madre de Tommy, Didi, descubría que esperaba un nuevo bebé. **Rugrats: La película**, planteando una insalvable incoheren-

Cartel de *Rugrats: La película.*

cia temporal, comienza con el nacimiento del hermano de Tommy, Dil, y los celos que éste despierta. Tras un rocambolesco accidente Tommy acaba junto a Dil, Phil, Lil y Chuckie perdido en el bosque, donde tiene que sobrevivir hasta ser rescatados al día siguiente por su padre.

Rugrats: La película se ajusta al esquema del acontecimiento especial con la incorporación de Dil y una aventura real en vez de imaginaria. El filme destaca por sus elevadas dosis de aventuras en algunas secuencias muy espectaculares, como el recorrido por toda la ciudad que culmina con los niños llegando al bosque. La animación es notable y la iluminación plana de la serie es sustituida por un elaborado tratamiento de luces y sombras. Pero la película también sobresale por su contenido, especialmente en una escena de una riqueza dramática excepcional en la que Tommy se enfada con su hermano porque éste no quiere compartir ni la comida ni una manta. Tommy lo saca a la intemperie y comienza a gritarle hasta que una lágrima asoma por la mejilla de Dil. En muchos aspectos **Rugrats: La película** es una especie de anti-Disney que cuenta con algunas atinadas parodias, pero también sigue su fórmula con la inclusión de alguna canción innecesaria.

VEREDICTO: **Rugrats: La película** es un título clave en el cine de animación de los noventa que demostró que los años de monopolio absoluto de Disney habían finalizado y abrió la puerta a la gran mayoría de adaptaciones que se van a comentar a continuación. Con una animación notable, una historia con gancho y unos personajes adorables, la película es ideal para niños y adultos que quieren recordar la magia de la infancia.

Rugrats en Paris: La película (*Rugrats in Paris: The Movie - Rugrats II*), Nickelodeon Movies, 2000. Dirigida por Stig Bergqvist y Paul De Meyer.
Escrita por David Weiss, J. David Stem, Jill Gorey, Barbara Herndon y Kate Boutilier.

Rugrats en Paris: La película se realizó de forma un tanto precipitada para ser estrenada justo dos años después que **Rugrats: La película**. De nuevo se buscó un doble acontecimiento especial desarrollando la historia en París e introduciendo a dos nuevos personajes. Como en el caso anterior, el inicio del argumento era continuación del último episodio de la temporada emitida antes del estreno, en el que el abuelo Lou se enamora de una enfermera jubilada llamada Lulu, Chazz Finster (el viudo padre Chuckie) comienza a salir con mujeres y Stu consigue que su robot de Reptar sea comprado por el parque temático EuroReptar. **Rugrats en Paris: La película** comienza con la boda de Lou y una antológica parodia de la famosa primera escena de **El padrino** (*The Godfather*, Francis Ford Coppola, 1972), y rápidamente se traslada junto a los personajes a EuroReptar. Allí se enfrentan a la ambiciosa ejecutiva Coco LaBouche, que intenta casarse con Chazz porque necesita una familia para avanzar su carrera. Coco llega a secuestrar a los niños para impedir que se interpongan en sus planes, pero al final Chazz se da cuenta de que se ha enamorado de la ayudante de Coco, Kira, que tiene una hija llamada Kimi. Frente al protagonismo de Tommy en la primera película, ahora el eje de la acción recae en Chuckie, que consigue por fin tener una madre.

> VEREDICTO: **Rugrats en Paris: La película** logró una notable recaudación en salas a la altura de las altas expectativas creadas. De nuevo se busca una historia con un fuerte componente emocional y se la inserta en un contexto de aventuras y humor en el que no faltan ni secuencias de acción ni atinadas parodias de la industria de la animación. Aunque inferior a su precedente, es una apreciable película infantil que se libra de la sombra del musical edulcorado.

DOUG

Doug, Nickelodeon: 1991-1994.
Las nuevas aventuras de Doug (*Disney's Doug*), ABC: 1996-1999. Creada por Jim Jinkins.
Doug, su primera película (*Doug's 1st Movie*), Walt Disney Pictures, 1999.
Dirigida por Maurice Joyce. Escrita por Ken Scarborough y Jim Jinkins.

La trayectoria de *Doug* como serie de animación puede calificarse de singular, ya que pasó de un canal de cable como Nickelodeon a una gran cadena como ABC de la mano de Disney, que también produjo la película con la que se le puso punto y final. *Doug* fue creada en 1990 por Jim Jinkins y su originalidad estética residía en dotar a cada personaje de un color particular. *Doug* era una serie propiamente infantil con una finalidad didáctica sobre un chico, Doug Funnie, que acababa de mudarse junto con su familia a Bluffington, una pequeña ciudad industrial amenazada por la contaminación de las empresas del magnate local, el señor Bluff. Doug enseguida se hacía con un grupo de amigos, Skeeter, Roger y, sobre todo, Patti, el amor platónico de Doug. El protagonista pretendía ser un chico más de doce años y sus peripecias se iban a encuadrar en las que vive cualquier chico de esa edad, aunque resaltando aspectos como el ecologismo y la integración social. Dentro de las tramas más convencionales de la serie resaltaban las ensoñaciones de Doug, que cuando se veía en una situación comprometida se imaginaba a sí mismo como un superhéroe, Quailman, que le ayudaba a tomar las decisiones más difíciles. Tras tres años en antena la serie fue cancelada, pero en 1996 Disney compró su productora, Jumbo Pictures, y encargó una entrega de capítulos con el título de *Las nuevas aventuras de Doug*. Tras los sesenta y cinco capítulos establecidos por Disney, la serie fue cancelada de nuevo, pero a modo de despedida se ideó una película destinada al mercado del vídeo.

Pero el éxito de **Rugrats: La película** hizo cambiar de idea a Disney y la estrenó en salas logrando una repercusión aceptable. Por ello **Doug, su primera película** muestra las limitaciones de una animación poco elaborada y su anodino argumento tampoco saca a los protagonistas de su contexto. En **Doug, su primera película**, Doug y su amigo Skeeter descubrían durante una acampada en el Lago del Pato con Suerte que el monstruo que se dice que lo habita existe de verdad. Pero ese iba a ser el comienzo de sus problemas, ya que Herman (como lo llaman en homenaje al autor de "Moby Dick") se niega a volver al lago y Doug tiene que esconderlo en su casa. La empresa de Bluff lleva años contaminando el lago de forma encubrierta, pero Doug no logra pruebas con las que demostrarlo, así que lleva a Herman al lago Cristal. Doug consigue que Herman salte al agua justo antes de que Bluff y sus hombres puedan detenerlo y al final baila con Patti bajo la luz de la luna. **Doug, su primera película** ofrecía exactamente las mismas cualidades que la serie de televisión en la que se basaba: unos personajes tiernos y divertidos, una historia entretenida y un trasfondo de valores positivos como la conservación del medio ambiente, el respeto por los animales y la amistad. Pero básicamente la película eran cuatro capítulos de las serie encadenados. No se hacía un uso creativo de la banda sonora, no aparecían personajes nuevos excepto Herman (que ni siquiera habla) y no se utilizaba el elemento distintivo de estas adaptaciones, las voces famosas en la versión original.

VEREDICTO: **Doug, su primera película** se vio demasiado lastrada por su origen como largometraje destinado al mercado del vídeo, aunque a pesar de ello logró una recaudación en taquilla aceptable. Pero para los críticos, la escasa ambición de la película sólo sirvió para bajar el listón de calidad de los estrenos de animación en salas de cine justo en el mismo año en el que **Pokemon, la película** (*Pokémon: The First Movie*) se iba a convertir en uno de los grandes éxitos de la temporada.

SOUTH PARK

South Park, Comedy Central: 1997-. Creada por Trey Parker y Matt Stone.
South Park: Más grande, más largo y sin cortes (*South Park: Bigger, Longer & Uncut*),
Paramount Pictures, 1999. Dirigida por Trey Parker y Matt Stone.
Escrita por Trey Parker, Matt Stone y Pam Brady.

South Park puso en el primer plano de la actualidad a la animación exclusivamente dirigida a adultos. Trey Parker y Matt Stone eran todavía estudiantes de animación cuando realizaron *Jesus Vs. Frosty*, un corto amateur en el que cuatro niños malhablados construyen un muñeco de nieve que cobra vida y comienza a matar gente antes de ser aniquilado por

Jesucristo. Con otro de sus cortos, esta vez de ambiente navideño, convertido en una sensación en Hollywood, Parker y Stone vendieron a Comedy Central, el canal de cable especializado en el humor, *South Park*, una serie de animación simple en la forma pero compleja en el contenido. Se trataba de una sátira sobre la vida moderna protagonizada por Kyle, Stan, Eric y Kenny, cuatro niños que no dejan de decir obscenidades y viven aventuras rocambolescas que incluyen la sangrienta muerte de Kenny en cada capítulo. En *South Park* son recurrentes las referencias a Barbra Streisand (la encarnación de todo mal) y las apariciones Sadam Hussein y Jesucristo, éste último presentando un talk-show titulado *Jesús y sus amigos*. *South Park* ha sido objeto de críticas desde todos los sectores ideológicos, pero eso le ha permitido convertirse en un auténtico fenómeno social que ha inspirado una rentable línea de mercadotecnia.

A la hora de plantear una versión cinematográfica y conscientes del peligro de hacer más un especial que una película auténtica, Parker y Stone decidieron apostar por un planteamiento casi revolucionario y convertir **South Park: Más grande, más largo y sin cortes** en un musical clásico. El título es un perfecto resumen: más ambición temática, más duración y menos limitación de la censura. La historia comenzaba con el estreno en South Park de la nueva película de los obscenos cómicos canadienses Phillip y Terrance, cuya influencia negativa en los niños lleva a sus madres a formar un comité que desata la histeria. Los cómicos son detenidos y condenados a muerte mientras Estados Unidos se prepara para iniciar una guerra contra Canadá. Pero Kyle, Stan y Eric toman cartas en el asunto y salvan la situación cuando el fantasma de Kenny les revela que la muerte de Philip y Terrance supondrá el Juicio Final. Muy al estilo de la serie, **South Park: Más grande, más largo y sin cortes** está sazonada de tacos, violencia y chistes escatológicos, pero también elaboradas canciones compuestas por el músico Marc Shaiman y el propio Trey Parker, entre ellas una, "Blame Canada", que fue nominada al Oscar. Las canciones van acompañadas por coreografías muy notables teniendo el esquematismo de la animación. Pero también se mantienen elementos clásicos de la serie, como la presencia de personajes famosos satirizados sin piedad, en este caso la familia de actores Baldwin (masacrada por los canadienses), Winona Ryder (que hace un espectacular número con pelotas de ping pong), Bill Gates (ejecutado después de que su sistema Windows falle en una presentación militar) y el propio presidente Bill Clinton (retratado como un bobalicón sin personalidad).

VEREDICTO: **South Park: Más grande, más largo y sin cortes** se convirtió en un auténtico éxito de taquilla en Estados Unidos a pesar de la restrictiva calificación moral R. La mayoría de los críticos también la encontraron hilarante, provocativa e inteligente. La película demostró que la animación para adultos podía lograr un hueco en la gran pantalla de la misma forma que lo tenía en televisión y permitió a la serie, que entonces atravesaba un bache de audiencia, mantenerse en producción hasta la actualidad.

LA BANDA DEL PATIO

La banda del patio (*Recess*), ABC: 1997-2001. Creada por Paul Germain y Joe Ansolabehere.
La banda del patio: La película (*Recess: School's Out*), Walt Disney Pictures, 2001. Dirigida por Chuck Sheetz. Escrita por Jonathan Greenberg basándose en una historia suya, de Paul Germain y Joe Ansolabehere.

Tras la primera cancelación de *Rugrats, aventuras en pañales*, su co-creador Paul Germain comenzó a trabajar junto al guionista Joe Ansolabehere en un proyecto que pudiera apelar a niños más crecidos. Sus hijos estaban a punto de cumplir ocho años y pensaron que les convenía centrase en un público al que pudieran entender por su experiencia personal como padres, así que eligieron como protagonistas de *La banda del patio* a un grupo de escolares de nueve años. Con un estilo de animación más naturalista (no en vano la serie estaba producida por Disney e iba a ser emitida por una cadena generalista como la ABC), *La banda del patio* se centraba en los momentos del recreo y sus argumentos destacaban por su fina observación de la mitología infantil y de las normas sociales de los grupos escolares, con lo que los niños se podrían identificar con sus protagonistas y los adultos utilizarla para intentar entender el microcosmos social en el que se educaban sus hijos. Los protagonistas de *La banda del patio* eran un grupo de personajes arquetípicos heterogéneos físicamente y psicológicamente, como el rebelde T.J., la estrella del deporte Vince, la inteligente Gretchen, la temperamental Spinelli, el tímido Gus y el grandullón Mickey. *La banda del patio* debutó en la parrilla matinal de los sábados de la ABC en septiembre de 1997 y en muy poco tiempo se convirtió en la serie más popular entre el segmento de público al que se dirigía, los niños de entre seis y once años. Tras los sesenta y cinco capítulos de rigor (cada uno formado por dos fragmentos de quince minutos), la serie fue cancelada y Disney encargó una versión cinematográfica.

La banda del patio: La película amplificaba el planteamiento de la serie y se desarrollaba durante el recreo más importante, las vacaciones de verano. T.J. se queda sólo después de que todos sus amigos se hayan ido a campamentos, pero pronto descubre que algo no va bien en la escuela y pide ayuda al gruñón director Prinkle. Éste es secuestrado y los chicos, una vez reunidos de nuevo, derrotan con la ayuda de sus profesores al malvado Philliant Benedict, un antiguo profesor del colegio y político obsesionado por acabar con el recreo cuyo descabellado plan es alterar con un rayo la órbita de la luna para que el verano se convierta en una estación helada y los niños tengan que permanecer en casa estudiando. **La banda del patio: La película** pretendía ser una despedida a la serie de televisión que la había inspirado, pero también una ampliación de muchas de sus ideas y propuestas sobre la importancia del recreo para el aprendizaje de normas sociales. Un elemento frecuentemente criticado en la serie fue la caracterización de los profesores como antagonistas de los protagonistas infantiles, aunque aquí se mostraba cómo cuando los niños los necesitan se convierten en sus aliados. Como en la mayoría de este tipo de adaptaciones, la animación está ligeramente enriquecida y se usan voces conocidas para dar vida a nuevos personajes en la película, en este caso con James Woods como Philliant Benedict.

VEREDICTO: **La banda del patio: La película** logró unas más que aceptables recaudaciones de taquilla, triplicando la cifra de su ajustado presupuesto, diez millones de dólares. La inclusión de un elemento de ciencia-ficción como el de la posibilidad desplazar la órbita de la luna en un planteamiento argumental tendente al realismo no fue especialmente acertado, pero a pesar de todo **La banda del patio: La película** es una de las adaptaciones más interesantes y un excelente punto y final a una notable serie de televisión.

¡OYE, ARNOLD!

¡Oye, Arnold! (*Hey, Arnold!*), Nickelodeon: 1996-2002. Creada por Craig Bartlett.
¡Oye, Arnold!: La película (*Hey, Arnold!: The Movie*), Paramount Pictures, 2002.
Dirigida por Tuck Tucker. Escrita por Craig Bartlett y Steve Viksten.

¡Oye, Arnold! fue uno de los primeros éxitos de Nickelodeon que no nació de la factoría Klasky-Csupo, aunque su creador, Craig Bartlett (cuñado del creador de *Los Simpson* Matt Groening), se forjó trabajando como director y editor de la primera temporada de *Rugrats, aventuras en pañales*. *¡Oye, Arnold!* encontró su hueco en la parrilla de Nickelodeon en octubre de 1996 atrayendo al público infantil pero también a uno adulto que captaba perfectamente la ironía de las historias y se apasionaba con el universo extraño, casi onírico, en el que vivían sus protagonistas. El único interés en la vida de Arnold, un niño huérfano que vive con sus abuelos, es hacer felices a los demás y ayudarles a solucionar sus problemas. El mejor amigo de Arnold es Gerald, un chico más cerebral y realista, mientras que su enemiga es la borde Helga, una niña triste ignorada por sus padres y que guarda un secreto: está secretamente enamorada de Arnold desde preescolar y le escribe largos poemas de amor. En medio del gran éxito cosechado por la serie y por las primeras adaptaciones cinematográficas realizadas por Nickelodeon, se planteó el proyecto de realizar a la vez una película destinada a la televisión, posteriormente comercializada en vídeo, y una dirigida a los cines. Sin embargo, el estudio no terminó de dar luz verde a la película y decidió estrenar en cines el telefilme como **¡Oye, Arnold!: La película**. Ese origen se pone de manifiesto en la poca elaborada animación, muy inferior a la de las otras adaptaciones realizadas por Nickelodeon, con la iluminación plana, la expresividad nula de los personajes y unos fondos insípidos. A nivel de argumento tampoco se apuesta por una historia que saque al personaje de su contexto. Planteándose como una especie de fábula antiglobalización, la película comienza mostrando cómo casi todas las casas del vecindario de Arnold habían sido compradas por el magnate Scheck, que pretende construir un complejo comercial. Tras su fracaso para organizar a los residentes, el nuevo objetivo de Arnold es localizar un documento que acredita que el barrio fue declarado monumento nacional un siglo antes, aunque la prueba definitiva para derrotar a Scheck es una cinta que muestra a Schek quemando el documento y que permite salvar el barrio.

En cierta forma la película parecía una larga serie de episodios unidos, con la historia avanzando a través de pequeñas secuencias que podrían ser alguno de los fragmentos de diez minutos que formaban los capítulos de la serie. A pesar de ocasionales buenos momentos,

¡Oye, Arnold!: La película desperdicia la gran variedad de personajes del programa, que tiene un plantel extraordinariamente rico para un producto de animación infantil. Arnold y Gerald realizan acciones demasiado repetitivas a lo largo de la película, mientras que la presencia del resto de los niños (excepto Helga) es puramente anecdótica. A pesar de todo, hay algunos elementos extraños y originales, como un conductor del autobús con una prótesis de metal para sustituir a una pierna amputada. La película prescinde las canciones en boca de los personajes, excepto en un pequeño chiste a costa de Disney en el que Eugene, después de enterarse del destino del barrio, comienza a cantar y es cortado en seco por Arnold. En su estreno **¡Oye, Arnold!: La película** pasó bastante desapercibida, logrando recaudar apenas su presupuesto (diez millones de dólares), lo que coincidió con la temprana cancelación de la serie en 2002 tras cien capítulos debido a problemas contractuales de Craig Bartlett con el canal.

> VEREDICTO: **¡Oye, Arnold!: La película** es una de las películas basadas en una serie de animación que menor repercusión obtuvo en su estreno, siendo ignorada por el público y los críticos por una animación demasiada rudimentaria y un argumento poco interesante. Pero incluso con sus muchos defectos, **¡Oye, Arnold!: La película** vale la pena un visionado solamente por la divertidísima Helga, la niña rubia con una ceja morena, cara de mala leche y un lacito rosa en el pelo que interpreta unos encendidos soliloquios de amor hacia Arnold.

LOS THORNBERRYS

Los Thornberrys (*The Wild Thornberrys*), Nickelodeon: 1998-2001. Creada por Arlene Klasky, Gabor Csupo, Steve Pepoon, David Silverman y Stephen Sustarsic.
Los Thornberrys: La película (*The Wild Thornberrys Movie*), Nickelodeon Movies, 2002. Dirigida por Cathy Malkasian y Jeff McGrath. Escrita por Kate Boutilier.

Después de *Rugrats, aventuras en pañales*, *Los Thornberrys* se convirtió en la segunda serie de más éxito del canal Nickelodeon. Creada por la factoria Lasky-Csupo, ambas series tenían muchos elementos en común, como su estilo de animación feísta y colorista y la temática de aventuras. Pero los protagonistas de *Los Thornberrys* se mueven de un lado al otro del mundo viviendo aventuras reales, no imaginarias. Utilizando un planteamiento similar al del reciente éxito **Doctor Dolittle** (Betty Thomas, 1998), la protagonista es una niña que puede comunicarse con los animales. Eliza Thornberry viaja alrededor del mundo con sus padres, Nigel y Marianne, presentador y productora respectivamente de un exitoso programa sobre la vida natural, *El mundo animal de Nigel Thornberry*. Eliza un día salvó a un animal y éste, en realidad un chamán, le dio el poder de comunicarse con los animales siempre que guardara en secreto su don. Los Thornberrys también tienen otra hija, la adolescente Debbie, y un hijo adoptado, Donnie, al que encontraron en la selva del Congo siendo criado por orangutanes, además del mono Darwin.

Los Thornberrys se estrenó en Nickelodeon en septiembre de 1998 logrando excelentes resultados de audiencia. Así que el canal y Lasky-Csupo decidieron llevarla también al cine buscando repetir el éxito de **Rugrats: La película**. Tanto a nivel de animación (con más profundidad y contraste luminoso) como argumental (con la idea central de que alguien está perdido y el resto de los personajes deben encontralo), los vínculos entre los dos filmes eran muy estrechos. En **Los Thornberrys: La película** Eliza acaba en un internado en Inglaterra tras un accidente en la selva que a punto está de costarle la vida. Pero un sueño le revela que debe regresar a África para evitar una matanza en una concentración de elefantes y decide escaparse. A partir de ese momento la trama se complica con todos los personajes buscándose los unos a los otros en la selva. Eliza acaba por error con un matrimonio de furtivos y pierde su don tras contarles su secreto. Sin embargo, a pesar de no poder comunicarse con los animales consigue salvar a los elefantes, recuperar su don y continuar sus aventuras junto a su familia.

Los Thornberrys: La película retoma las mejores cualidades de la serie, como la aventura y el mensaje ecológico, y las inserta en un relato que ofrece novedades sin desvirtuar el sentido de la historia. Hay un interesante giro sacando a Eliza de su contexto natural, pero su peripecia en el internado es breve y es más bien una anécdota que nos muestra a Eliza como un pez fuera del agua en la sociedad ultracivilizada. Pero en donde más se incide es en las escenas de acción que destacan tanto por su calidad como por su variedad, especialmente la persecución de un helicóptero en el que viajan unos furtivos y la lucha desesperada de Eliza por llegar hasta el líder de la manada de elefantes para evitar la masacre. La película cuenta con una elaborada banda sonora de ritmos pop con elementos étnicos, incluyendo una canción de Paul Simon, "Father and Daughter", que fue nominada al Oscar. El fracaso del filme coincidió con un notable descenso de audiencia de la serie, que fue cancelada al finalizar su quinta temporada.

VEREDICTO: Los decepcionantes resultados de **Los Thornberrys: La película** en taquilla no deben hacer olvidar sus grandes cualidades. No plegarse a los convencionalismo de la animación (como la comedia y las canciones) le perjudicó entre el público, pero muchos críticos apreciaron que se trataba de una película ambiciosa que sabía sacar partido a las posibilidades de la pantalla grande con su rica recreación de los parajes africanos y ofrecía un entretenimiento para niños mucho más inteligente de lo habitual.

Rugrats: Vacaciones salvajes (*Rugrats Go Wild!*), Nickelodeon Movies, 2003. Dirigida por John Eng y Norton Virgien. Escrita por Kate Boutilier basándose en una historia suya y de Edmund Fong.

Rugrats: Vacaciones salvajes es la primera película en la que se combinan personajes de dos series de animación diferentes, la propia *Rugrats, aventuras en pañales* y *Los Thornberrys*, ambas producidas por la factoria Klasky-Csupo para Nickelodeon. De hecho, iba a titularse inicialmente *The Rugrats Meet the Wild Thornberrys* (Los Rugrats conocen a los Thornberrys), pero la pérdida de popularidad de *Los Thornberrys* llevó a un cambio de planes. El argumento forzaba un poco la situación para propiciar el choque de los dos universos, llevando a Tommy, sus amigos y los padres de estos a una isla desierta tras el naufragio del barco en el que viajaban. En la misma isla los Thornberrys están trabajando en un reportaje y poco a poco los diferentes personajes se van conociendo e interactuando de las formas más insospechadas, como el encuentro entre Eliza y el perro Spike que revela la personalidad chuleta de éste (Bruce Willis le presta su voz). Hay múltiples situaciones de peligro, pero al final todo acaba bien y los dos grupos deciden pasar unas merecidas vacaciones en un crucero.

En **Rugrats: Vacaciones salvajes** se notan las prisas con que el proyecto fue desarrollado, sobre todo en el terreno de la animación, que es inferior a la de todas las películas anteriores. Parece más un especial para televisión debido a un argumento muy deficiente que se centra más en explotar el contraste entre los personajes que en darles desarrollo dramático. Pero poner frente a frente los dos universos también sirve para sacar partido a sus semejanzas, como en una escena en la que se muestra que el parecido entre Donnie y Tommy es tan grande que se pueden intercambiar entre sí. Y aunque de nuevo hay secuencias musicales, algunos números son de cierta calidad, especialmente un dueto entre Spike y una pantera a la que presta su voz la cantante Chrissie Hynde. Curiosamente, en su estreno en Estados Unidos, no fue calificada como para todos los públicos (G) como en los dos casos anteriores, sino en una categoría en la que se sugiere la supervisión paterna (PG). Éste pudo ser un elemento que contribuyó a su fracaso, aunque es cierto que las dos series ya estaban en franca decadencia. Tras el fin de *Rugrats, aventuras en pañales*, comenzó la continuación *Más grandes y traviesos* (*All Grown Up*, 2003-), que muestra a los mismos personajes con nueve años de edad.

> VEREDICTO: El fracaso comercial de **Rugrats: Vacaciones salvajes** fue debido a una serie de factores combinados, como la equivocada elección del argumento, la precipitación con la que se realizó la película y la saturación del público. De hecho, es (con excepción de la animación) inferior a un episodio medio de cualquiera de las dos series en sus mejores momentos. A pesar de contar con algunos elementos afortunados, es una triste despedida para dos programas de la calidad y originalidad de *Rugrats, aventuras en pañales* y *Los Thornberrys.*

LAS SUPERNENAS

Las Supernenas (*The Powerpuff Girls*), Cartoon Network: 1998-2004. Creada por Craig McCracken.
Las Supernenas: La película (*The Powerpuff Girls Movie*), Warner Bros. Pictures, 2002. Dirigida por Craig McCracken. Escrita por Craig McCracken, Charlie Bean, Don Shank, Lauren Faust y Paul Rudish.

Las Supernenas comenzaron su historia como un trabajo realizado para su segundo año de estudios en el California Institute of Arts por un joven animador llamado Craig McCracken. El corto, llamado *The Whoopass Girls*, pretendía ser una historia típica de super-

Cartel de *Las Supernenas*.

héroes con un elemento de originalidad: en vez del héroe musculoso, McCkacken colocó como protagonistas a un grupo de inocentes niñas. La idea acabó en Cartoon Network, que a mediados de la década de los noventa comenzó a apostar fuerte por la animación original, y tras un par de especiales acabó cristalizando en 1998 como *Las Supernenas*. La serie resaltó enseguida por su elaborado estilo visual, con una animación plana y un colorido chillón que representaba una estética deseosa de diferenciarse tanto del realismo de Disney como del feísmo de *Rugrats, aventuras en pañales*. A nivel de contenido la serie funcionaba, como la serie clásica *Batman*, como una aventura tradicional para niños y una parodia del universo de los superhéroes para los adultos. *Las Supernenas* del título eran Burbuja, Pétalo y Cactus, tres niñas creadas para ser perfectas por el profesor Utonium. Sin embargo, durante el proceso de creación el profesor introdujo por error un componente, la sustancia X, que provocó una explosión. Las supernenas crecen felices, pero de vez en cuando son requeridas para defender a la ciudad de Townsville de los villanos que amenazan con destruirla, especialmente su archienemigo, el mono Mojo Jojo. Cada historia de diez minutos tiene un planteamiento muy arquetípico, con un villano amenazando la ciudad y llevando al grupo a una crisis antes de ser derrotado.

Las Supernenas, con su combinación de humor y extremada violencia muy heredera de los *Looney Toons*, se convirtió en un gran éxito de audiencia. Así que siguiendo la moda de llevar series de animación al cine, Cartoon Network, en colaboración con su filial Warner Bros., dio el salto al largometraje cinematográfico tras más de una década produciendo cortos, series y telefilmes. En la película, dirigida por el propio McCracken, no se opta por utilizar como argumento un acontecimiento especial, sino por mostrar la génesis de los personajes. El origen de las Supernenas siempre se recordaba resumido al inicio de cada capítulo y también fue el tema de un episodio de la serie titulado "Mr. Mojo's Rising" (1.9.b), donde se revelaba al espectador (pero no a las protagonistas) que Mojo Jojo fue ayudante de laboratorio del Profesor Utonium y provocó el accidente que dio origen a las supernenas y multiplicó su propia inteligencia. **Las Supernenas: La película** amplia este planteamiento narrando el proceso de adaptación de las niñas a sus poderes y cómo llegaron sin saberlo a colaborar en los planes malignos de Mojo Jojo tras ser rechazadas inicialmente en

Townsville. Sin embargo, al final regresan a la ciudad y, después derrotar a Mojo Jojo, se convierten en sus protectoras oficiales. En muchos aspectos **Las Supernenas: La película** es un capítulo especial, ya que repite elementos presentes en la serie sin aportar ninguna novedad relevante en su mitología, elenco de personajes o espacios. Pero gracias a la inclusión de animación digital, los espacios son más ricos y los estáticos planos de la serie son sustituidos por espectaculares movimientos de cámara. Esto permite secuencias de una gran complejidad y barroquismo, como el enfrentamiento de las supernenas con miles de monos diabólicos creados por Mojo Jojo.

> VEREDICTO: Los resultados en taquilla de **Las Supernenas: La película** fueron decepcionantes teniendo en cuenta la inmensa popularidad de la serie y la espectacular campaña de promoción que precedió a su estreno, demostrando que para llevar al público a las salas hay que ofrecer una mejora cualitativa del producto original. Aun así fue saludada muy positivamente por los críticos, que destacaron su originalidad y su brillante calidad visual.

BOB ESPONJA

Bob Esponja (*SpongeBob SquarePants*), Nickelodeon: 1999-. Creada por Stephen Hillenburg.
Bob Esponja: La Película (*The SpongeBob SquarePants Movie*), 2004. Dirigida por Stephen Hillenburg. Escrita por Derek Drymon, Tim Hill, Stephen Hillenburg, Kent Osborne, Aaron Springer y Paul Tibbitt.

Tras experimentar un notable éxito con las series de la factoria Gabor-Csupo, los ejecutivos del canal Nickelodeon empezaron a sentir la necesidad de diversificar su programación. Stephen Hillenburg, un biólogo marino y veterano de uno de los primeros éxitos de Nickelodeon, *La vida moderna de Rocko* (*Rocko's Modern Life*, 1993-1996), propuso a los ejecutivos del canal el concepto de lo que sería *Bob Esponja*, la historia de una esponja que vive en el fondo del mar viviendo aventuras estrambóticas. Bob Esponja es anormalmente cuadrada (de ahí el título original), tiene una mentalidad infantil y trabaja junto al serio Calamardo en el Crustaceo Crujiente, un restaurante de comida rápida regentado por Eugene Cangrejo. Allí se produce la deliciosa cagreburger de queso, cuyo secreto está intentando siempre robar el diminuto Plankton. El mejor amigo de Bob Esponja es la estrella de mar Patricio, que también hace gala de una inteligencia infantil. Lanzada con escasas expectativas, *Bob Esponja* se ha convertido en la serie más popular de la historia de Nickelodeon. La clave de su éxito es un protagonista carismático con el que se puede identificar fácilmente el público infantil y situaciones que van degenerando en la hilaridad sin la necesidad de incluir referencias a la cultura popular. Pero también conectar con un público más adulto que aprecia su tono de sátira, los juegos de palabras y el doble sentido que se le pueden sacar a muchas situaciones, tanto que muchos espectadores encuentran indicios de que Bob Esponja es homosexual.

Aunque los resultados de las últimas producciones de Nickelodeon Movies no fueron los esperados, el éxito de *Bob Esponja* justificaba con creces la producción de una ambiciosa película con un presupuesto estimado de treinta millones de dólares y la inclusión de voces famosas como las de Scarlett Johansson y Alec Baldwin. La película comienza con una ensoñación de Bob Esponja, que cree que va a ser nombrado manager del Crustaceo Crujiente 2. Pero Eugene Cangrejo decide nombrar a Calamardo porque lo ve más maduro. Mientras, Plankton ha robado la corona del rey Neptuno para culpar de ello a Eugene Cangrejo. Por intercesión de su hija Mindy, Neptuno da seis días a Bob Esponja y Patricio para que vayan a la tenebrosa Shell City y la recuperen. De camino son atracados y perseguidos por todo tipo de monstruos y hasta un asesino a sueldo sin saber que Plankton está utilizando las cangreburgers para instalar un sistema con el que controlar mentes y adueñarse del mundo. Bob y Patricio logran encontrar la corona en una tienda de productos de recuerdos marinos situada en la superficie y finalmente logran regresar a Fondo de Bikini a tiempo gracias a la ayuda de David Hasselhoff. Bob salva así a Eugene y éste le nombra manager del Crustaceo Crujiente 2.

Cartel de *Bob Esponja: La Película*.

Bob Esponja: La película ofrece una apreciable animación y sólo cede al recurso fácil de las canciones en una secuencia de una imaginación notable. El acontecimiento especial funciona a la perfección para sacar al personaje de su ambiente habitual y a la vez sirve para ayudarlo a madurar. En este sentido, son interesantes las continúas referencias a la hombría del personaje y los que afirman, contra lo establecido por su creador, que Bob Esponja es homosexual tienen un nuevo argumento a su favor en la escena en la que un corazón formado por lágrimas salva la vida de los protagonistas cuando son desecados con un foco en Shell City. Al contrario de otras adaptaciones que apuestan por fórmulas conservadoras, Stephen Hillenburg ha optado por tomar riesgos, como desechar algunos personajes habituales de la serie porque no encajan en la historia e incluir secuencias de imagen real de fortuna variable. Tras el parón que supuso la producción de la película, *Bob Esponja* comenzó a producir capítulos originales de nuevo con tanto éxito que es probable que su final estimado en 2007 sea aplazado temporalmente.

VEREDICTO: Aunque un éxito comercial inferior a lo esperado, **Bob Esponja: La película** es uno de los títulos de animación más ingeniosos de los últimos tiempos. Repleta de situaciones sugerentes (desde la extraña relación entre Bob y Patricio a la hilarante auto-parodia de David Hasselhoff), es una película entretenida para los niños y una ingeniosa rareza para los adultos.

TEACHER'S PET

Teacher's Pet, ABC: 2000-2002. Creada por Gary Baseman, Bill Steinkellner y Cherie Steinkellner.
Este perro es un crack (*Teacher's Pet*), 2004. Dirigida por Timothy Björklund.
Escrita por Bill Steinkellner y Cherie Steinkellner.

Teacher's Pet fue fruto de la colaboración de Cherie y Bill Steinkellner, guionistas y productores de la telecomedia *Cheers* (NBC: 1982-1993), con Gary Baseman, un reputado dibujante cuyas surrealistas composiciones combinando figuras inocentes en contextos siniestros han logrado una gran popularidad en el mundo de la ilustración. El resultado fue *Teacher's Pet*, la historia de un perro parlante llamado Spot que un día decide hacerse pasar por un niño, Scott, y asistir a la clase que imparte su dueña Mary Lou Helperman. El hijo de ésta, Leonard, no está de todo conforme con la situación, sobre todo porque Scott le roba la atención de su amor secreto, Leslie. Spot está acompañado en el hogar de los Helperman por otros dos animales parlantes, Pretty Boy, un megalómano canario, y Jolly, un temeroso gato adicto a los seriales. Los resultado iniciales de *Teacher's Pet* fueron muy positivos. A su favor contaba con una imaginativa animación escasamente habitual en Disney y un sugestivo planteamiento que daba pie a constantes dobles sentidos. También ganó tres premios Emmy, dos como mejor programa de animación especial y otro para Nathan Lane por su trabajo vocal como Spot/Scott.

Sin embargo, los resultados de la segunda temporada fueron decepcionantes y Disney decidió trasladarlo al cable como paso previo a la cancelación tras haber producido cuarenta capítulos. Para entonces Gary Baseman era ya una estrella consolidada en el mundo de la ilustración y los ejecutivos de Disney pensaron que una adaptación cinematográfica de bajo presupuesto (diez millones de dólares) de la serie podría ser una bocanada de aire fresco en la producción cada vez más mediocre de la compañía. Pero tras la cancelación de la serie desapareció la posibilidad de la promoción cruzada y el estreno de **Este perro es un crack** (tal y como se tituló en sus pases televisivos en España) fue retrasándose hasta que vio finalmente la luz en enero de 2004 con escasa promoción y menos repercusión. Como en el caso de otra adaptación de una serie de Disney de ambiente escolar, **La banda del patio: La película**, **Este perro es un crack** se desarrollaba en verano. Mary Lou Helperman va a ir a Florida a participar en un certamen para premiar a los mejores maestros cuando Spot descubre que un siniestro médico de la misma zona, el Dr. Ivan Krank, ha inventado una máquina para convertir a los animales en humanos. Así que decide hacerse pasar por Scott para acompañar a los Helperman a Florida y logra que Krank haga su sueño realidad. Pero la transformación tiene en cuenta la edad perruna y da como resultado a un hombre adulto en vez de un niño. Leonard y Spot pronto descubren que la nueva realidad tiene sus complicaciones, ya que Spot liga con Mary Lou y fantasea con convertirse en el padrastro de Scott.

Cuando Jolly y Pretty Boy llegan por fin a Florida, se encuentran con que Leonard está dispuesto a que Krank lo convierta en un perro. Pero Spot interviene, destruye la máquina de Krank y vuelve a su estado original.

Este perro es un crack es una de las mejores adaptaciones realizadas hasta el momento, muy a pesar de su indiscutible fracaso comercial. Comparándola con la producción reciente de Disney, también es un imaginativo relato repleto de parodias de películas de la propia factoria, entre ellas **Blancanieves y los siete enanitos** (*Snow White and the Seven Dwarfs*, Walt Disney, 1937) y **Pinocho** (*Pinocchio*, Hamilton Luske y Ben Sharpsteen, 1940), y guiños al ratón Mickey. Como las producciones Disney, **Este perro es un crack** es un musical, pero uno exento de canciones edulcoradas. En su lugar, tenemos un tango en el que Krank refleja su megalomanía y hasta un blues en el que Spot comenta su perra vida ahora que es humano. Las canciones son variadas en estilo y forma, configurando una satírica visión del musical norteamericano que se ajusta a la perfección a un argumento tan absurdo como ingenioso. El reparto vocal encabezado por un hilarante Nathan Lane (cuyo parecido con la versión humana de Spot es notable) al que se suman Kelsey Grammer como Krank y Paul Reubens como el monstruoso Dennis, uno de los experimentos fallidos de Krank. La animación carece de la complejidad técnica de las grandes producciones de Disney, pero resulta mucho más creativa. En cualquier caso, los problemas del proyecto se aprecian en una parte final demasiado precipitada que culmina el relato tras sólo setenta minutos.

> VEREDICTO: **Este perro es un crack** es un divertido musical repleto de ideas siniestras (desde los experimentos de Krank al hecho de que Mary Lou se enamore del Spot humano) en un tour-de-force para el talento de Nathan Lane. Una visión subversiva del universo Disney, la compañía trató a la película con desprecio y la estrenó con nula promoción. Pero como muchos críticos no tardaron en notar, se trata de una auténtica joya.

CLIFFORD

Clifford (*Clifford, the Big Red Dog*), PBS: 2000-2003. Creada por Norman Bridwell.
Clifford, mi pequeña gran mascota (*Clifford's Really Big Movie*), 2004. Dirigida por Robert C. Ramírez. Escrita por Robert C. Ramírez y Rhett Reese.

"Clifford, the Red Big Dog" es una popular serie de libros infantiles escritos por Norman Bridwell que comenzó su publicación en 1963. Su editora Scholastic Books tiene una filial dedicada a producir series, especiales para televisión y películas basadas en sus productos más famosos y finalmente decidió realizar un programa de animación con su protagonista, Clifford, un gigantesco perro rojo que vive en una pequeña comunidad isleña junto a su dueña Mary Elisabeth y otras mascotas parlantes como el tímido T-Bone y la presumida Cleo. *Clifford* era una serie eminentemente educativa que presentaba historias simples con una moraleja al final en capítulos formados por fragmentos de diez minutos. Pensada para preescolares y niños de corta edad, *Clifford* fue realizada con la ayuda del Departamento de

Educación de los Estados Unidos para ser emitida en la PBS, la red de emisoras públicas del país. Producida con limitados medios, *Clifford* contaba a su favor con el trabajo del actor John Ritter, que prestaba su voz a Clifford como regalo para su hija de corta edad. Dentro de las limitaciones temáticas y de distribución del programa, *Clifford* logró una excelente acogida y finalizó tras la producción de sesenta y cinco capítulos.

Importando una estrategia de Disney, Scholastic Productions quiso diversificar el producto con una nueva serie que mostrara a Clifford cuando todavía era un cachorro, *Clifford's Puppy Days* (PBS: 2003-), y una película que sirviera de despedida, **Clifford, mi pequeña gran mascota**. La historia comenzaba cuando en una conversación casual Clifford se da cuenta de que es una pesada carga económica para sus dueños y, junto a Cleo y T-Bone, decide unirse a una troupe de animales de circo que va a participar en un concurso de talentos cuyo premio es el suministro de por vida de los deliciosos Tummy Yummy del rico industrial George Wolfsbottom. El gigantesco tamaño de Clifford hace que por fin el espectáculo de animales formado por la vaca Dorothy, el hurón Shackelford, el chihuahua Rodrigo y el perro Dirk comience a funcionar. Consiguen ganar el concurso, pero entonces Wolfsbottom se lleva a Clifford para incorporarlo a los juguetes de su malcriada hija. Los animales consiguen rescatar a Clifford de la mansión de Wolfsbottom antes de que Mary Elisabeth llegue para reclamarlo y, junto a T-Bone y Cleo, regresan a la isla de Bridwell. Con este sencillo argumento, una animación simple pero efectiva y alguna canción, el veterano de la factoría Disney Robert C. Ramírez lograba que un cliché argumental (la huida del hogar para unirse a un circo) diera paso a una tierna historia sobre los sueños hechos realidad. Y es que, a pesar de la modestia general, **Clifford, mi pequeña gran mascota** se beneficiaba de un cuidado trabajo vocal que incluye a Wayne Brady, Jenna Elfman, John Goodman, Ernie Hudson, Judge Reinhold y John Ritter, que falleció antes del estreno y al que está dedicada la película.

> VEREDICTO: **Clifford, mi pequeña gran mascota**, estrenada en salas de forma modesta como forma de promocionar su lanzamiento en DVD, no pasará a la historia del cine de animación, pero es una película con sus encantos que ofrece una historia clásica y una animación colorista. Es un producto atractivo para su público objetivo, los niños de corta edad, pero no tiene nada que ofrecer a los espectadores más maduros.

Bibliografía y Recursos en Internet

ÁLVAREZ BERCIANO, R.: *La comedia enlatada: De Lucille Ball a 'Los Simpson'*. Gedisa, Barcelona, 1999.

ANDERSON, C.: *Hollywood TV: The Studio System in the Fifties*. University of Texas Press, Austin, 1994.

ANTÓN LORENZO, F. J.: *La televisión es fantástica: Las series que nos invadieron*. Diputación Provincial de Málaga, Málaga, 2005.

ARIAS, E.: *Series de culto de televisión de ciencia-ficción, terror y fantasía*. Nuer Ediciones, Torrejón de Ardoz, 1997.

BALIO, T. (ed.): *Hollywood in the Age of Television*. Unwin Hyman, Cambridge, 1990.

BALLÓ, J. y PÉREZ, X.: *Yo ya he estado aquí: Ficciones de la repetición*. Anagrama, Barcelona, 2005.

BANÚS, T., ABADÍA, M. y BANÚS, M. J.: *'Star Trek': Treinta años de aventura*. Alberto Santos, Madrid, 1996.

BARER, B.: *'Maverick': The Making of the Movie - The Official Guide to the Television Series*. Charles E. Tuttle Company, Boston, 1994.

BARNOUW, E.: *Tube of Plenty: The Evolution of American Television*. Oxford University Press, Oxford, 1982.

BLANCO, A.: *Televisión de culto*. Ediciones Glenat, Barcelona, 1996.

BOGLE, D.: *Primetime Blues: African Americans on Network Television*. Farrar, Straus and Giroux, Nueva York, 2001.

BODDY, W.: *Fifties Television: The Industry and its Critics*. University of Illinois Press, Chicago, 1993.

BRITTON, W.: *Spy Television*. Praeger, Newport, 2004.

BROOKS, T. y MARSH, E.: *The Complete Directory to Prime Time Network and Cable TV Shows (1946-Present)*. Ballantine Books, Nueva York, 1999.

BURKE, T. y BURKE, K.: *Saturday Morning Fever: Growing up with Cartoon Culture*. St. Martin's Griffin, Nueva York, 1999.

BUXTON, D.: *From 'The Avengers' to 'Miami Vice': Form and Ideology in Television Series*. Manchester University Press, Manchester, 1990.

CAPILLA, A. y SOLÉ, J.: *Telemanía: Las 500 mejores series de televisión de nuestra vida*. Salvat, Barcelona, 1999.

CASCAJOSA VIRINO, C.: *Prime Time: Las mejores series de TV americanas. De 'C.S.I.' a 'Los Soprano'*. Calamar Ediciones, Madrid, 2005.

CASCAJOSA VIRINO, C.: *El espejo deformado: Versiones, secuelas y adaptaciones en Hollywood*. Secretariado de Publicaciones de la Universidad de Sevilla, Sevilla, 2006.

CHION, M.: *David Lynch*. Paidós, Barcelona, 2003.

COX, S.: *The Addams Chronicles: An Altogether Ooky Look at 'The Addams Family'*. Cumberland House Publishing, Nashville, 1998.

DÍAZ MAROTO, C. y ALBORECA PEÑA, L. F.: *Batman: De Bob Kane a Joel Schumacher*. Nuer Ediciones, Torrejón de Ardoz, 1999.

DIEHL, D.: *'Tales From the Crypt': The Official Archives Including the Complete History of EC Comics and the Hit Television Series*. St. Martin's Press, Nueva York, 1996.

GRAS, V. W. y COOK, J. R. (eds.): *The Passion of Dennis Potter: International Collected Essays*. St. Martin's Press, Nueva York, 1999.

HARK, I. R: "The Wrath of the Original Cast: Translating Embodied Television Characters to Other Media", en CARTMELL, D. y WHELEHAN, I. (eds.): *Adaptations: From Text to Screen, Screen to Text*. Routledge, Londres, 1999. Páginas 172-184.

HAWES, W.: *Filmed Television Drama, 1952-1958*. MacFarland & Company, Londres, 2002.

HAYDE, M. J.: *My Name's Friday: The Unauthorized but True Story of 'Dragnet' and the Films of Jack Webb*. Cumberland House Publishing, Nashville, 2001.

HILLIARD, R. y KEITH, M.: *The Broadcast Century: A Biography of American Broadcasting*. Focal Press, Boston, 1997.

HILMES, M. (ED.): *The Television History Book*. British Film Institute, Londres, 2004.
JANCOVICH, M. y LYONS, J. (EDS.): *Quality Popular Television*. British Film Institute, Londres, 2003.
JIMÉNEZ VAREA, J.: *Los EC cómics: Los cómics que escandalizaron a América*. Editores & Asociados, Barcelona, 2003.
JOHNSON-SMITH, J.: *American Science Fiction TV*. I.B. Tauris, Londres, 2005.
JONES, S.: *Creepshows: The Illustrated Stephen King Movie Guide*. Ed. Billboard Books, Nueva York, 2002.
LOVELL, A.: *Don Siegel: American Cinema*. British Film Institute, Londres, 1977.
MALTIN, Leonard: *Of Mice and Magic: A History of American Animated Cartoons*. Penguin Books, Nueva York, 1987.
MILLER, J. A. y SHALES, J.: *Live from New York: An Uncensored History of 'Saturday Night Live', as Told by its Stars, Writers and Guests*. Back Bay Books, Boston, 2003.
NEWCOMB, H. (ED.): *The Encyclopedia of Television*. The Museum of Broadcast Communication, Chicago, 1997.
PÉREZ AGUSTÍ, A.: *El universo de 'Star Trek'*. Masters Ediciones, Madrid, 2004.
PÉREZ TORÍO, X.: *El universo de 'Los vengadores'*. Glenat, Barcelona, 1998.
PIERSON, J.: *The 'Dark Shadows' Movie Book*. Pomegranate Press, Los Ángeles, 1998.
ROBERTSON, E.: *'The Fugitive' Recaptured: The 30th Anniversary Companion to a Television Classic*. Pomegranate Press, Los Ángeles, 1993.
ROGERS, D.: *The Complete Avengers: The Full Story of Britain's Smash Crime-Fighting Team*. St. Martin's Press, Nueva York, 1989.
RUBÍN DE CELIS, S. y RUBÍN DE CELIS, A.: *Blake Edwards ...o atrapar un rayo en una botella*. T&B Editores, Madrid, 2004.
SERVER, L.: *Robert Mitchum: ¡Olvídame, cariño!*. T&B Editores, Madrid, 2002.
STAYTON, R.: "Crashing the Border: Stephen Gaghan Has Something to Declare". *Written by*, febrero de 2001.
STOKES, J.: *On Screen Rivals: Cinema and Television in the United States and Britain*. MacMillan, Basingstoke, 1999.
YACOWAR, M.: *The Comic Art of Mel Brooks*. W.H. Allen, Londres, 1982.
ZICREE, M. S.: *'The Twilight Zone' Companion*. Silman-James Press, Los Ángeles, 1992.

Recursos en Internet:

Bases de datos:
Quinta Dimensión: http://www.quintadimension.com
¿Te acuerdas?: http://www.teacuerdas.com/nostalgia-series.htm
The Classic TV Database: http://www.classic-tv.com
The Internet Movie Data Base: http://imdb.com
The Museum of Broadcasting Communications: http://www.museum.tv
Tele-Vicio: http://www.tele-vicio.com
Tim's Showcase: http://www.timstvshowcase.com
Guías de Episodios:
Epguides.com: http://epguides.com
TV.com: http://www.tv.com
The Classic TV Archive:
http://www.geocities.com/TelevisionCity/Stage/2950/index.html
Archivos de noticias y críticas:
Broadcasting & Cable: http://www.broadcastingcable.com
FindArticles.com: http://www.findarticles.com
MediaWeek.com: http://www.mediaweek.com
Los Angeles Times: http://www.latimes.com
Rotten Tomatoes: http://www.rottentomatoes.com
The Futon Critic: http://www.thefutoncritic.com
The New York Times: http://www.nytimes.com
The Numbers: http://www.the-numbers.com
The Hollywood Reporter: http://www.hollywoodreporter.com
TVGuide: http://www.tvguide.com
Variety: http://www.variety.com
Zap2It: http://www.zap2it.com

Lista de adaptaciones 1954-2006 y sus recaudaciones en EEUU

1954
Redada (Dragnet)
1956
Intriga extranjera (Foreign Intrigue)
Our Miss Brooks
The Lone Ranger
1958
The Lineup
The Lone Ranger and the Lost City of Gold
1964
McHale's Navy
Hey There, It's Yogi Bear
1965
McHale's Navy Joins the Air Force
1966
Batman (Batman)
La herencia de los Munster (Munster, Go Home)
El agente Picapiedra (The Man Called Flintstone)
1967
Gunn
1968
Head
1970
Sombras en la oscuridad (House of Dark Shadows)
1971
Night of Dark Shadows
1979
La película de los teleñecos (The Muppet Movie) $76.657.000
Star Trek: La película (Star Trek: The Motion Picture) $82.258.456
1980
Granujas a todo ritmo (The Blues Brothers) $57.229.890
El disparatado agente 86 (The Nude Bomb) $14.662.035
1981
El gran golpe de los teleñecos (The Great Muppet Caper) $31.206.251
Dinero caído del cielo (Pennies from Heaven) $6.200.000
1982
Star Trek II: La ira de Khan (Star Trek: The Wrath of Khan) $79.912.963
1983
The Adventures of Bob & Doug McKenzie: Strange Brew $7.035.618
En los límites de la realidad (The Twilight Zone: The Movie) $29.500.000
1984
Los teleñecos conquistan Manhattan (The Muppets Take Manhattan) $25.534.703
Star Trek III: En busca de Spock (Star Trek III: The Search for Spock) $76.471.046
1985
Sesame Street Presents: Follow That Bird $13.961.370
1986
Star Trek IV: Misión salvar la Tierra (Star Trek IV: The Voyage Home) $109.713.132
1987
Dos sabuesos despistados (Dragnet) $57.387.000
Los intocables (The Untouchables) $76.270.454
Se busca vivo o muerto (Wanted: Dead or Alive) $6.000.000
1988
Agárralo como puedas (The Naked Gun: From the Files of Police Squad!) $78.041.829
1989
Star Trek V: La última frontera (Star Trek V: The Final Frontier) $52.210.049

1990
El gato infernal (Tales from the Darkside: The Movie) $16.324.573
Los Supersónicos: La película (The Jetsons: The Movie) $19.543.985
Patoaventuras: La película (Ducktales: The Movie - Treasure of the Lost Lamp) $18.075.331
1991
Star Trek VI: Aquel país desconocido (Star Trek VI: The Undiscovered Country) $74.888.996
Agárralo como puedas 2 ½: El aroma del miedo (The Naked Gun 2 ½: The Smell of Fear) $86.930.411
La familia Addams (The Addams Family) $113.502.246
1992
Los teleñecos en Cuentos de Navidad (The Muppet Christmas Carol) $27.281.507
Wayne's World, ¡qué desparrame! (Wayne's World) $121.697.323
Twin Peaks: Fuego camina conmigo (Twin Peaks: Fire Walk with Me) $4.160.851
Boris y Natasha (Boris and Natasha)
1993
Wayne's World 2 (Wayne's World 2) $47.965.000
Los Caraconos (Coneheads) $21.153.686
El fugitivo (The Fugitive) $183.875.760
Rústicos en Dinerolandia (The Beverly Hillbillies) $42.222.647
La familia Addams: La tradición continúa (The Addams Family Values) $46.293.855
Batman: La máscara del fantasma (Batman: The Mask of the Phantasm) $5.617.391
1994
Es Pat (It's Pat) $60.822
Star Trek: La próxima generación (Star Trek: Generations) $75.671.262
Agárralo como puedas 33 1/3: El insulto final (The Naked Gun 33 1/3: The Final Insult) $51.041.856
Coche 54, ¿dónde estás? (Car 54, Where Are You?) $1.238.080
Maverick (Maverick) $101.631.272
Los Picapiedra (The Flintstones) $130.531.208
1995
Caballero del diablo (Tales From the Crypt Presents: Demon Knight) $21.089.146
Rescate familiar (Stuart Saves His Family) $911.310
Power Rangers: La película (Mighty Morphin Power Rangers: The Movie) $37.785.198
La tribu de los Brady (The Brady Bunch Movie) $46.546.167
1996
El club de los vampiros (Tales From the Crypt Presents: Bordello of Blood) $5.601.285
Los teleñecos en la isla del tesoro (Muppet Treasure Island) $34.327.391
Star Trek: Primer contacto (Star Trek: First Contact) $92,027,888
Kids in the Hall: Brain Candy $2.640.536
Misterio en el espacio: La película (Mystery Science Theatre 3000: The Movie) $949.745
Misión: Imposible (Mission: Impossible) $180.981.886
Sargento Bilko (Sgt. Bilko) $30.356.589
El retorno de los Brady (A Very Brady Sequel) $21.443.204
Beavis y Butt-head recorren América (Beavis and Butt-head Do America) $63.118.386
1997
Good Burger (Good Burger) $23.712.993
Turbo Power Rangers (Turbo: A Power Rangers Movie) $8.363.899
El Santo (The Saint) $61.363.304
La armada de McHale (McHale's Navy) $4.408.420
Las desventuras de Beaver (Leave it to Beaver) $11.307.615
George de la jungla (George of the Jungle) $105.263.257
1998
Expediente X: La película (The X-Files) $83.898.313
Movida en el Roxbury (A Night at the Roxbury) $30.331.165
Star Trek: Insurrección (Star Trek: Insurrection) $70.187.658
Blues Brothers 2000 (Blues Brothers 2000) $14.089.198
U.S. Marshals (U.S. Marshals) $57.833.603
Los vengadores (The Avengers) $23.384.939
Perdidos en el espacio (Lost in Space) $69.117.629
Rugrats: La película (The Rugrats Movie) $100.494.685
1999
Superstar (Superstar) $30.628.981
Elmo en el país de los gruñones (Elmo in Grouchland) $11.634.458

Los teleñecos en el espacio (Muppets in Space) $16.304.786
Escuadrón oculto (The Mod Squad) $13.260.050
Wild Wild West (Wild Wild West) $113.805.681
Mi marciano favorito (My Favorite Martian) $36.850.101
Dudley de la montaña (Dudley Do-Right) $9.818.792
El inspector Gadget (Inspector Gadget) $97.387.965
Doug, su 1ª película (Doug's 1st Movie) $19.421.271
South Park: Más grande, más largo y sin cortes (South Park: Bigger, Longer & Uncut) $52.037.603

2000

El terror de las chicas (The Ladies Man) $13.592.872
Los inmortales: Juego final (Highlander: Endgame) $12.801.190
Los ángeles de Charlie (Charlie's Angels) $125.305.545
Traffic (Traffic) $124.107.476
Misión: Imposible 2 (Mission: Impossible II) $215.409.889
Los Picapiedra en Viva Rock Vegas (The Flintstones in Viva Rock Vegas) $35.231.365
Las aventuras de Rocky y Bullwinkle (The adventures of Rocky and Bullwinkle) $26.000.610
Rugrats en Paris: La película (Rugrats in Paris: The Movie - Rugrats II) $76.501.438

2001

Josie y las Melódicas (Josie and the Pussycats) $14.252.830
La banda del patio: La película (Recess: School's Out) $36.696.761

2002

Star Trek: Némesis (Star Trek: Nemesis) $43.254.409
Soy espía (I Spy) $33.561.137
Scooby-Doo (Scooby-Doo) $153.288.182
¡Oye, Arnold!: La película (Hey, Arnold!: The Movie) $13.684.949
Los Thornberrys: La película (The Wild Thornberrys Movie) $39.882.925
Las Supernenas: La película (The Powerpuff Girls Movie) $11.411.644

2003

Lizzie Superstar (The Lizzie McGuire Movie) $42.672.630
S.W.A.T.: Los hombres de Harrelson (S.W.A.T.) $116.877.597
Los ángeles de Charlie: Al límite (Charlie's Angels: Full Throttle) $100.814.328
El detective cantante (The Singing Detective) $336.456
Los rugrats: Vacaciones salvajes (Rugrats Go Wild!) $39.399.750

2004

Starsky y Hutch (Starsky & Hutch) $88.200.225
Scooby-Doo 2: Desatado (Scooby Doo: Monsters Unleashed) $84.185.387
Thunderbirds (Thunderbirds) $6.768.055
Bob Esponja: La película (The SpongeBob SquarePants Movie) $85.416.609
Este perro es un crack (Teacher's Pet) $6.491.350
Clifford, mi pequeña gran mascota (Clifford's Really Big Movie) $2.831.130

2005

Serenity (Serenity) $25.335.935
Bewitched (Embrujada) $62.252.415
The honeymooners (The Honeymooners) $12.834.056
Dos chalados y muchas curvas (The Dukes of Hazzard) $80.270.227
Æeon Flux (Æon Flux) $29.200.000
El Gran Alberto (Fat Albert) $48.114.556

2006

Strangers with Candy
Miami Vice

1 Connecticut
2 Delaware
3 Maryland
4 Massachusetts
5 New Hampshire
6 New Jersey
7 Rhode Island
8 District of Columbia
j. Nipigon
Lake of the Woods
Thunder Bay
Hořejší j.
Duluth
Marquette
Sudbury
Ottawa
MONTREAL
Quebec
Saint John
Maine
Augusta
1917
Portland
Vermont
Montpelier
Concord
BOSTON
Albany
Hartford
Providence
Long Island
NEW YORK
Trenton
PHILADELPHIA
Dover
Annapolis
Wisconsin
Saint Paul
Green Bay
Madison
MILWAUKEE
CHICAGO
Michiganské j.
Huronské j.
Alpena
Grand Rapids
Flint
Lansing
DETROIT
TORONTO
Ontarijské j.
Niagarské vdp.
Buffalo
Rochester
1629
Hudson
Erijské j.
CLEVELAND
Pensylvánie
Harrisburg
Pittsburgh
BALTIMORE
WASHINGTON
Iowa
Dubuque
Des Moines
Gary
Fort Wayne
Toledo
Akron
COLUMBUS
Peoria
INDIANAPOLIS
Ohio
Cincinnati
Záp. Virginie
Charleston
Richmond
Virginie
Newport News
Norfolk
Springfield
Missouri
Kansas City
Jefferson City
Saint Louis
Louisville
Frankfort
Kentucky
Roanoke
Greensboro
Raleigh
m. Hatteras
Tennessee
Knoxville
Mitchell
2037
Nashville-Davidson
Charlotte
Sev. Karolína
Wilmington
Fort Smith
Arkansas
Little Rock
MEMPHIS
Jižní Karolína
Columbia
Atlanta
Birmingham
Alabama
Augusta
Macon
Georgia
Charleston
Savannah
Monroe
Jackson
Mississippi
Montgomery
Albany
JACKSONVILLE
Louisiana
Mobile
Pensacola
Tallahassee
Baton Rouge
Panama City
NEW ORLEANS
Daytona Beach
m. Canaveral
Galveston
Orlando
Tampa
Saint Petersburg
West Palm Beach
j. Okeechobee
Fort Myers
Miami
BAHAMY
Mexický záliv
Písečný m.
Key West
Floridský průliv
obratník Raka
HAVANA
KUBA
Santa Clara
ATLANTSKÝ OCEÁN
Molokai
Maui
Alenuihaha
OCEÁN
Mauna Kea
4205
Hilo
4171
Hawaii
300 km